离子液体电喷雾空间推进系统分子动力学模拟

王伟宗　著

北京航空航天大学出版社

内 容 简 介

本书聚焦微小卫星推进技术前沿,首先介绍离子液体电喷雾推力器的工程应用及工作机理研究进展;进而基于分子动力学模拟方法,阐述多种发射极和不同离子液体下的锥射流形成发射特性及束流与极板碰撞的机理,揭示推力器工作性能的关键影响因素并提出推力器优化方案和调控策略。

本书适用于从事相关基础理论研究、关键技术攻关和型号研制工作的研究人员,也可作为从事面向空间卫星应用的离子液体电喷雾推进相关课题研究的高校教师与研究生的参考书。

图书在版编目(CIP)数据

离子液体电喷雾空间推进系统分子动力学模拟 / 王伟宗著. -- 北京 : 北京航空航天大学出版社,2025.4.
ISBN 978 - 7 - 5124 - 4598 - 7

Ⅰ. V43

中国国家版本馆 CIP 数据核字第 2025MZ0132 号

离子液体电喷雾空间推进系统分子动力学模拟

王伟宗 著

策划编辑 蔡 喆 责任编辑 蔡 喆

*

北京航空航天大学出版社出版发行

北京市海淀区学院路 37 号(邮编 100191) http://www.buaapress.com.cn
发行部电话:(010)82317024 传真:(010)82328026
读者信箱:goodtextbook@126.com 邮购电话:(010)82316936
北京建宏印刷有限公司印装 各地书店经销

*

开本:787×1 092 1/16 印张:9.5 字数:255 千字
2025 年 4 月第 1 版 2025 年 4 月第 1 次印刷
ISBN 978 - 7 - 5124 - 4598 - 7 定价:69.00 元

前　言

　　微小卫星可应用在经济建设、国防军事、科学探测等国家重大战略需求领域。自 2010 年以来，多国对微小卫星的需求不断提升，其发射数量呈井喷式增长。微小卫星遂行空间阻力补偿、姿态控制、轨道机动、编队飞行等多种复杂航天任务，受到体积、质量和功耗等的限制，要求其推进系统体积小、质量轻、功耗低。传统的化学推进系统虽能提供较大的推力，有利于卫星快速机动，但需携带大量推进剂，难以小型化。相比之下，利用电离、加速工质形成高速射流喷出而产生推力的电推进系统消耗的推进剂较少，且安全性更高，更适用于微小卫星，是国际宇航界公认的未来尖端技术。

　　在各类新兴电推进技术当中，离子液体电喷雾推力器因其易于小型化和模块化且比冲高、推力精度高、适用于精确控制，成为微小卫星推进的优选方案之一。该推力器基于静电喷雾原理研制，即在高电压作用下从导电液体中抽取带电液滴或离子并进一步加速喷出产生推力。目前离子液体电喷雾推力器已经过大量地面实验和多种航天任务在轨试验，但由于相关研究迄今只有二十余年，仍存在大量物理机制问题和技术问题尚待解决。其中，离子液体电喷雾推力器工作时的锥射流形成、离子发射和离子加速等核心物理过程均处于微纳尺度，难以通过实验观测或采用一般的计算流体力学仿真方法展开研究，而分子动力学模拟等原子尺度的数值模拟方法非常适用于揭示离子液体电喷雾过程的微观机理。因此，本书针对离子液体电喷雾推力器微观工作机制不清的问题，基于分子动力学模拟方法，对毛细管型发射极、外部浸润型发射极、复合发射极离子液体电喷雾推进系统的工作机理，离子液体混合对锥射流形成发射特性的影响，离子液体带电束流与金属抽取极碰撞相互作用的机理开展了一系列基础研究和探索。

　　本书共 7 章：第 1 章为离子液体电喷雾推力器研究进展，第 2 章为分子动力学模拟方法和离子液体简介，第 3 章为毛细管式电喷雾高精度分子动力学模型构建，第 4 章为外部浸润式离子液体电喷雾模拟，第 5 章为复合发射极离子液体电喷雾模拟,第 6 章为混合离子液体电喷雾模拟,第 7 章为离子液体纳米液滴碰撞模拟。在本书的完成过程中,王伟宗负责全书的统筹、编写和定稿;陈宇翔参与第 1 章、第 2 章和第 7 章编写;程玉峰和张金瑞参与第 3 章和第 4 章编写;张贻华、张金瑞和郑伟杰参与第 5 章和第 6 章编写;程玉峰和张贻华参与全书的校对和整理。

本书的出版是众多人员辛勤钻研和深入思辨的结晶,在此表示真挚的感谢。本书力求反映离子液体电喷雾机理研究的最新学术成果,旨在为从事相关基础理论研究、关键技术攻关和型号研制工作提供参考与借鉴,希望对离子液体电喷雾推进系统的工作性能提升及在引力波探测等重大空间任务中的工程化应用提供支持。本书也可作为从事面向空间卫星应用的离子液体电喷雾推进相关课题研究的研究生的参考书。

由于编者专业水平和写作水平有限,本书可能还存在疏漏和不足之处,恳请广大读者和专家不吝赐教。

王伟宗

2025 年 3 月于北京

目　　录

第 1 章

离子液体电喷雾推力器研究进展

1.1　离子液体电喷雾及其空间应用背景

1.1.1　离子液体电喷雾推力器简介

电喷雾是一种利用强电场使液体带电并雾化成微/纳米尺寸颗粒的技术,其工作过程十分简单,同时作为一个跨学科、多尺度的物理现象,又蕴含了丰富而复杂的物理机制,近几十年来吸引了许多研究者的注意。目前电喷雾领域存在许多问题尚未研究透彻,如稳定泰勒锥射流的产生及其不稳定性分析[1]、锥射流的放电特性分析[2]、电喷雾过程的缩尺准则建立[3]。

有关电喷雾的研究最早可以追溯到 16 世纪初,Gilbert 发现水滴在带电琥珀的影响下会变成锥形[4]。在 1882 年,Rayleigh 爵士从理论上估计得到液滴所能携带的最大电荷量超过某值,便会在电场作用下破碎,该电荷量称为液滴的瑞利极限。该分析是在理想条件下进行的,但是得到的结果仍广泛应用于研究电喷雾过程[5]。1964—1969 年,Taylor 首先提出了一套电喷雾的理论框架,以描述在强电场下液滴所形成的锥形,即泰勒锥[6]。其在外加电场超过某一临界值后才会形成,且其锥半角一般为 49.3°。电喷雾现象的应用十分广泛,可应用于喷雾冷却[7-8]、乳液和悬浮液的制备[9-10]、微纳颗粒的生产[11-12]、质谱仪的离子源[13-15]、离子液体电喷雾推力器[16-17]等。

作为电喷雾重要应用领域之一的离子液体电喷雾推力器,属于静电式空间电推进系统[18]。离子液体电喷雾推力器的典型结构如图 1.1 所示,主要由抽取极板、发射极与推进剂供给系统三部分组成,结构简单易于小型化。离子液体电喷雾推力器的推进剂为完全由阴阳离子组成的离子液体(ionic liquid),具有较高的电导率和热稳定性,并且饱和蒸气压低,真空环境下蒸发量可忽略不计[19-20]。离子液体通过发射极供给,在抽取极板与发射极之间施加高压产生强电场,强电场会使离子液体极化带电,发射极出口附近的液面受到表面张力和电场力的共同作用,导致形变。当抽取极板与发射极之间的电场强度增大到一定值时,液面将形变为泰勒锥。由于液面电场强度随着液面曲率的增大而增大,因此泰勒锥顶部的液面电场强度最大,当该处的电场力超过表面张力时,泰勒锥顶部将引出一股射流,液面呈现出锥射流的结构[21]。射流末端由于不稳定会破碎,形成带电液滴或离子,这些带电颗粒在电场的作用下进一步加速喷出,产生推力。一般在抽取极板后还会加装一个可变电压的加速极板,用于进一步加速从抽取极板喷出的带电颗粒,从而调整推力器的推力和比冲[22]。虽然锥射流模式仅是电喷雾众多工作模式中的一种,然而得益于其稳定性,锥射流模式得到了广泛的应用和深入的研究[23]。通常情况下,为维持稳定的推进性能,离子液体电喷雾推力器工作于锥射流模式下。

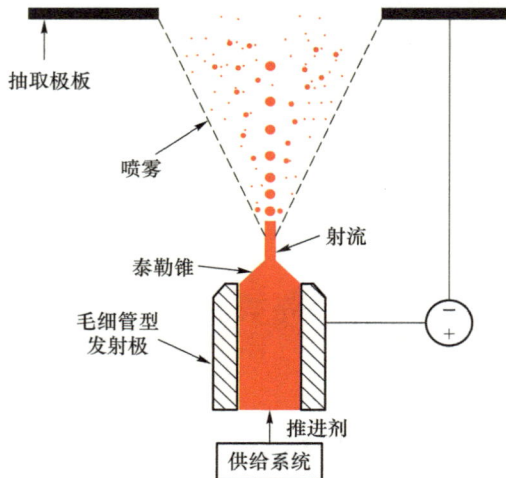

图 1.1 离子液体电喷雾推力器的典型结构

根据推力器产生的束流中带电颗粒的组成,离子液体电喷雾推力器的工作模式又可细分为三种(见图 1.2):纯离子模式、离子液滴混合模式和液滴模式[21-23]。这三种工作模式对应不同的推进性能,可通过改变操作工况、离子液体性质等来调节工作模式。纯离子模式下,离子液体电喷雾推力器的束流完全由高荷质比的离子组成,这些离子在电场的作用下能获得极高的速度,从而提升推力器的比冲,最高可至 12 000 s[24]。处于纯离子模式时,离子液体电喷雾推力器的工作流量极低,通常需要增加通道流阻以实现纯离子模式[25]。此外,要实现纯离子模式,还需考虑离子液体性质的影响,使用高电导率、高表面张力离子液体(如 EMIM-BF$_4$)的电喷雾推力器易于工作在纯离子模式下[26]。然而,由于工作流量低,处于纯离子模式下的离子液体电喷雾推力器推力极低,单发射极提供的推力往往低于 100 nN[27]。增大流量可提升离子液体电喷雾推力器的推力,但也会使推力器发射的束流中产生液滴。由于液滴的荷质比远大于离子的荷质比,因此其运动速度远低于离子,从而导致比冲下降。当束流中同时含有离子和液滴时,离子液体电喷雾推力器便处于离子液滴混合工作模式,使推力器的能量效率降低;若流量足够高,束流完全由液滴构成,离子液体电喷雾推力器则转换到液滴工作模式,此时推力器能够产生较大推力。

离子液体电喷雾推力器的工作流量是影响上述三种工作模式的核心因素,为匹配不同的流量范围,可采用不同构型的发射极。常见的发射极构型有 3 种:毛细管型、外部浸润型和多孔介质型,如图 1.3 所示。传统的毛细管型发射极工作流量较高,需要匹配流量储供系统,通过微流泵主动供给推进剂,通常工作在离子液滴混合模式或者液滴模式[21]。外部浸润型发射极往往加工成尖锥状,离子液体的输运主要依靠液体与发射极表面的毛细作用,同时受到外部电场的影响,工作流量极低,易于实现纯离子模式[28]。为确保外部浸润型发射极工作在纯离子模式下,常在其表面刻蚀碳纳米管或氧化锌纳米线以增大流体阻力,使工作流量稳定地保持在极低水平[29]。多孔介质型发射极采用多孔金属或多孔非金属作为发射极材料,离子液体由多孔材料内部相互连通的孔隙输运到发射极尖端,和外部浸润型的发射极类似,其工作流量主要由毛细作用与外部电场决定,也常处于纯离子模式[30]。

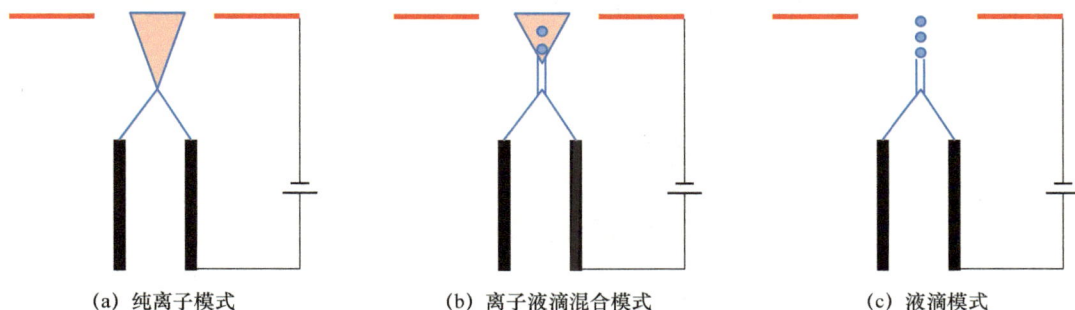

(a) 纯离子模式　　　　　　(b) 离子液滴混合模式　　　　　　(c) 液滴模式

图 1.2　离子液体电喷雾推力器的工作模式

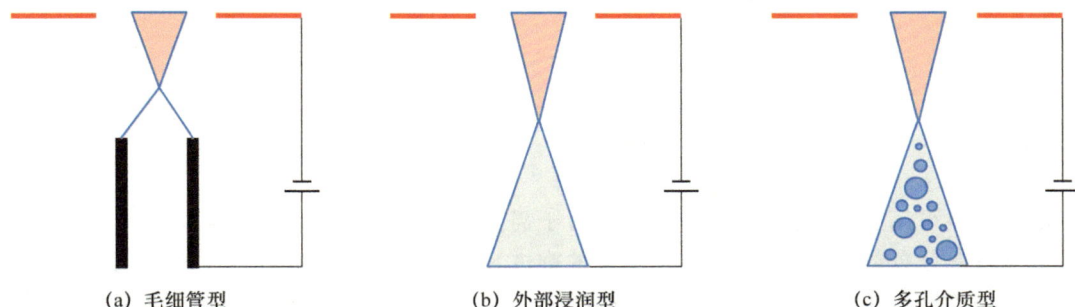

(a) 毛细管型　　　　　　(b) 外部浸润型　　　　　　(c) 多孔介质型

图 1.3　发射极构型

综上可知,离子液体电喷雾推力器的工作性能与工作流量和发射极结构极度相关,工作流量决定了其工作模式(纯离子模式、液滴模式、离子液滴混合模式),进而影响推力器的推力比冲。采用主动供给方式的毛细管型发射极通常对应高流量,而采用被动供给方式的外部浸润型和多孔介质型发射极对应低流量。因此,研究离子液体电喷雾推力器不同发射极结构的工作机理,有助于理解离子液体电喷雾推力器工作过程的物理本质,并为推力器已有构型的优化与新构型的设计提供理论指导。

1.1.2　离子液体电喷雾推力器的空间应用

自 20 世纪末以来,随着微机电加工技术的进步,航天器小型化技术不断发展,传统的卫星设计理论发生了重大转变,小卫星(mini satellite,质量 100～500 kg)、微卫星(micro satellite,质量 10～100 kg)与纳卫星(nano satellite,质量 1～10 kg)等微小卫星逐渐步入人们的视野[31],并逐渐成为航天领域重点研究方向之一。与常规尺寸卫星相比,微小卫星研制周期短、发射灵活、成本低,组网后具有极强的对地观测能力,在国防、农业、林业、商业等领域[32-34]有着广泛的应用潜力,为航天领域带来了新的生机与活力。自 2010 年以后,随着对微小卫星需求的不断提升,其发射数量呈井喷式增长,如图 1.4 所示,微小卫星也完成了从教育科研工具向工业产品的转变。SpaceX 公司的星链计划,旨在通过大量小型卫星组成的互联网星座提供全球移动宽带。截至 2024 年 3 月,在轨的星链卫星总数已突破 6 000 颗,全球客户数量达到 260 万,其在民用与军事通信领域均已展现出了较大价值。我国自 2000 年左右开始探索微小卫星发展道路,并将其应用在经济建设、国防军事、科学探测等国家重大战略需求领域。

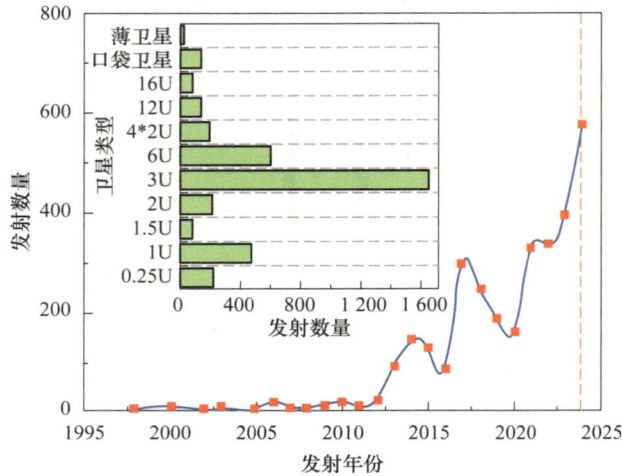

图 1.4　微小卫星发射数量[35]

微小卫星可用于多种多样的空间任务,对于需要完成空间阻力补偿、姿态控制、轨道机动和编队飞行等任务的微小卫星,应装配相应的推进装置。然而微小卫星的体积、质量和功耗限制给推进装置的研制带来了极大的困难,唯有高度集成化的微推进装置可满足其需求。传统的化学推进装置虽然能够提供较大的推力,有利于卫星的快速机动,但是需要携带大量的推进剂并搭载复杂的推进剂储存供给系统,难以小型化。相比之下,利用电离、加速工质形成高速喷流而产生推力的电推进装置,消耗的推进剂较少,能够提高卫星的有效载荷,更适用于微小卫星,是国际宇航界公认的未来十大尖端技术之一。此外,电推进装置不使用高能化学物质作为推进剂,安全性更高[36]。

在常见的电推进装置(见图 1.5)中,离子推力器和霍尔推力器的技术最成熟,两者都使用储存在压力容器中的氙气、氩气等惰性气体作为推进剂,并以主动供给方式进行推进剂的输运。推进剂流出储箱后,在电离室内与来自阴极的高能电子发生碰撞后电离,电离产生的等离子体在电场或磁场的作用下加速向后喷出,形成速度极高的离子束流,产生推力[37]。然而,离子推力器与霍尔推力器的小型化面临两个主要问题:一方面,为维持较高水平的气体电离率,需要提高电离室内的等离子体密度,这导致等离子体与内壁面碰撞的频率升高,壁面侵蚀速率增大[38];另一方面,由于离子推力器与霍尔推力器使用磁场约束电子运动,当推力器尺寸降低时,必须增大约束磁场的强度,这也给推力器的小型化带来困难[38]。由于存在以上两方面问题,离子推力器与霍尔推力器小型化后会影响推力器的寿命与效率,这也限制了其在微小卫星上的应用,同时催生了新的电推进技术。

近年来兴起的各项微型电推进技术中,离子液体电喷雾推力器为微小卫星推进的优选方案之一。离子液体作为电喷雾推力器的工质,与传统胶体工质相比,电导率高,因此可大大降低电喷雾的工作电压;此外,离子液体饱和蒸气压低,暴露在真空中时不易蒸发。上述优点极大地促进了电喷雾推力器在微小卫星中的应用和发展。此外,离子液体电喷雾推力器具有的以下特点使其在微小卫星上的适用性极强。

(1) 高比冲。一般情况下电喷雾推力器的比冲在 1 000 s 以上,在完全发射离子的情况下,比冲最高可达 12 000 s[24]。

(2) 高推力精度。电喷雾单个发射极的推力较小,一般在纳牛顿至微牛顿量级,因此推力的调节精度极高,一般情况下,为了进一步扩展推力范围,电喷雾推力器样机都设计为阵列式,即包含多个发射极(几个至数百个不等),该情况下推力器推力可至毫牛顿量级。

(3) 小巧轻便。推力器结构紧凑,简单可靠,对比其他电推力器无线圈磁铁等结构,特别是被动供给式的电喷雾推力器,不需要搭载推进剂供给设备。此外,推力器的整体功率较小,一般在 5 W 以内。

(4) 自中和。由于离子液体完全由阴阳离子构成,因此可通过加载不同极性电压的方式,实现阴离子或阳离子的发射,对同一发射极施加正负交替的脉冲电压或对不同发射极分别施加正负电压,即可实现推力器的羽流自中和。

(5) 长寿命。在合理的设计下,通过规避电化学腐蚀和离子液体沉积的影响,推力器工作时间可达数千小时。

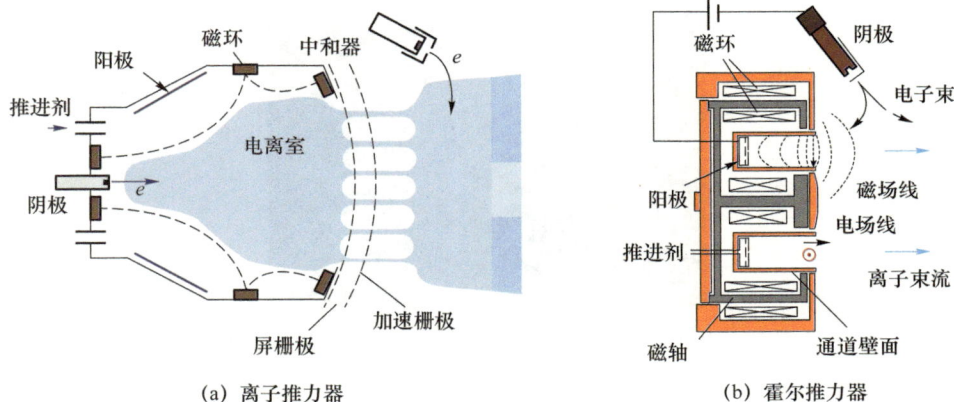

(a) 离子推力器　　　　　　　　　　(b) 霍尔推力器

图 1.5　常见的电推进装置[37]

2003 年,斯坦福大学研制的阵列式胶体推力器,在美国空军 Emerald 卫星计划的支持下,由航天飞机搭载飞行验证,用于卫星的姿态控制、卫星编队飞行任务[39]。2015—2018 年,麻省理工学院(Massachusetts Institute of Technology,MIT)空间推进实验室基于 MEMS 技术研制的一种可扩展的离子电喷雾推进系统(ion electrospray propulsion system,iEPS),已在 AeroCube 8 型和 AeroCube 12 型卫星上得到在轨技术验证,其工作时可达到纯离子发射模式,重量不足 5 g,功率消耗低于 0.65 W,能提供 0.25~0.5 N/m² 的推力密度,与等离子体离子推力器的推力密度相差无几[40]。北京机械设备研究所研制了一种离子液体微电推进器,于 2019 年成功搭载 TY-11 卫星实现多次在轨点火验证。北京航空航天大学依托亚太空间合作组织大学生小卫星项目(APSCO-SSS)研制的 ILT-50 离子液体电喷雾推力器,作为北航亚太一号(SSS-1)小卫星的离轨装置于 2021 年 10 月 14 日升空,实现在轨试验,推力器多次点火验证了其工作电压、电流、占空比等各项数据正常,且通过多组遥测数据有效验证了单喷口 32.8 μN的连续微推力,以及历经轨道高低温变化、空间辐照等空间环境考验后的适应性与可靠性。除上述推力器外,Accion、Busek、Enpulsion等商业公司设计开发的电喷雾推力器产品也已实现在轨验证,并积极将产品推广应用于微小卫星的在轨动力装置[41-42]。国内外在轨验证的电喷雾推力器如图1.6所示。

(a) MIT的iEPS[40]

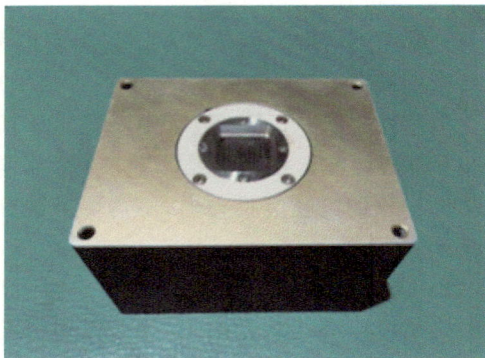

(b) 北航的ILT-50

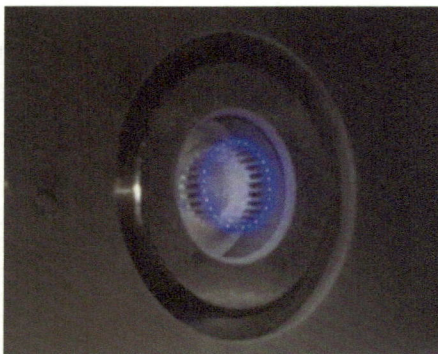

(c) FOTEC和Enpulsion公司共同研制的液态铟FEEP[41-42]

图1.6 国内外在轨验证的电喷雾推力器

除作为微小卫星的推进装置,离子液体电喷雾推力器另一个重要应用是实现太空引力波探测计划,科学卫星的高精度姿态控制、轨道转移、无拖曳控制等任务需求。引力波探测除可验证广义相对论的正确性外,还为人类探索宇宙提供了全新的方法,但其对信号探测精度要求极高。通过地面天文台探测引力波,不仅受地表噪声影响较大,还会因地面空间尺度的局限,只能探测10 Hz以上的引力波[43]。而将引力波天文台发射到太空可以很好地避免这些问题,欧洲航天局(ESA)和美国航空航天局(NASA)提出的激光干涉空间天线(laser interferometer space antenna,LISA)计划便是将三颗相同的引力波探测卫星发射到太空,构成相距几百万千米的等边三角形引力波天文台[44],然而在深空环境的卫星受到太阳光压等非保守力,会产生一定的残余加速度,影响测量,这就需要高精度的推力器产生实时推力,以补偿太阳光压等非保守力,实现对航天器的高精度姿态和无拖曳控制[45-46]。这对推力器的工作性能提出了更高的要求:高推力精度、推力在一定范围连续可调、低推力噪声、长寿命(100 000 h)[47]。美国

Busek 公司研制的胶体微牛推力器(colloid micro-newton thruster,CMNT)已于 2016 年 1 月在 LISA Pathfinder 航天器上成功投入运行,可实现 5～30 μN 的推力调节,推力精度高于 0.1 μN,最长工作时间大于 2 400 h,初步验证了离子液体电喷雾推力器作为引力波探测卫星推进系统的可行性[44]。近年来,国内也提出了"太极"和"天琴"两项引力波探测计划[48],高性能的离子液体电喷雾推力器亟待研发。图 1.7 所示为国内外空间引力波探测计划。

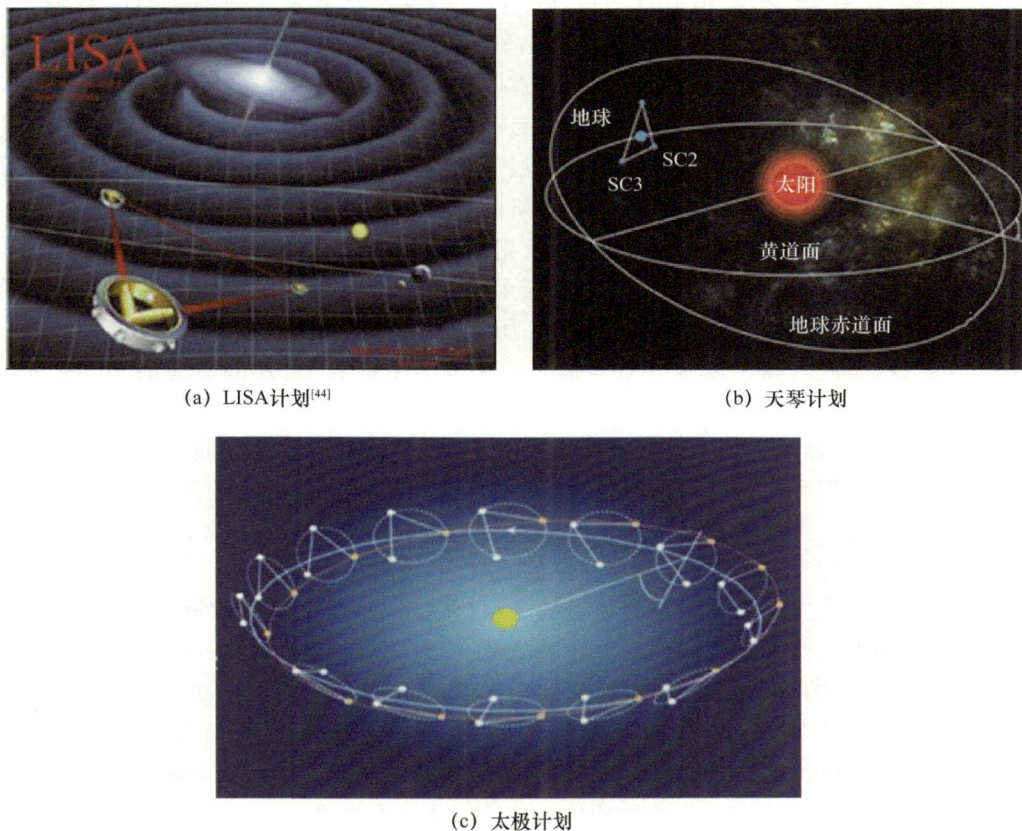

(a) LISA 计划[44]

(b) 天琴计划

(c) 太极计划

图 1.7　国内外空间引力波探测计划

　　目前国内外有关离子液体电喷雾推力器的研究发展迅速,进一步优化离子液体电喷雾推力器工作性能的前提,是对其工作机理有深刻的认识,本章的后续内容旨在对离子液体电喷雾推力器工作机理研究进行总结。首先对离子液体电喷雾推力器的工程应用进展进行介绍;其次重点对离子液体电喷雾推力器的锥射流形成机制、离子发射机制和束流引出特性等科学研究进展进行总结;最后在此基础上介绍离子液体电喷雾推力器的分子动力学(molecular dynamics,MD)模拟背景。

1.2　离子液体电喷雾推力器工程研究进展

　　1914 年,电喷雾现象首次被 Zeleny[49]发现,由此拉开电喷雾研究序幕。最早将电喷雾现象应用于推力器设计的研究可追溯到 20 世纪 60 年代[30],此时的电喷雾推力器采用有机胶体溶液(如碘化钠/甘油溶液)作为推进剂,因此电喷雾推力器又称胶体推力器[50-51]。但是,有机胶体溶液电导率低(<0.01 S/m),需要在抽取极板和发射极间施加极高的电压(>10 kV)才能保证推力器正常工作,不利于在卫星上使用。而且,同时期的离子推力器与霍尔推力器发展迅猛,与之相比,电喷雾推力器丧失了优势,相应的研究也逐渐减少。

到 20 世纪 90 年代末,微小卫星的出现使得电喷雾推力器重新回到人们的视野。1995年,莫斯科航空学院(Moscow aviation institute)的 Malyshev 等人提出将电喷雾推力器用于微小卫星的设想,并设计了一款功率为 30 W、寿命达 2 800 h 的电喷雾推力器[52]。一方面,微小卫星的发展引发了对电喷雾推力器的需求,另一方面,新型电喷雾推进剂的出现推动了电喷雾技术的进步。在 20 世纪 90 年代,一种在室温下呈现液态的新型熔融盐被合成,其又称离子液体。离子液体只由阴阳离子构成,具有可忽略的饱和蒸气压,在真空中不易挥发,同时具有较高的电导率(约 1 S/m)[53]。与有机胶体溶液相比,离子液体最大的优势在于高电导率,这能够将电喷雾推力器的工作电压由十千伏级降低至千伏级,改变了以往电喷雾推力器难以在卫星上应用的困境[30]。自此,离子液体电喷雾推力器开始迅猛发展。

根据发射极的种类,离子液体电喷雾推力器可分为毛细管型、外部浸润型和多孔介质型(见图 1.3),其中毛细管型是发射极的原始结构,构型相对简单,采取主动供液的方式,通常毛细管型离子液体电喷雾推力器工作在液滴模式下;外部浸润型和多孔介质型均采取被动供液方式,液体由毛细作用和电场力输运到发射极尖端,这两类发射极的阻抗较大流量极小,更容易实现纯离子发射,产生高比冲的同时推力小。目前国外 MIT、耶鲁大学、Busek 公司等数家单位积极投入到离子液体电喷雾推力器样机的开发中,取得了丰硕成果。

美国 MIT 空间推进实验室较早开展了被动型(包括外部浸润型和多孔介质型)离子液体电喷雾推力器的研究,取得了一系列重要研究成果。2007 年,MIT 的 Gassend[54] 设计加工了一种包含 502 个针尖的外部浸润型离子液体电喷雾推力器,其比冲约为 3 000 s,推力为 13 μN,推力密度为 0.15 N/m²。2011 年以后,MIT 的多位研究人员先后使用金属[55-56]和玻璃[57-59]材料加工了阵列式的多孔介质型离子液体电喷雾推力器,其中多孔玻璃电喷雾推力器iEPS 使用 1-乙基-3-甲基咪唑四氟硼酸盐(EMIM-BF₄)作为推进剂,单模块比冲为 1 150 s,最大推力为 12.5 μN。

除被动型外,毛细管型(主动型)也是离子液体电喷雾推力器的常见构型。2014 年,耶鲁大学的 Lenguito 等人[60]研制了一种毛细管型离子液体电喷雾推力器,其以离子液体硝酸乙铵(EAN)作为推进剂,发射极采用不同毛细管数量(7~91)的阵列,其中毛细管数 37 的样机比冲范围为 710~1 870 s,推力范围为 7.3~31.1 μN。

2015 年,由 Busek 公司[44,61]研制的 CMNT 离子液体电喷雾推力器搭载在 LISA 探路者号上升空,并成功完成在轨验证,标志着离子液体电喷雾推力器实现了由原理样机向工程应用的转变。CMNT 单台推力器的推力调节范围为 5~30 μN,推力调节精度小于或等于 0.1 μN,可正常工作超过 2 400 h。在 CMNT 之后,以 MIT 的 iEPS 与 Busek 公司的 BET-300P[62]型离子液体电喷雾推力器为代表,阵列式离子液体电喷雾推力器(见图 1.8)成为研究热点。

国内许多高校和科研机构也开展了离子液体电喷雾推力器的相关研究。2018 年,上海交通大学的刘欣宇等人[63]进行了阵列式多孔介质型离子液体电喷雾推力器样机的研制,成功点火并对其发射特性进行了研究,在 3 000 V 发射电压时测得推力为 77 μN,比冲为 1 780 s。

2019 年,西北工业大学陈冲等人[64-65]以多孔陶瓷为发射级材料,加工出尺寸为 30 mm×
30 mm×27 mm 的推力器,实现了离子液体电喷雾推力器的纯离子发射,进一步研究了不同数
量发射条带对推力器性能影响,1 个发射条带和 3 个发射条带推力器的推力分别为 80.1 μN
和 219.2 μN,比冲分别为 5 774 s 和 5 047 s。

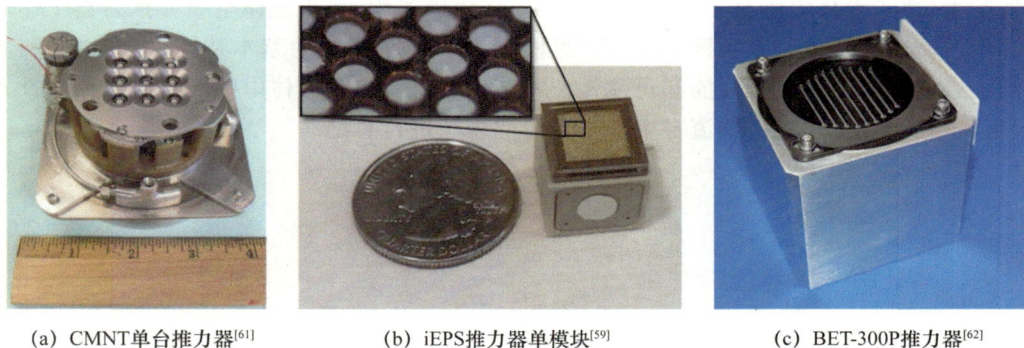

(a) CMNT单台推力器[61]　　　(b) iEPS推力器单模块[59]　　　(c) BET-300P推力器[62]

图 1.8　阵列式离子液体电喷雾推力器样机

　　国内对离子液体电喷雾推力器的研究较国外起步晚,但发展迅速,部分样机已开展了在轨
验证,如图 1.9 所示。2019 年,北京机械设备研究所高辉等人[66]研制了被动型离子液体电喷
雾推力器,以 1-乙基-3-甲基咪唑啉双(三氟甲基磺酰基)亚胺(EMIM-Im)为推进剂工质,理论
比冲为 1 450~1 800 s,推力范围为 10~100 μN,样机搭载在 TY-11 卫星上完成了在轨点火验
证,是国内首次在立方星平台开展离子液体电喷雾推力器空间试验。北京航空航天大学研制
的 ILT-50 离子液体电喷雾推力器作为 SSS-1 卫星自主离轨动力装置,于 2021 年成功发射并
运行于 517 km 的太阳同步轨道,在 2022 年完成在轨点火试验验证,推力器单喷口产生了
32.8 μN的连续推力。

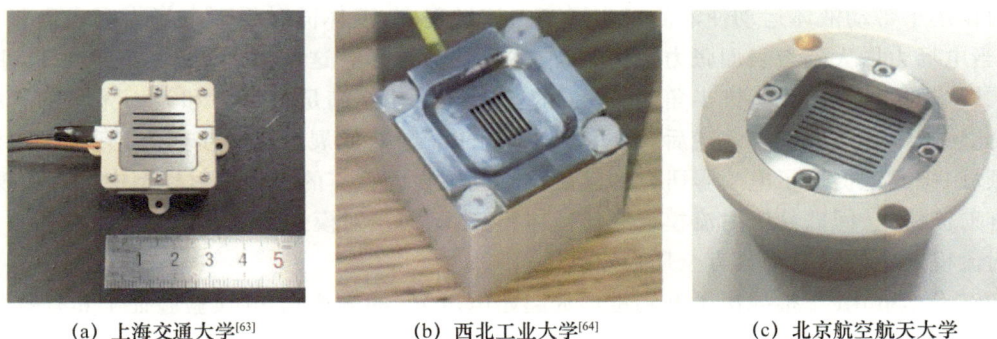

(a) 上海交通大学[63]　　　(b) 西北工业大学[64]　　　(c) 北京航空航天大学

图 1.9　国内各研究单位的离子液体电喷雾推力器样机

　　除了应用在航天推进领域,电喷雾技术在生物大分子质谱分析、纳米材料制备、薄膜喷雾
等领域也得到了广泛应用,对离子液体电喷雾推力器工作机理的研究亦有利于促进电喷雾在
其他领域的发展。国内虽然研制了较多离子液体电喷雾推力器样机,但对电喷雾工作机理方
面的研究相对薄弱,是未来应该重点关注的研究方向。

1.3 离子液体电喷雾推力器工作机理研究进展

实际上,离子液体电喷雾是一个复杂的电流体力学过程,离子液体电喷雾推力器工作时可分为3个区域:锥射流区、束流区、羽流区(见图1.10),每个区域的基本特性、内在机制和影响规律均会影响推力器的工作性能和可靠性。本节内容将对离子液体电喷雾锥射流形成及发射机理、束流模式与引出特性、羽流自中和机制研究现状进行总结。

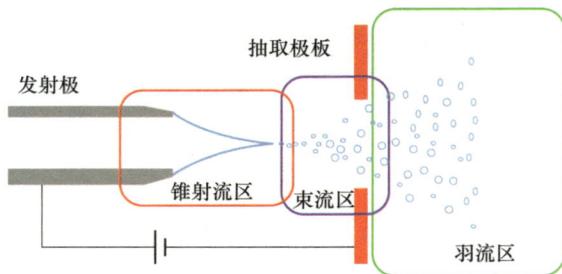

图1.10 离子液体电喷雾推力器工作区域

1.3.1 锥射流形成及发射机理

1.3.1.1 泰勒锥的形成

当导电液体置于外部强电场中时,液体中的电荷会向液体表面运动并聚集在液体表面,在电场力作用下带动液体运动使液面发生形变。该过程中,液体同时受到电场力和表面张力的作用,当电场力增大到与表面张力平衡时,液体形变为锥形。这一概念于1964年由Taylor[6]提出,其从理论推导出只有锥半角为49.3°的锥形液面才能满足电场力和表面张力的平衡条件,由此该液锥称为泰勒锥。随后,Taylor和Melcher[67]对此展开进一步研究,开辟了电流体力学领域,极大地促进了电喷雾研究的发展。泰勒锥在电喷雾的多种发射模型中均有出现,如稳定锥射流模式、间歇性锥射流模式或纺锤体模式(不同发射模式见1.3.1.3节),然而只有稳定锥射流模式中的泰勒锥具有全局稳定性。

1986年,Smith[68]推导出了泰勒锥形成起始电压V_{on}的表达式,并实验验证了其有效性

$$V_{on} = 0.667 \left(\frac{2\gamma r_c \cos\theta_0}{\varepsilon_0} \right)^{\frac{1}{2}} \ln\left(\frac{4h}{r_c} \right) \tag{1.1}$$

式中,r_c为毛细管半径;γ为液体的表面张力系数;θ_0为锥半角;ε_0为真空介电常数;h为毛细管出口至抽取极板的距离。

由式(1.1)可以看出,当电喷雾系统的几何尺寸确定后,起始电压仅与液体表面张力有关,对于高表面张力的液体,通常需提供较高的启动电压,而这容易引起周围气体放电[69],对电喷雾过程造成影响。1986年,Hayati等人[70]首次在泰勒锥中观测到环流,并指出该环流是由切向电应力引起的。虽然液体具有导电性,但泰勒锥底部与顶部之间仍然存在电势差,并导致液

面电荷受到切向电场的作用。此外,环流主要与液体电导率和黏性有关,电导率、黏度越低的液体越容易出现环流。

1992 年,Fernández de la Mora[71]在 Taylor 开发的理论模型基础上考虑了空间电荷的影响,发现电喷雾发射的带电颗粒会形成空间电荷,进而对泰勒锥的形成产生影响。这使得泰勒锥的实际角度小于 49.3°,且液体电导率越高,空间电荷的影响越显著。进一步的高电导率工质电喷雾实验,也证实了泰勒锥的角度不是固定值。此外,随着流量的增大,喷雾区的角度增大,泰勒锥的角度也会相应地减小。以 Fernández de la Mora 的研究为基础,Pantano 等人[72]指出,发射极的尺寸与极板电压也会影响泰勒锥的角度。

2013 年,Gañán-Calvo 等人[73]从锥射流过渡区的驱动力与阻力平衡的角度出发,研究了形成稳定泰勒锥的最低流量,并推导出两种不同情况下(黏性力主导或极化力主导)的最低流量表达式,发现形成稳定泰勒锥的最低流量只与液体的性质参数有关。2018 年,Ponce-Torres 等人[74]利用漏电介质模型(the leaky-dielectric model)也得出了形成稳定泰勒锥的最低流量,并进行了实验验证。2019 年,Gamero-Castano 等人[75]研究发现实验中观测到的最低流量与液体的介电常数和雷诺数都有关,这与 Gañán-Calvo 等人推导的理论(只与液体的性质参数有关)不符,对此他们在原有理论基础上补充考虑了泰勒锥向射流转变过程中黏性耗散的影响,结果与实验符合较好。

1.3.1.2　射流理论

电场力与表面张力平衡时液体形成泰勒锥,随着电场的进一步增强,平衡被打破,电场力将克服表面张力从锥尖引出一股极细的射流。由于不稳定性等原因,射流在末端破碎成带电液滴或离子。

1990 年,Fernández de La Mora 等人[76]根据大量实验数据推导出首个描述射流直径 d_j 的公式

$$d_j \sim \left(\frac{\rho Q^2}{2\gamma\pi^2} \right)^{\frac{1}{3}} \tag{1.2}$$

式中,ρ、Q 分别为液体的密度和流量。该公式在雷诺数 Re($Re = 4\rho Q/\pi d_j \mu$)与无量纲流量 η($\eta = (\rho K Q/\gamma\varepsilon_r\varepsilon_0)^{\frac{1}{2}}$,$K$、$\varepsilon_r$ 分别为液体电导率和相对介电常数)较大时适用。1994 年,Fernández de La Mora 等人[77]进一步使用量纲分析方法,提出了首个描述电喷雾电流 I 与液体流量 Q、电导率 K 之间关系的标度定律

$$I = f(\varepsilon_r) \left(\frac{\gamma Q K}{\varepsilon_r} \right)^{\frac{1}{2}} \tag{1.3}$$

式中,ε_r 为液体的相对介电常数;f 为经验公式。此外,在假设液体内电荷弛豫时间与液体运动弛豫时间相当的情况下,他们提出了另一个描述射流直径的经验公式

$$d_j \sim \left(\frac{Q\varepsilon_r\varepsilon_0}{K} \right)^{\frac{1}{3}} \tag{1.4}$$

该公式在雷诺数与无量纲流量充分小时适用。1997 年,Gañán-Calvo 等人[78]通过对大量的实验数据进行量纲分析,推导出一套适用于不同电导率、不同黏度的表征电喷雾电流与射流直径的标度定律。

1997 年,Chen 等人[79]使用高介电常数液体(12.5≤ε_r≤182)研究介电常数对电喷雾过程

的影响,验证了上述两套标度定律的适用范围,并推导出针对高电导率液体的新标度定律;同年,Gañán-Calvo[80]发展了新的描述电喷雾过程的物理模型,该模型假定液体的流动弛豫时间大于电荷弛豫时间,电荷只存在于液面(即忽略液体内部电场),利用 Q/Q_0(Q_0 为特征流量)体现相对介电常数的影响,对描述电喷雾电流和射流直径的标度定律($1.9 \leqslant \varepsilon_r \leqslant 111$)进行了再推导,结果与实验符合较好。

2004 年,Gañán-Calvo[81]利用锥射流过渡区的动量守恒方程,将主要作用力分为非电作用力(惯性力、黏性力与表面张力)与电作用力(极化力与静电吸附力),并根据不同类型力对锥射流转换的主导作用,把电喷雾电流与射流直径的标度定律分为四种主要类型(惯性和静电力主导、惯性和极化力主导、黏性力和静电力主导、黏性力和极化力主导)。2013 年,Maißer 等人[82]利用差分运动分析法,对高电导率盐溶液电雾化产生的液滴直径与流量间的关系进行研究。2018 年,Ismail 等人[83]推导出射流破碎长度的理论公式,理论结果与实验结果较为吻合。

由于从泰勒锥到射流的转变过程中尺度跨度大,因此目前学界对于锥射流形成及演化机理尚无定论,学者们只能从无量纲标度定律入手,试图揭示射流形成及演化机制。对于电喷雾的各个发射模式,一般采用无量纲数进行区分。

1.3.1.3　电喷雾发射模式

电喷雾特点之一是存在多种发射模式,而推力器主要工作在稳定锥射流模式下(即锥射流末端持续稳定地发射微小液滴或离子),产生稳定的推力及比冲,其他模式下的推力与比冲无法固定,发射的不稳定也使得能量利用效率低。

长期以来,学者们从电流体力学的角度出发研究电喷雾的机理,并对电喷雾的不同发射模式进行了分类。电喷雾不同发射模式的产生与电场力(F_e)、重力(F_g)、惯性力($\dot{P}$)以及表面张力(F_γ)之间的相对大小有关。在不考虑液体蒸发以及液体黏性的影响、认为液体的运动弛豫时间大于液体内的电荷弛豫时间并忽略欧姆传导效应的假设下,Rosell-Llompart 等人[5]提出可用 3 个无量纲数区分电喷雾的发射模式(见图 1.11),分别为韦伯数(We,表征惯性力与表面张力的相对大小)、电场邦德数(Bo_e,表征电场力与表面张力的相对大小,又称泰勒数)与重力场邦德数(Bo_g,表征重力与表面张力的相对大小),各参量表达式如下:

$$We = \frac{\dot{P}}{F_\gamma} = \frac{\rho Q^2}{D_I^2 \gamma D_O} \tag{1.5}$$

$$Bo_e = \frac{F_e}{F_\gamma} = \frac{\varepsilon_0 \varphi^2}{\gamma D_O} \tag{1.6}$$

$$Bo_g = \frac{F_g}{F_\gamma} = \frac{\rho D^3 g}{\gamma D_O} \tag{1.7}$$

式中,电场力 $F_e \approx \varepsilon_0 \phi^2$;重力 $F_g = \rho D^3 g$;惯性力 $\dot{P} = \rho Q^2 / D_I^2$;表面张力 $F_\gamma = \gamma D_O$;D 为毛细管出口处的弯液面直径;D_I、D_O 分别为毛细管内部直径和外部直径;ϕ 为电势;g 为重力加速度。

当液体受到的电场力远小于表面张力时,可忽略电场邦德数的影响($Bo_e \ll 1$),此时电喷雾的发射模式由重力场邦德数与韦伯数决定。Clanet 等人[84]与 Eggers 等人[85]的研究表明,随着韦伯数的增大,电喷雾依次呈现出重力液滴模式($We \ll 1$)、无序液滴模式($We \approx 1$)与射流模式($We > 1$),如图 1.12(a)~图 1.12(c)所示。射流模式下产生的射流为中性射流,若增大电场强度,液体内部的电荷会传导至液面形成表面电荷,电喷雾的模式也从中性射流模式转换为带电射流模式,Agostinho 等人[86]称其为简单射流模式(simple jet mode)。

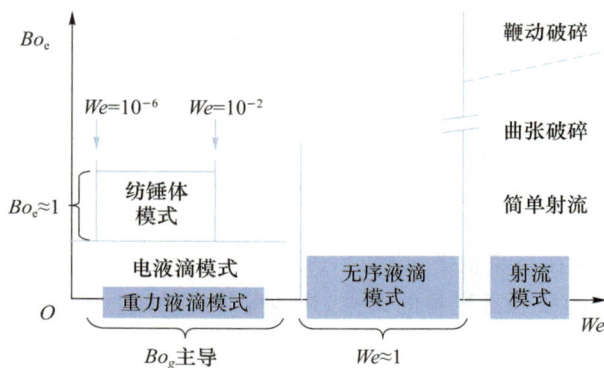

图 1.11　3 个无量纲数下电喷雾的发射模式[5]

Cloupeau 等人[21,23]与 Verdoold 等人[87]的研究表明,当电场邦德数起主导作用时($Bo_g \ll 1$, $We \ll 1$),随着电场邦德数的增加,电喷雾模式为电液滴模式($Bo_e < 1$)、间歇性锥射流模式与纺锤体模式($Bo_e \approx 1$),其中间歇性锥射流模式下的液体流量低于纺锤体模式,如图 1.12(d)～图 1.12(f)所示。Bober 等人[88]根据电压与流量对射流破碎频率的影响,将间歇性锥射流模式进一步分为阻流模式(choked flow mode)与振荡模式(oscillating mode)。

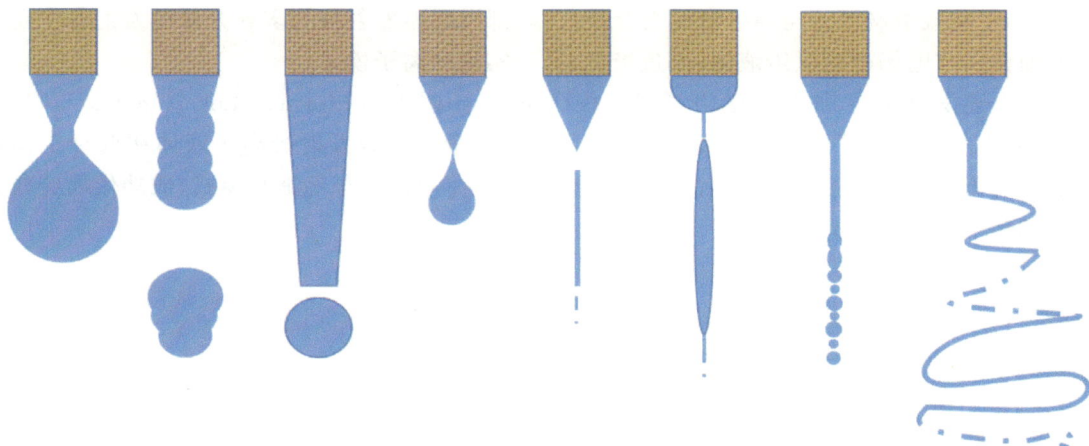

(a) 重力液滴　(b) 无序液滴　(c) 射流　(d) 电液滴　(e) 间歇性锥射流　(f) 纺锤体　(g) 曲张破碎　(h) 鞭动破碎

图 1.12　电喷雾的不同发射模式[90]

电场邦德数起主导作用的另一种工作模式为稳定锥射流模式,该模式得到了广泛研究和应用,其显著特征是形成了稳定的泰勒锥,且在泰勒锥顶生成一股射流[21],泰勒锥的形状与射流长宽由液体的流量与属性决定,液体流量的降低与电导率的上升都会引起射流长度与宽度的减小。Hartman 等人[89]根据射流破碎方式,将稳定锥射流模式分为由轴向不稳定性引起的曲张破碎模式与由横向不稳定性引起的鞭动射流模式,如图 1.12(g)～图 1.12(h)所示。其中,相比曲张破碎模式,鞭动射流模式下产生的液滴的粒径分布范围更广。

工作在稳定锥射流模式中的离子液体电喷雾推力器,由于流量、发射极构型等差异,可以细分为更多不同工作模式,它们在推进性能方面的差异在锥射流后的束流阶段进一步体现。

1.3.2 束流模式与引出特性

1.3.2.1 束流模式

在稳定锥射流发射模式下,根据束流中带电颗粒的组成,电喷雾推力器工作模式又可细分为纯离子模式、液滴模式和离子液滴混合模式[21,23]。纯离子模式出现在低流量下[25],比冲高、推力小[24];液滴模式出现在高流量下,比冲小、推力高;离子液滴混合模式介于两者之间。

实现上述 3 种模式的核心是流量的调控,为匹配相应的流量范围,一般采用 3 种发射极构型:毛细管型、外部浸润型和多孔介质型。Gamero-Castano 等人[30,91]利用飞行时间法(TOF)装置检测发现,使用毛细管型发射极的 EMIM-Im 离子液体束流一般由大量液滴和较少的离子组成,且大流量下离子产率大致不变,流量减低到足够低时离子产率快速增加。分析认为离子的发射主要与泰勒锥尖的电场强度有关,而泰勒锥尖的电场强度主要受流量和液体物性参数影响,液体流量越小电导率越高,锥尖电场强度越大[92],因此只有在低流量下,锥尖处的电场强度才足以使离子直接发射,而高流量下离子只从部分液滴和射流末端的液体细丝中发射,占比较小。Lozano 等人[28]发现在流量更小的情况下,离子液体电离更充分,利用外部浸润型发射极可以较好地实现纯离子发射。总的来说,毛细管型发射极一般采用主动供给,工作流量较高,易于实现液滴模式与离子液滴混合模式;外部浸润型发射极与多孔介质型发射极主要依靠毛细作用与电场被动供给液体,流量极低,易于实现纯离子模式。

除上述发射极外,加州大学洛杉矶分校(University of Coliformia, Los Angeles, UCLA)Wright 等人[93]设计了复合发射极(见图 1.13),并测量了复合发射极离子液体在两种工作模式下的电流差异,发现在外部浸润模式下发射的粒子荷质比高于毛细管模式,成功依靠跨模式工作实现了推力宽范围调节。

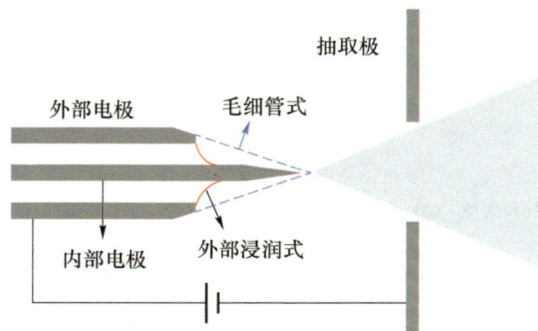

图 1.13 复合发射极离子液体电喷雾推力器结构

1.3.2.2 束流引出特性

束流的引出是电喷雾推力器工作的核心关键阶段。不同模式下,束流粒子可形成于射流末端的破碎或者无射流锥尖的离子直接蒸发,并被外加强电场进一步引出加速而产生推力。

因此,包含粒子流量、成分、能量和发散性等在内的束流特性直接决定了推力器的推力、比冲与能量效率等性能参数。

液滴发射模式下,带电射流末端破碎产生带电液滴,液滴在库仑力的影响下排斥扩散并在运动过程中持续破碎,最终形成喷雾束流。其中射流破碎阶段决定了束流形成时的粒子组成及能量特性,为此,学者们对射流破碎过程进行了大量实验与理论研究工作,得到了多套用于描述束流粒径、束流电流与射流直径、推进剂流量、电导率、介电常数、表面张力等的依赖关系的标度定律[77-81]。除射流破碎阶段外,射流本身的性质对束流也有较大影响。Gamero-Castano 等人[94]采用 TOF 和阻滞势分析仪(RPA)实验测量,发现电导率影响束流形成之前锥射流段的电压降落,低电导率液体射流段的电势降落接近抽取电压的 90%,使得后续束流段的引出加速被大大减弱。此外,Gamero-Castano 等人[91]还通过调节加速电压和推进剂流量测量了不同工况下电喷雾推力器的推力,并使用推力公式 $T \sim V_a^{1/2} I_n^{3/2}$(其中 V_a 和 I_n 分别为束流的加速电压和电流)对实验结果进行了拟合,用于预测不同工况下的推力大小,得到了被测电喷雾推力器的推力范围与推力精度。

关于液滴破碎的机制一直存在争议,目前主要有两种描述液滴破碎过程的理论。一种是 Dole 等人[95]提出的 CRM 理论(charge residue model):在蒸发过程中液滴的电荷不变,体积逐渐减小至液滴达到瑞利极限[96]时发生破碎。另一种是 Iribarne 等人[97]提出的 IEM 理论(ion evaporation model):离子蒸发时液滴表面电场强度小于液滴破碎时的电场强度,因此在液滴破碎前,离子将从液滴表面蒸发,直至液滴表面电场强度达到瑞利极限时的电场强度。

由射流末端破碎引出的电喷雾束流可分为 3 个区域[5]:外部喷雾云、内部喷雾束流以及两者之间的暗区,如图 1.14 所示。Tang 等人[98]与 Hartman 等人[99]的研究表明,射流发生曲张破碎时,初始液滴沿轴向近似呈直线分布,质量小的行星液滴在径向电场作用下获得更大的径向速度,最终分布于主液滴外侧形成外部喷雾云;主液滴则在轴线周围形成内部喷雾束流;两者之间的暗区无液滴。在某些情况下,行星液滴会与主液滴合并,导致束流中不含行星液滴。

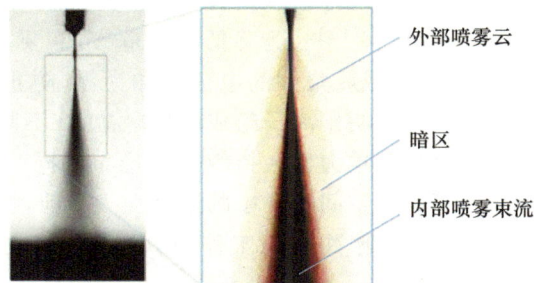

图 1.14　电喷雾的束流结构[5]

与液滴发射模式不同,纯离子发射模式下不存在射流,此时离子直接从锥尖抽取出来形成束流并加速引出。该模式下,因抽取电压、工质流量等差异,束流中会产生不同荷质比和不同能量特性的离子,从而影响其引出特性。Lozano 等人[28]对离子液体 EMIM-Im 的纯离子发射过程进行测量,观察到 6 种荷质比的离子及其对应的引出特性。Borner[100]通过分子动力学模拟研究了不同流量、电场条件下离子液体电喷雾束流形成及发展规律,发现束流电流主要由单体(n=0)和双体(n=1)离子贡献(n 为离子包含的中性分子数量),仿真结果与 TOF 实验测量一致。为了探究束流中离子种类等对推力器性能的影响，Emoto 等人[101]开展了固定束流电流条件下，稳态和瞬态流动中离子液体电喷雾束流引出过程的粒子网格法（particle in cell, PIC）仿真研究，发现束流中离子种类的差别对离子密度、能量、电势分布等影响较小。

束流在液滴或纯离子模式下引出后进一步发展，在粒子间的静电排斥作用下，形状不断发散，由此产生的束流角也会对推力器性能产生影响。一方面，较大的束流角会降低推力器能量效率；另一方面，束流粒子对极板等推力器结构的撞击，是影响推力器寿命的主要威胁。大角度的束流持续撞击抽取极和加速极，会造成离子液体在极板栅格附近不断聚集，进而在强电场的作用下向栅格上游的发射极反向发射。离子液体持续的反向发射，被认为是电喷雾推力器失效的前兆[102]。UCLA 等离子体与空间推进实验室（plasma & space propulsion lab）[47,103-104]对电喷雾推力器的束流区等区域进行了多种手段（高速显微摄影等）的实验诊断，还建立了相应的计算模型和理论分析模型，用以分析稳态和非稳态电喷雾行为对推力器寿命的影响。机理研究发现，沿发射轴方向粒子的负速度梯度导致库仑"输运堵塞"，从而导致束流扩展；束流中的液滴分布不均匀，在库仑力的作用下，高荷质比粒子束流角较大，而低荷质比粒子束流角较小。寿命研究表明，扩大栅格孔径或减小栅格与发射极间距，能减少束流对栅格的撞击（扩大孔径相比减小间距效果更显著），显著增加推力器寿命，但同时也会增加电子回流，对栅格施加偏置电压，可有效降低回流电流至可忽略值；发射极错位和制造公差会显著减少推力器寿命，在电喷雾推力器开启、关闭、改变操作参数时可能出现的不稳定发射模式，也会减少推力器寿命。除束流与栅格的撞击外，发射极强电场导致的电化学反应也是影响电喷雾推力器（特别是被动供给型电喷雾推力器）寿命的一大因素[105]。

1.3.3 羽流中和机制

电喷雾束流被引出推力器后在真空环境进一步扩散形成羽流，若其无法及时得到中和，所带电荷在周围空间积累，会导致太阳能电池板以及其他精密器件表面充电，造成航天器性能退化、干扰卫星通信、发射束流中断等危害[106]。为降低羽流危害，需要对其进行中和，即要求从航天器或推力器模块发出的电荷总和或收集到的电流总和为零，防止航天器充电。相比传统电喷雾推力器，离子液体在室温下是由阴阳离子组成的熔融盐，在不同极性电压下能发射不同极性的带电粒子，使得离子液体电喷雾推力器在持续产生推力的同时不需要添加额外的中和器就能够实现自中和，大幅提升了其在空间任务中的适用性。目前，实现离子液体电喷雾推力器羽流自中和的方式有时间变化法（脉冲电压工作模式）和空间变化法（双发射极工作模式）[107]，两种模式结构如图 1.15 所示。

时间变化法是指通过给单个推力器施加正负交替的脉冲电压，使发射极交替产生阴阳离子，保证一定时间内发射的正负电荷量相等，从而实现羽流自中和。该方法装置结构简单，且长时间工作时可以减少电化学反应的发生，但为保证中和效果所需要的调节频率等参数的过程较为复杂，且束流极性变化在时间上会有滞后现象。孙振宁等人[108]对时间变化法进行了实验验证，并考虑了电压幅值、频率、占空比等参数对羽流中和特性的影响。研究表明，在 20 Hz 频率条件下，当调节正负电压幅值比为 0.95～0.98，或在发射电压为 ±2.2 kV、±2.6 kV、±3.0 kV 以及对应正电压占空比为 35.5%、38.1%、40.4% 时，推力器样机可以实现羽流中和。

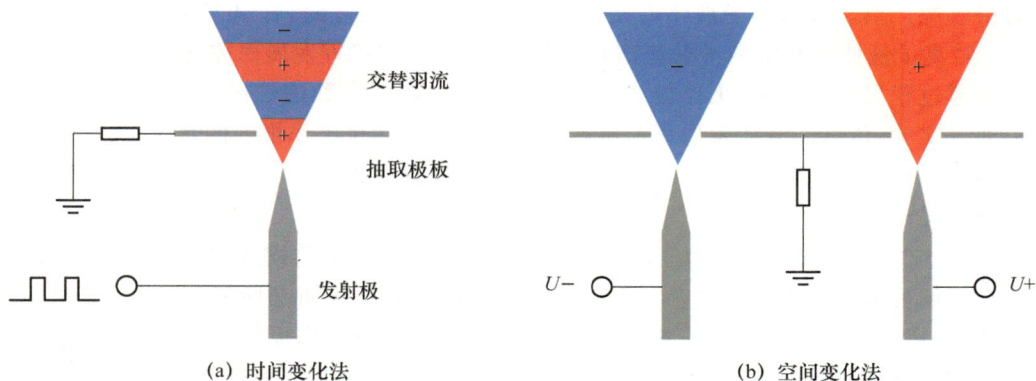

(a) 时间变化法　　　　　　　　　　(b) 空间变化法

图 1.15　电喷雾羽流自中和的两种模式

空间变化法是指通过使用两个推力器,分别施加正负电压发射不同极性羽流,保证一定时间内发射的正负电荷量相等,从而实现羽流自中和。Mier-Hicks 等人[109]从理论和实验角度研究了双极纯离子电喷雾推力器羽流对航天器充放电行为的影响,孙振宁等人[108]通过调节两个推力器正负电压幅值比,实现了羽流自中和,证明了两个推力器协同工作下羽流中和的可行性。实验研究缺乏对粒子相互作用,以及电荷平衡过程的微观分析,这部分工作在仿真研究中得到了补充。Chen Cui 等人[110]利用 PIC 方法对 EMIM-BF$_4$ 离子液体电喷雾推力器双发射极羽流中和过程进行了仿真研究,结果表明羽流中和主要是通过粒子在抽取极出口外侧的势阱内反弹实现的,此外,由于 EMIM$^+$ 和 BF$_4^-$ 有相似的质量,正离子和负离子的交替加速使得羽流产生振荡模式。张百一等人[111]采用 PIC 方法从空间和时间演化的角度,仿真研究了离子液体电喷雾推力器,在双极模式下的羽流中和过程。研究结果表明,羽流中和是通过正负离子的时空振荡实现的,轴向的空间振荡是由正负离子的质量和速度不同引起的,而径向的空间振荡主要是由于双级束流间距的非零所致,时间振荡可能与传统的等离子体振荡有关。此外,研究还定量分析了束流间距对羽流特性的影响,结果表明束流扩散半角与双级束流间距呈正相关关系(见图 1.16)。

综合上述,羽流中和主要是通过粒子在抽取极出口外侧的势阱内反弹,使羽流形成时空振荡实现[110-111](正负离子一前一后形成势阱,相互吸引分别减速或加速运动最终达到相对平衡)。工作模式(脉冲电压工作模式或双发射极工作模式)的选择以及参数调控(电压幅值、频率、占空比等)对羽流中和效果至关重要。

1.3.4　离子液体电喷雾推力器研究进展小结

随着微小卫星的快速发展,开发高效微电推力器已经成为我国航天发展的迫切需求,其中,基于静电喷雾原理研制的离子液体电喷雾推力器具备较大发展潜力。1.2 和 1.3 节从离子液体电喷雾推力器的研究背景出发,介绍了离子液体电喷雾推力器的工程应用,并对离子液体电喷雾推力器锥射流形成及演化机理、束流模式与引出特性、羽流自中和机制的科学研究进展进行了总结。目前国外对离子液体电喷雾推力器的研究成果较多,国内的研究刚刚起步,理论、实验及仿真研究还不够充分,离子液体电喷雾推力器推力调节范围有限、起始电压高等问题还有待解决。对于国内离子液体电喷雾推力器未来的发展方向，有以下两点。

（1）对离子液体电喷雾的锥射流演化、束流引出等工作机理发展更完善、更全面的基础理论。电喷雾过程尺度跨度大，工作模式复杂，机理研究难度大，如液滴破碎等机理至今尚未有定论。通过实验、仿真的方式发展覆盖电喷雾全工作阶段和全工作模式的系统理论，可为电喷雾推力器小型化、推力高精度和大范围调节的发展方向提供指导，支撑离子液体电喷雾推力器的设计与工况调节。

（2）通过改变发射极结构（如复合发射极），可以实现电喷雾跨模式工作，从而实现宽推力范围调节。但目前国际上对于复合发射极电喷雾的研究尚处于萌芽阶段，对不同模式下的液体流动状态、束流特性等仍缺乏细致研究，无法清晰描述不同工作模式之间的转换机制，若能解决上述问题，则能更好实现离子液体电喷雾推力器的宽推力范围调节，并为其工程化应用提供理论支撑和方法指导。

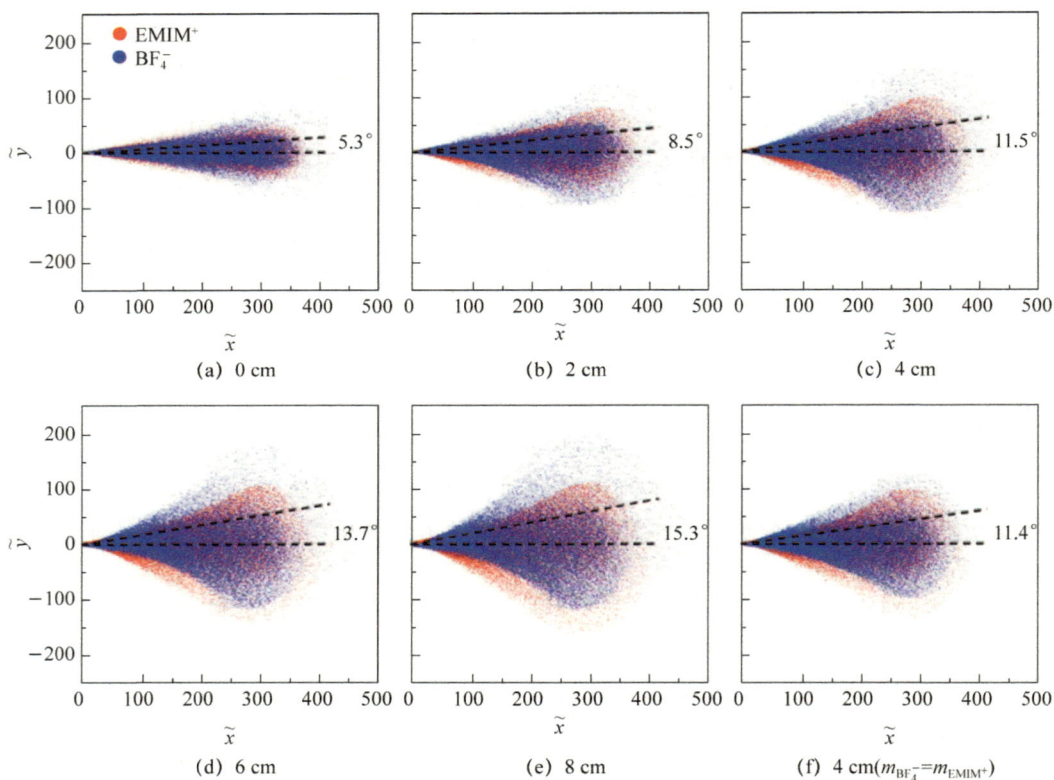

图 1.16　不同束流间距下的束流扩射半角[111]

1.4　离子液体电喷雾分子动力学模拟背景

电喷雾推力器的推力、起始电压及工作模式等特性的研究可通过实验、理论和仿真等多种手段实现。其中实验方法可以直接观察和测量电喷雾的宏观物理特性，得到推力器不同操作参数下发射粒子的种类、速度分布、能量分布、羽流角等特性，得到的实验数据也可为电喷雾的理论研究和仿真模型提供验证和参考。然而实验也存在物质和时间成本高、容易受环境条件影响造成误差、因可观测参数有限难以获得电喷雾物理过程的完整参数等缺点。

理论研究方法一般基于流体力学和电动力学的基本原理，通过理论推导，分析电喷雾的物理过程，进而提出起始电压表达式、射流直径标度定律等数学模型或理论框架，其可以解释和预测电喷雾的行为，深入探讨电喷雾的机理和影响因素，揭示电喷雾背后的物理规律和关键因素。但是，理论研究通常基于简化假设和模型，难以考虑复杂的影响因素，导致理论预测与实际情况往往存在偏差，需要根据实验与仿真的结果进行修正。

除了通过大量实验积累数据或推导理论模型外，仿真研究也是电喷雾必不可少的一环。电喷雾的仿真形式手段多样，不同的仿真方法适用于不同的研究需求。许多研究人员基于电流体力学理论建立了电喷雾推力器的计算流体力学（computer fluid dynamics，CFD）仿真模型，以此研究锥射流的形成演化过程[112-115]，此外还有大量研究利用 PIC 等离散相方法，对电喷雾羽流的扩散和自中和过程进行仿真[116-117]。上述仿真手段可以获取电喷雾物理过程中的大量数据，完整了解物理过程中各参数随时间和空间的变化过程，为实验设计和理论模型建立提供指导，还可通过不同的工作条件下的仿真，进行参数化研究和灵敏度分析。

在对泰勒锥的形成及发射过程的仿真研究中，CFD 模型对解释其机理提供了重要帮助，但泰勒锥的离子发射过程本质上是在外部强电场条件下的微观化学反应，要完全解释内部机理必须从原子层面出发。当研究尺度聚集到液体分子层面时，传统的仿真分析手段已经不能满足需求，而 MD 方法考虑分子内和分子间的相互作用，通过数值求解分子体系的运动方程，研究分子体系的结构与性质，是唯一能够从原子层面揭示电喷雾机理的手段，且几乎可以对所有的离子液体进行模拟。

目前，MD 方法已经成功地用于揭示毛细管型发射极离子液体电喷雾推力器的发射阈值电场[118]、性能参数[119]、发射模式[120] 等基本特性，也对库仑力模型[121]、全原子/粗粒度模型[120] 等分子动力学模型设置进行了初步研究，取得了富有价值的研究成果，验证了分子动力学模拟应用在离子液体电喷雾研究上的可行性。

参考文献

[1] GANÁN-CALVO A, LÓPEZ-HERRERA J, HERRADA M, et al. Review on the Physics of Electrospray: from Electrokinetics to the Operating Conditions of Single and Coaxial Taylor Cone-Jets, and AC Electrospray[J]. Journal of Aerosol Science, 2018, 125: 32-56.

[2] BORRA J, EHOUARN P, BOULAUD D. Electrohydrodynamic Atomisation of Water Stabilised by Glow Discharge-Operating Range and Droplet Properties[J]. Journal of Aerosol Science, 2004, 35(11): 1313-1332.

[3] GANÁN-CALVO A, LÓPEZ-HERRERA J, REBOLLO-MUNOZ N, et al. The Onset of Electrospray: The Universal Scaling Laws of the First Ejection[J]. Scientific Reports, 2016, 6(1): 32357.

[4] GILBERT W. De Magnete, Magneticisque Corporibus, et de Magno Magnete Tellure[M]. London: Peter Short, 1600.

[5] ROSELL-LLOMPART J, GRIFOLL J, LOSCERTALES I. Electrosprays in the Cone-Jet Mode: From

Taylor Cone Formation to Spray Development[J]. Journal of Aerosol Science, 2018, 125: 2-31.

[6] TAYLOR G. Disintegration of Water Drops in an Electric Field[J]. Proceedings of the Royal Society of London. Series A. Mathematical and Physical Sciences, 1964, 280(1382): 383-397.

[7] XU H, WANG J, TIAN J, et al. Electrohydrodynamic Disintegration of Dielectric Fluid Blended with Ethanol[J]. Physics of Fluids, 2021, 33(6): 062107.

[8] GUPTA A, MISHRA B, PANIGRAHI P. Internal and External Hydrodynamics of Taylor Cone under Constant and Alternating Voltage Actuation[J]. Physics of Fluids, 2021, 33(11): 117118.

[9] MARÍN Á, LOSCERTALES I, MARQUEZ M, et al. Simple and Double Emulsions via Coaxial Jet Electrosprays[J]. Physical Review Letters, 2007, 98(1): 014502.

[10] GUERRERO J, HIJIANO A, LOBATO M, et al. Emission Modes in Electro Co-Flow[J]. Physics of Fluids, 2019, 31(8): 082009.

[11] FENN J, MANN M, MENG C, et al. Electrospray Ionization for Mass Spectrometry of Large Biomolecules[J]. Science, 1989, 246(4926): 64-71.

[12] SCHRÖDER D. Ion Clustering in Electrospray Mass Spectrometry of Brine and Other Electrolyte Solutions[J]. Physical Chemistry Chemical Physics, 2012, 14(18): 6382-6390.

[13] LOSCERTALES I, BARRERO A, GUERRERO I, et al. Micro/nano Encapsulation via Electrified Coaxial Liquid Jets[J]. Science, 2002, 295(5560): 1695-1698.

[14] LOPEZ-HERRERA J, BARRERO A, LOPEZ A, et al. Coaxial Jets Generated from Electrified Taylor Cones. Scaling Laws[J]. Journal of Aerosol Science, 2003, 34: 535-552.

[15] WANG Z, ZHANG C, XIA H, et al. Axisymmetric Thin Film Flow on a Flat Disk Foil Subject to Intense Radial Electric Fields[J]. Physics of Fluids, 2022, 34(1): 012109.

[16] CHENG J, YANG L, FU Q, et al. Pulsating Modes of a Taylor Cone under an Unsteady Electric Field[J]. Physics of Fluids, 2022, 34(1): 012007.

[17] ZHANG J, CAI G, SHAHZAD A, et al. Ionic Liquid Electrospray Behavior in a Hybrid Emitter Electrospray Thruster[J]. International Journal of Heat and Mass Transfer, 2021, 175: 121369.

[18] 杨云天, 李小康, 郭大伟, 等. 离子液体静电喷雾推力器研究进展及关键技术[J]. 宇航学报, 2021, 42(12): 1579-1589.

[19] VEKARIYA R. A Review of Ionic Liquids: Applications towards Catalytic Organic Transformations[J]. Journal of Molecular Liquids, 2017, 227: 44-60.

[20] SHAIKH J, SHAIKH N, KHARADE R, et al. Symmetric Supercapacitor: Sulphurized Graphene and Ionic Liquid[J]. Journal of Colloid and Interface Science, 2018, 527: 40-48.

[21] CLOUPEAU M, PRUNET-FOCH B. Electrostatic Spraying of Liquids in Cone-jet Mode[J]. Journal of Electrostatics, 1989, 22(2): 135-159.

[22] HRUBY V, GAMERO-CASTANO M, SPENCE D, et al. Colloid Thrusters for the New Millennium, ST7 DRS Mission[C] //IEEE Aerospace Conference Proceedings. USA: IEEE, 2004: 202-213.

[23] CLOUPEAU M, PRUNET-FOCH B. Electrohydrodynamic Spraying Functioning Modes: A Critical Review[J]. Journal of Aerosol Science, 1994, 25(6): 1021-1036.

[24] MÁXIMO D, VELÁQUEZ-GARCÍA L. Additively Manufactured Electrohydrodynamic Ionic Liquid Pure-ion Sources for Nanosatellite Propulsion[J]. Additive Manufacturing, 2020, 36: 101719.

[25] KRPOUN R, SMITH K, STARK J, et al. Tailoring the Hydraulic Impedance of Out-of-plane Micromachined Electrospray Sources with Integrated Electrodes[J]. Applied Physics Letters, 2009, 94(16): 163502.

[26] GAROZ D, BUENO C, LARRIBA C, et al. Taylor Cones of Ionic Liquids from Capillary Tubes as

Sources of Pure Ions: The Role of Surface Tension and Electrical Conductivity[J]. Journal of Applied Physics, 2007, 102(6): 064913.

[27]　ROMERO-SANZ I, BOCANEGRA R, FERNÁNDEZ DE LA MORA J, et al. Source of Heavy Molecular Ions Based on Taylor Cones of Ionic Liquids Operating in the Pure Ion Evaporation Regime [J]. Journal of Applied Physics, 2003, 94(5): 3599-3605.

[28]　LOZANO P. Energy Properties of an EMIM-Im Ionic Liquid Ion Source[J]. Journal of Physics D: Applied Physics, 2005, 39(1): 126-134.

[29]　HILL F, HEUBEL E, dE LEON P, et al. High-throughput Ionic Liquid Ion Sources Using Arrays of Microfabricated Electrospray Emitters with Integrated Extractor Grid and Carbon Nanotube Flow Control Structures[J]. Journal of Microelectromechanical Systems, 2014, 23(5): 1237-1248.

[30]　GAMERO-CASTANO M, HRUBY V. Electrospray as a Source of Nanoparticles for Efficient Colloid Thrusters[J]. Journal of Propulsion and Power, 2001, 17(5): 977-987.

[31]　SWEETING M. UoSAT Microsatellite Missions [J]. Electronics & Communication Engineering Journal, 1992, 4(3): 141-150.

[32]　SELVA D, KREJCI D. A Survey and Assessment of the Capabilities of Cubesats for Earth Observation [J]. Acta Astronautica, 2012, 74: 50-68.

[33]　POGHOSYAN A, GOLKAR A. CubeSat Evolution: Analyzing CubeSat Capabilities for Conducting Science Missions[J]. Progress in Aerospace Sciences, 2017, 88: 59-83.

[34]　KOPACZ J, HERSCHITZ R, RONEY J. Small Satellites an Overview and Assessment[J]. Acta Astronautica, 2020, 170: 93-105.

[35]　KULU E. Nanosats Database[DB/OL]. [2021-08-19]. http://www.nanosats.eu.

[36]　LEVCHENKO I, XU S, TEEL G, et al. Recent Progress and Perspectives of Space Electric Propulsion Systems Based on Smart Nanomaterials[J]. Nature Communications, 2018, 9(1): 1-19.

[37]　MAZOUFFRE S. Electric Propulsion for Satellites and Spacecraft: Established Technologies and Novel Approaches[J]. Plasma Sources Science and Technology, 2016, 25(3): 033002.

[38]　KHAYMS V. Advanced Propulsion for Microsatellites [D]. USA: Massachusetts Institute of Technology, 2000.

[39]　PRANAJAYA F, CAPPELLI M. Development of a Colloid Micro-Thruster for Flight Demonstration on the Emerald Nanosatellite[C] //Proceedings of the 37th Joint Propulsion Conference and Exhibit. USA: AIAA, 2001: 3330.

[40]　MARTEL F, PERNA L, LOZANO P. Miniature Ion Electrospray Thrusters and Performance Test on Cubesats[C] // Proceedings of the 26th AIAA/USU Conference on Small Satellites. USA: Small Satellite Conference, 2012.

[41]　LEV D, MYERS R, LEMMER K, et al. The Technological and Commercial Expansion of Electric Propulsion[J]. Acta Astronautica, 2019, 159: 213-227.

[42]　LEV D, MYERS R, LEMMER K, et al. The Technological and Commercial Expansion of Electric Propulsion in the Past 24 Years [C] //Proceedings of the 35th International Electric Propulsion Conference Atlanta. USA: IEPC, 2017.

[43]　HUGHES S, THORNE K. Seismic Gravity-gradient Noise in Interferometric Gravitational-wave Detectors[J]. Physical Review D, 1998, 58(12): 122002.

[44]　ZIEMER J, MARRESE-READING C, DUNN C, et al. Colloid Microthruster Flight Performance Results from Space Technology 7 Disturbance Reduction System [C] //Proceedings of the 35th International Electric Propulsion Conference. USA: IEPC, 2017.

[45] ZIEMER J, MARRESE-READING C, ARESTIE S, et al. LISA Colloid Microthruster Technology Development Plan and Progress[C] //Proceedings of the 36th International Electric Propulsion Conference. Austria: IEPC, 2019.

[46] SCHLEICHER A, ZIEGLER T, SCHUBERT R, et al. In-Orbit Performance of the LISA Pathfinder Drag-Free and Attitude Control System[J]. CEAS Space Journal, 2018(10): 471-485.

[47] WIRZ R. Electrospray Thruster Performance and Lifetime Investigation for the LISA Mission[C] // AIAA Propulsion and Energy 2019 Forum. USA: AIAA, 2019: 3816.

[48] 胡一鸣，梅健伟，罗俊. 天琴计划与国际合作[J]. 科学通报, 2019, 64(24): 2475-2483.

[49] ZELENY J. The Electrical Discharge from Liquid Points, and a Hydrostatic Method of Measuring the Electric Intensity at Their Surfaces[J]. Physical Review, 1914, 3(2): 69-91.

[50] HUBERMAN M, BEYNON J, COHEN E, et al. Present Status of Colloid Microthruster Technology [J]. Journal of Spacecraft and Rockets, 1968, 5(11): 1319-1324.

[51] BAILEY A. Investigation of a Single Spraying Site of a Colloid Thruster[J]. Journal of Physics D: Applied Physics, 1973, 6(2): 276-288.

[52] MALYSHEV G, KULKOV V, SHTYRLIN A, et al. Comparative Analysis of the Propulsion System for the Small Satellites[C] //Proceedings of the 24th International Electric Propulsion Conference. USA: IEPC, 1996: 1046-1051.

[53] WILKES J, ZAWOROTKO M. Air and Water Stable 1-ethyl-3-methylimidazolium Based Ionic Liquids [J]. Journal of the Chemical Society, Chemical Communications, 1992, 13: 965-967.

[54] GASSEND B. A Fully Microfabricated Two-dimensional Electrospray Array with Applications to Space Propulsion[D]. Cambridge: Massachusetts Institute of Technology, 2007.

[55] LEGGE R, LOZANO P. Electrospray Propulsion Based on Emitters Microfabricated in Porous Metals [J]. Journal of Propulsion and Power, 2011, 27(2): 485-495.

[56] COURTNEY D, LI H, Lozano P. Emission Measurements from Planar Arrays of Porous Ionic Liquid Ion Sources[J]. Journal of Physics D: Applied Physics, 2012, 45(48): 485203.

[57] GUERRA-GARCIA C, KREJCI D, LOZANO P. Spatial Uniformity of the Current Emitted by an Array of Passively Fed Electrospray Porous Emitters[J]. Journal of Physics D: Applied Physics, 2016, 49(11): 115503.

[58] KREJCI D, LOZANO P. Scalable Ionic Liquid Electrospray Thrusters for Nanosatellites[C] // The 39th Annual Guidance and Control Conference. Colorado: AAS, 2016: 801-810.

[59] KREJCI D, MIER-HICKS F, FUCETOLA C, et al. Design and Characterization of a Scalable Ion Electrospray Propulsion System[C] //The 34th International Electric Propulsion Conference. Kobe: ERPS, 2015: 149.

[60] LENGUITO G, FERNÁNDEZ DE LA MORA J, GOMEZ A. Scaling Up the Power of an Electrospray Microthruster[J]. Journal of Micromechanics and Microengineering, 2014, 24(5): 055003.

[61] OBER S. Cubesat Packaged Electrospray Thruster Evaluation for Enhanced Operationally Responsive Space Capabilities[D]. Dayton: Air Force Institute of Technology, 2011.

[62] COURTNEY D, ALVAREZ N, DEMMONS N. Electrospray Thrusters for Small Spacecraft Control: Pulsed and Steady State Operation[C] //2018 Joint Propulsion Conference. Cincinnati: AIAA, 2018: 4654.

[63] LIU X, KANG X, HE W, et al. Development and Characterization of an Ionic Liquid Electrospray Thruster with a Porous Metal Blade Array[C] //36th International Electric Propulsion Conference. Vienna: ERPS, 2019: 471.

［64］　陈冲，陈茂林，周浩浩，等. 一种被动供液式电喷推力器羽流 TOF 分析［C］//第十五届中国电推进学术讨论会. 南京：中国宇航学会，2019：105-111.

［65］　JIA H, CHEN M, LIU X, et al. Experimental Study of a Porous Electrospray Thruster with Different Number of Emitter-strips［J］. Plasma Science and Technology, 2021, 23(10)：104003.

［66］　高辉，薛森文，许诺，等. 离子液体微推进技术试验研究进展［C］//第十三届中国电推进学术研讨会. 北京：中国宇航学会，2017：74-81.

［67］　MELCHER J, TAYLOR G. Electrohydrodynamics：A Review of the Role of Interfacial Shear Stresses［J］. Annual Review of Fluid Mechanics, 1969, 1(1)：111-146.

［68］　SMITH D. The Electrohydrodynamic Atomization of Liquids［J］. IEEE Transactions on Industry Applications, 1986(3)：527-535.

［69］　AGUIRRE DE CARCER I, FERNÁNDEZ DE LA MORA J. Effect of Background Gas on the Current Emitted from Taylor Cones［J］. Journal of Colloid and Interface Science, 1995, 171(2)：512-517.

［70］　HAYATI I, BAILEY A, TADROS T. Mechanism of Stable Jet Formation in Electrohydrodynamic Atomization［J］. Nature, 1986, 319(6048)：41-43.

［71］　FERNÁNDEZ DE LA MORA J. The Effect of Charge Emission from Electrified Liquid Cones［J］. Journal of Fluid Mechanics, 1992, 243：561-574.

［72］　PANTANO C, GAÑÁN-CALVO A, BARRERO A. Zeroth-order, Electrohydrostatic Solution for Electrospraying in Cone-jet Mode［J］. Journal of Aerosol Science, 1994, 25(6)：1065-1077.

［73］　GAÑÁN-CALVO A, REBOLLO-MUÑOZ N, MONTANERO J. The Minimum or Natural Rate of Flow and Droplet Size Ejected by Taylor Cone-jets：Physical Symmetries and Scaling Laws ［J］. New Journal of Physics, 2013, 15：033035.

［74］　PONCE-TORRES A, REBOLLO-MUÑOZ N, HERRADA M, et al. The Steady Cone-jet Mode of Electrospraying Close to the Minimum Volume Stability Limit［J］. Journal of Fluid Mechanics, 2018, 857：142-172.

［75］　GAMERO-CASTANO M, MAGNANI M. The Minimum Flow Rate of Electrosprays in the Cone-jet Mode［J］. Journal of Fluid Mechanics, 2019, 876：553-572.

［76］　FERNÁNDEZ DE LA MORA J, NAVASCUES J, FERNÁNDEZ F, et al. Generation of Submicron Monodisperse Aerosols in Electrosprays［J］. Journal of Aerosol Science, 1990, 21：673-676.

［77］　FERNÁNDEZ DE LA MORA J, LOSCERTALES I. The Current Emitted by Highly Conducting Taylor Cones［J］. Journal of Fluid Mechanics, 1994, 260：155-184.

［78］　GAÑÁN-CALVO A, DAVILA J, BARRERO A. Current and Droplet Size in the Electrospraying of Liquids, Scaling Laws［J］. Journal of Aerosol Science, 1997, 28(2)：249-275.

［79］　CHEN D, PUI D. Experimental Investigation of Scaling Laws for Electrospraying：Dielectric Constant Effect［J］. Aerosol Science and Technology, 1997, 27(3)：367-380.

［80］　GAÑÁN-CALVO A. Cone-jet Analytical Extension of Taylor's Electrostatic Solution and the Asymptotic Universal Scaling Laws in Electrospraying［J］. Physical Review Letters, 1997, 79(2)：217-220.

［81］　GAÑÁN-CALVO A. On the General Scaling Theory for Electrospraying ［J］. Journal of Fluid Mechanics, 2004, 507：203-212.

［82］　MAIBER A, ATTOUI M, GAÑÁN-CALVO A, et al. Electro-hydrodynamic Generation of Monodisperse Nanoparticles in the Sub-10 nm Size Range from Strongly Electrolytic Salt Solutions：Governing Parameters of Scaling Laws［J］. Journal of Nanoparticle Research, 2013, 15(1)：1-13.

［83］　ISMAILA, YAO J, XIA H, et al. Breakup Length of Electrified Liquid Jets：Scaling Laws and Applications［J］. Physical Review Applied, 2018, 10(6)：064010.

[84] CLANET C, LASHERAS J. Transition from Dripping to Jetting[J]. Journal of Fluid Mechanics, 1999, 383: 307-326.

[85] EGGERS J, VILLERMAUX E. Physics of Liquid Jets[J]. Reports on Progress in Physics, 2008, 71 (3): 036601.

[86] AGOSTINHO L, YURTERI C, FUCHS E, et al. Monodisperse Water Microdroplets Generated by Electrohydrodynamic Atomization in the Simple-jet Mode[J]. Applied Physics Letters, 2012, 100(24): 244105.

[87] VERDOOLD S, AGOSTINHO L, YURTERI C, et al. A Generic Electrospray Classification[J]. Journal of Aerosol Science, 2014, 67: 87-103.

[88] BOBER D, CHEN C. Pulsating Electrohydrodynamic Cone-jets: from Choked Jet to Oscillating Cone [J]. Journal of Fluid Mechanics, 2011, 689: 552-563.

[89] HARTMAN R, BRUNNER D, CAMELOT D, et al. Jet Break-up in Electrohydrodynamic Atomization in the Cone-jet Mode[J]. Journal of Aerosol Science, 2000, 31(1): 65-95.

[90] 张金瑞. 复合发射极离子液体电喷推力器工作机理研究[D]. 北京: 北京航空航天大学, 2021.

[91] GAMERO-CASTANO M, HRUBY V, SPENCE D, et al. Micro Newton Colloid Thruster System Development for ST7-DRS Mission[C] //Proceedings of the 39th AIAA/ASME/SAE/ASEE Joint Propulsion Conference and Exhibit. USA: AIAA, 2003: 4543.

[92] GAMERO-CASTANO M. Electric-field-induced Ion Evaporation from Dielectric Liquid[J]. Physical Review Letters, 2002, 89(14): 147602.

[93] WRIGHT P, HUH H, UCHIZONO N, et al. A Novel Variable Mode Emitter for Electrospray Thrusters[C] //Proceedings of the 36th International Electric Propulsion Conference. Austria: IEPC, 2019: 650.

[94] GAMERO-CASTANO M, HRUBY V. Electric Measurements of Charged Sprays Emitted by Cone-jets [J]. Journal of Fluid Mechanics, 2002, 459: 245-276.

[95] DOLE M, MACK L, HINES R, et al. Molecular Beams of Macroions[J]. The Journal of Chemical Physics, 1968, 49(5): 2240-2249.

[96] RAYLEIGH L. On the Equilibrium of Liquid Conducting Masses Charged with Electricity[J]. The London, Edinburgh, and Dublin Philosophical Magazine and Journal of Science, 1882, 14(87): 184-186.

[97] IRIBARNE J, THOMSON B. On the Evaporation of Small Ions from Charged Droplets[J]. The Journal of Chemical Physics, 1976, 64(6): 2287-2294.

[98] TANG K, GOMEZ A. On the Structure of an Electrostatic Spray of Monodisperse Droplets[J]. Physics of Fluids, 1994, 6(7): 2317-2332.

[99] HARTMAN R, BORRA J, BRUNNER D, et al. The Evolution of Electrohydrodynamic Sprays Produced in the Cone-jet mode, a Physical Model[J]. Journal of Electrostatics, 1999, 47(3): 143-170.

[100] BORNER A. Use of Advanced Particle Methods in Modeling Space Propulsion and its Supersonic Expansions[D]. USA: The Pennsylvania State University, 2014.

[101] EMOTO K, TSUCHIYA T, TAKAO Y. Numerical Investigation of Steady and Transient Ion Beam Extraction Mechanisms for Electrospray Thrusters[J]. Transactions of the Japan Society for Aeronautical and Space Sciences, Aerospace Technology Japan, 2018, 16(2): 110-115.

[102] ZIEMER J, MARRESE-READING C, ARESTIE S, et al. Incorporating Lessons Learned into LISA Colloid Microthruster Technology Development[C] //Proceedings of the AIAA Propulsion and Energy 2019 Forum. USA: AIAA, 2019: 3814.

[103]　DAVIS M，COLLINS A，WIRZ R. Electrospray Plume Evolution via Discrete Simulations[C] // Proceedings of the 36th International Electric Propulsion Conference. Austria：IEPC，2019：590.

[104]　THUPPUL A，WRIGHT P，COLLINS A，et al. Lifetime Considerations for Electrospray Thrusters [J]. Aerospace，2020，7(8)：108.

[105]　LOZANO P，MARTÍNEZ-SÁNCHEZ M. Ionic Liquid Ion Sources：Suppression of Electrochemical Reactions Using Voltage Alternation[J]. Journal of Colloid and Interface Science，2004，280(1)：149-154.

[106]　冯娜，李得天，杨生胜，等. 电推进等离子体对航天器充放电效应的影响研究[J]. 真空与低温，2015，21(5)：297-302.

[107]　COURTNEY D，SHEA H，DANNENMAYER K，et al. Charge Neutralization and Direct Thrust Measurements from Bipolar Pairs of Ionic-electrospray Thrusters [J]. Journal of Spacecraft and Rockets，2017，55(1)：54-65.

[108]　孙振宁，武志文，郭云涛，等. 离子液体电喷推力器羽流中和特性研究[J]. 推进技术，2022，43 (04)：432-441.

[109]　MIER-HICKS F，LOZANO P. Spacecraft-charging Characteristics Induced by the Operation of Electrospray Thrusters[J]. Journal of Propulsion and Power，2017，33(2)：456-467.

[110]　CUI C，WANG J. Simulations of Pure Ionic Electrospray Thruster Plume Neutralization [C]//. AIAA Propulsion and Energy 2020 Forum. USA：AIAA，2020：3613.

[111]　ZHANG B，CAI G，HE B，et al. Plume Neutralization of an Ionic Liquid Electrospray Thruster：Better Insights from Particle-in-cell Modelling[J]. Plasma Sources Science and Technology，2021，30 (12)：125009.

[112]　SAVILLE D. Electrohydrodynamics：The Taylor-melcher Leaky Dielectric Model[J]. Annual Review of Fluid Mechanics，1997，29(1)：27-64.

[113]　HIGUERA F. Flow Rate and Electric Current Emitted by a Taylor Cone[J]. Journal of Fluid Mechanics，2003，484：303-327.

[114]　程玉峰，王伟宗，张金瑞，等. 电喷雾推力器锥射流形成的电流体力学仿真研究[J]. 南昌大学学报 (理科版)，2022，46(2)：160-167.

[115]　HERRADA M，LÓPEZ-HERRERA J，GAÑÁN-CALVO A，et al. Numerical Simulation of Electrospray in the Cone-Jet Mode[J]. Physical Review E，2012，86(2)：026305.

[116]　NUWAL N，AZEVEDO V，KLOSTERMAN M，et al. Multiscale Modeling of Fragmentation in An Electrospray Plume[J]. Journal of Applied Physics，2021，130(18)：184903.

[117]　ZHANG B，CAI G，HE B，et al. Plume Neutralization of An Ionic Liquid Electrospray Thruster：Better Insights from Particle-in-cell Modelling[J]. Plasma Sources Science and Technology，2021，30 (12)：125009.

[118]　BORNER A，LI Z，LEVIN D. Modeling of an Ionic Liquid Electrospray Using Molecular Dynamics with Constraints[J]. The Journal of Chemical Physics，2012，136(12)：124507.

[119]　BORNER A，LI Z，LEVIN D. Prediction of Fundamental Properties of Ionic Liquid Electrospray Thrusters Using Molecular Dynamics[J]. The Journal of Physical Chemistry B，2013，117(22)：6768-6781.

[120]　MEHTA N，LEVIN D. Molecular Dynamics Electrospray Simulations of Coarse-grained Ethylammonium Nitrate (EAN) and 1-ethyl-3-methylimidazolium Tetrafluoroborate (EMIM-BF4)[J]. Aerospace，2018，5 (1)：1.

[121]　MEHTA N，LEVIN D. Sensitivity of Electrospray Molecular Dynamics Simulations to Long-range Coulomb Interaction Models[J]. Physical Review E，2018，97(3)：033306.

第 2 章

分子动力学模拟方法和
离子液体简介

2.1 分子动力学模拟的基本原理

流动与传热传质问题的数值模拟可分为 3 个层次:宏观层次(macroscale-level)、介观层次(mesoscale-level)与微观层次(microscale-level),不同尺度的数值模拟方法如图 2.1 所示。宏观层次数值模拟的对象为连续介质流,以离散化求解质量守恒、动量守恒和能量守恒方程为主要内容,已经在工程上广泛应用,并发展出了许多成熟的软件,如 FLUENT、OPENFOAM 等。介观层次数值模拟的对象为大量的"粒子",以用动力学基本方程研究"粒子"的动力学特性,并获得体系的宏观参数为主要内容,直接模拟蒙特卡罗方法(direct simulation of Monte Carlo method,DSMC)[1]与格子玻尔兹曼方法(Lattice-Boltzmann method,LBM)[2]均属于介观层次的数值模拟。微观层次数值模拟的对象则为分子,包含分子动力学方法[3]与量子力学方法[4]。分子动力学方法是一种以分子的经典力学模型即分子力场为基础,通过数值求解分子体系的运动方程,研究分子体系的结构与性质的计算机模拟方法。其将原子视为没有体积的质点,无法反映电子的运动,而量子力学方法可用波函数描述电子的运动状态。

20 世纪 80 年代以来,随着微机电技术的迅速发展,微尺度领域的研究成为世界科技的前沿课题,然而传统的宏观流动与传热传质理论在微尺度领域面临挑战。分子动力学模拟作为一种可以从分子层面对客观对象进行机理性研究的有力工具应运而生,其概念于 1957 年由 Alder 与 Wainwright[3]首次提出:以分子作为基本研究对象,具有一定特征的分子集合构成一个体系,运用经典牛顿力学求解体系中所有分子的运动状态,再通过统计学的方法获得体系的宏观特性。分子动力学模拟的概念被提出后得到快速发展,在材料、能源、化工、生物、医学、激光、电子等领域广泛应用。

分子动力学模拟的快速发展得益于其独特优势,即能够从分子水平研究物理化学问题,并输出宏观物理量,而且运动方程简单。然而,由于粒子数众多,计算量过大,导致分子动力学模拟的时空尺度有限(皮秒、纳米级)。但随着计算机技术的进步,仿真计算效率大幅提高,而且随着多尺度计算方法的发展,分子动力学模拟可与介观或宏观方法耦合使用,因而分子动力学模拟又进一步得到各国研究人员的认同。

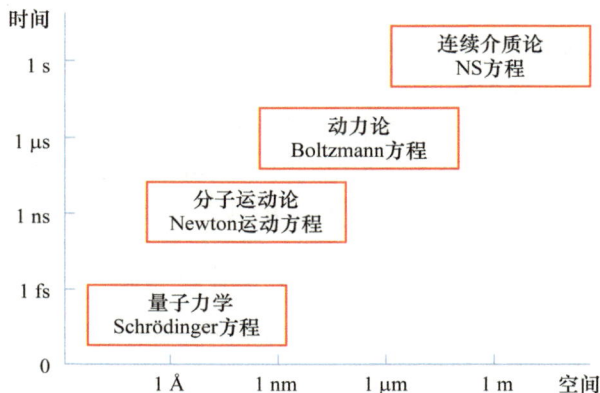

图 2.1　不同尺度的数值模拟方法

　　如今,得益于现代计算机软硬件技术的发展和普及,分子动力学模拟已经被广泛应用于化学化工、材料科学与工程、物理、生物医药等领域,在建立研究对象和过程的微观机理和分子模型方面发挥越来越重要的作用,成为继实验与理论手段之后,从分子水平了解和认识世界的第 3 种手段。

　　分子动力学模拟的基本流程包含五步,如图 2.2 所示。在设置了研究对象组成的原子或者分子的初始位置和速度后,根据势能函数得到原子间受力信息,随后通过求解牛顿运动方程来获取所有原子不同时刻的速度和位移,同时采用合适的积分算法来控制系统温度和压强,最后基于统计力学理论计算系统的宏观物理性质,进而研究并分析仿真物理过程的微观机制。

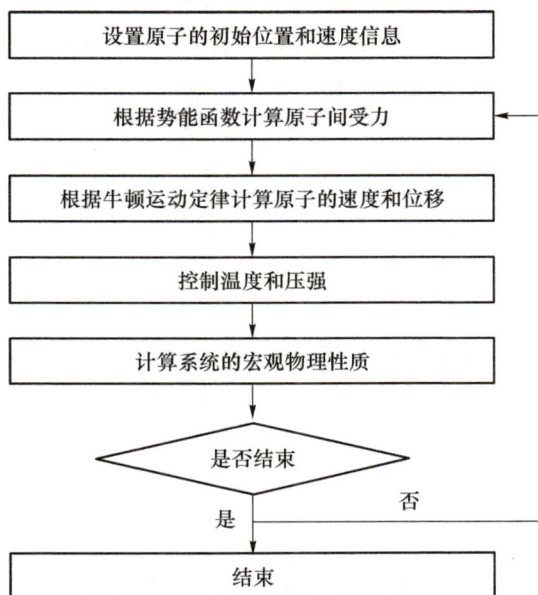

图 2.2　分子动力学模拟的基本流程

2.1.1 分子动力学模拟中的势能

分子动力学模拟中原子的质量、大小、几何结构、电荷等信息通过实验或量子计算得到,初始位置、速度等人为给定,主要难点在于原子间相互作用力的确定。相互作用的形式和参数决定了研究对象的性质和行为,是分子动力学中不同研究对象的本质差别。在处理原子间相互作用时,分子动力学模拟不直接计算电子和原子核间的相互作用,而是把每个原子作为一个点颗粒处理,如图 2.3(a)所示。点颗粒间的相互作用包含斥力和引力,当两原子间距小于一定值时,两原子间相互排斥;当原子间距大于该值时,原子间相互吸引(斥力和引力本质上是泡利不相容和原子间电子云重叠引起的)。在分子动力学中,上述相互作用通过原子之间的势能进行描述,因此这些相互作用函数又称势能函数或势函数。如图 2.3(b)所示,图中黑线代表由斥力和引力所构成的原子间相互作用势能。

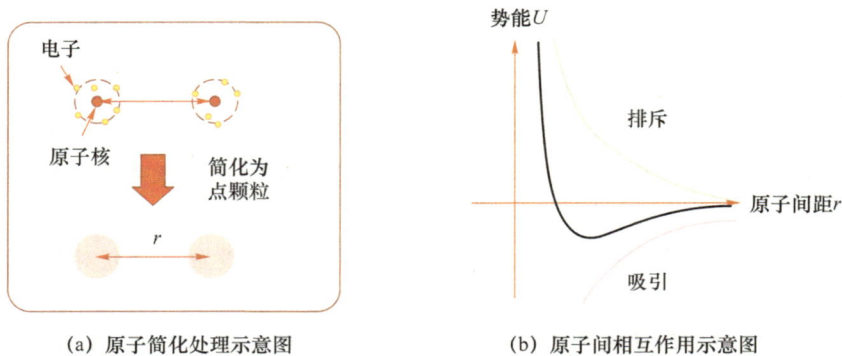

(a) 原子简化处理示意图　　　　　(b) 原子间相互作用示意图

图 2.3　分子动力学模拟示意图

原子间势能可分为两大类:键合势能与非键合势能。键合势能包括键长(bonds)势能、键角(angles)势能及二面角(dihedrals)势能等。如果原子间是由化学键连接,则具有键长势能,3 个原子构成的化学键夹角则有键角势能,四原子三化学键则形成二面角势能。非键合势能主要是由原子间的库仑相互作用和范德华相互作用构成。典型的 AMBER[6] 势能函数表达式如下:

$$U_{\text{total}} = \sum_{\text{bonds}} K_R (R - R_{\text{eq}})^2 + \sum_{\text{angles}} K_\theta (\theta - \theta_{\text{eq}})^2 +$$

$$\sum_{\text{dihedrals}} \frac{K_n}{2} [1 + \cos(n\varphi - \gamma)] + \sum_{i<j} \left[\frac{A_{ij}}{r_{ij}^{12}} - \frac{B_{ij}}{r_{ij}^6} + \frac{q_i q_j}{\varepsilon_0 r_{ij}} \right] \tag{2.1}$$

式中,$A_{ij} = 4\varepsilon_{ij}\sigma_{ij}^{12}$,$B_{ij} = 4\varepsilon_{ij}\sigma_{ij}^6$,$\varepsilon_{ij}$ 是势阱深度,σ_{ij} 是势能中的距离参数;K 是每种势能的势能系数,K_R、K_θ、K_n 分别对应键长势能、键角势能及二面角势能的势能系数;R 是两个由化学键连接的原子间的距离;θ 是由两个化学键连接形成的角度;r_{eq}、θ_{eq} 则是平衡时的距离、角度;n、γ 是在两个平面中的四个原子构成的二面角参数;φ 是相应的二面角;r_{ij} 是两原子间的距离;ε_0 是真空介电常数;q_i、q_j 是每个原子所带的电荷量。

多年来,针对不同的应用场景,学者们开发出了不同的势能模型,其中 Lennard-Jones 势能函数[7-8]是最经典的势能函数,用于描述原子对间的相互作用,其表达式如下:

$$U(r) = A_m \left(\frac{d}{r}\right)^m - B_n \left(\frac{d}{r}\right)^n \tag{2.2}$$

式中，d 代表特征长度；A_m、m 分别为斥力项系数和斥力项指数；B_n、n 则分别为引力项系数和引力项指数。Lennard-Jones 势能函数中常见的为 12-6 Lennard-Jones 势能函数，图 2.4 所示为 12-6 Lennard-Jones 势能函数的势能曲线，其数学表达式如下：

$$U(r) = 4\varepsilon \left[\left(\frac{\sigma}{r} \right)^{12} - \left(\frac{\sigma}{r} \right)^{6} \right] \tag{2.3}$$

式（2.3）可以准确描述惰性流体（如氦、氖、氩、氪、氙等）分子、极性流体（如甲烷等）分子之间的相互作用，也可近似描述铂等金属原子之间的相互作用，是目前分子动力学模拟中使用最广泛的 Lennard-Jones 势能函数。

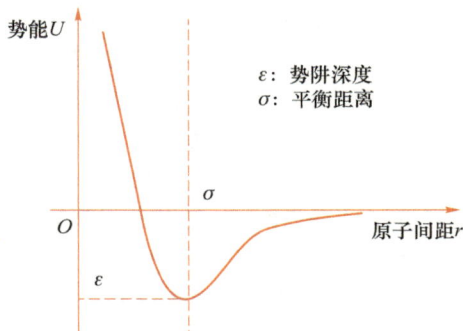

图 2.4 12-6 Lennard-Jones 势能函数的势能曲线

如果知道同种原子间的 Lennard-Jones 势能函数的参数，则可依据 Lorentz-Berthelot 混合法则估算两种不同原子之间的势能函数参数。例如，已知 a 原子间的势参数 σ_{aa}、ε_{aa} 和 b 原子间的势参数 σ_{bb}、ε_{bb}，计算 a 和 b 原子之间的势参数，方法如下：

$$\sigma_{ab} = \frac{1}{2} (\sigma_{aa} + \sigma_{bb}), \quad \varepsilon_{ab} = \sqrt{\varepsilon_{aa}\varepsilon_{bb}} \tag{2.4}$$

根据势能可以求出原子受力，即

$$\boldsymbol{f} = -\nabla U(\boldsymbol{r}) \tag{2.5}$$

以 Lennard-Jones 势能为例，可以得出第 j 个原子作用于第 i 个原子上的力为

$$\boldsymbol{f}_{ij} = \frac{24\varepsilon}{r_{ij}^2} \left[2 \left(\frac{\sigma}{r_{ij}} \right)^{12} - \left(\frac{\sigma}{r_{ij}} \right)^{6} \right] \cdot \boldsymbol{r}_{ij} \tag{2.6}$$

得到第 j 个原子作用于第 i 个原子上的力后，由牛顿第三定律即可得第 i 个原子作用于第 j 个原子上的力，两原子间受力如图 2.5 所示。

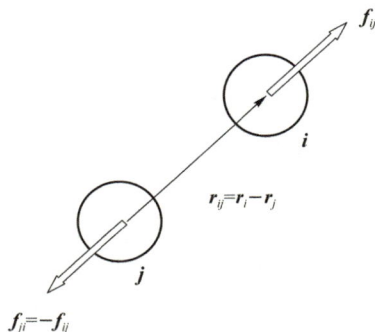

图 2.5 两原子间受力示意图

对于复杂的金属固体，Lennard-Jones 双体势能函数不足以精确描述原子之间的相互作用，这时常用的是嵌入原子势方法(embedded atom method,EAM)的多体势能函数[9]。EAM 是由 Daw 和 Baskes 基于密度函数理论与准原子近似理论得到的，既能克服双体势能函数精度不足的问题，又能有效降低计算量，其基本思想是将晶体的总势能分为两部分，一部分是位于晶格点阵上的原子核之间的两两相互作用，另一部分是原子核镶嵌在背景中的嵌入能，代表多体作用。

势能函数确定后，便可计算分子间作用力。由于计算某个分子的受力必须考虑所有与它存在相互作用的分子，而体系内的分子间均存在相互作用，因此分子间作用力的计算是分子动力学模拟中最为耗时的部分。在不使用任何加速方法的情况下，计算分子间作用力需要对体系内的所有分子对进行遍历，计算时间与 N^2 成正比(N 为体系内的分子数)。为降低计算量，通常规定一个截断半径(R_c)，对于体系内的任一分子，计算其受力时，只需考虑与其相距在截断半径内的分子，截断半径外的分子作用力过小可忽略不计。

若要进一步降低计算量，还可采用元胞法[10]、邻近列表法[11]等加速算法(见图 2.6)，可使分子间作用力的计算时间与 N 成正比。元胞法的思想是将计算区域划分为若干元胞，元胞的边长不小于截断半径，计算某一分子的受力时，只需考虑与其处于同一元胞以及相邻元胞内的分子。邻近列表法的思想是，为体系内的每一个分子建立一个列表，用于存储与其相距在截断半径内的分子编号，为了不在每一个时间步更新列表，引入第二截断半径(R_v,$R_v > R_c$)，若在某一段模拟时间内，R_v 范围外的分子没有进入 R_c 范围，则不更新列表。

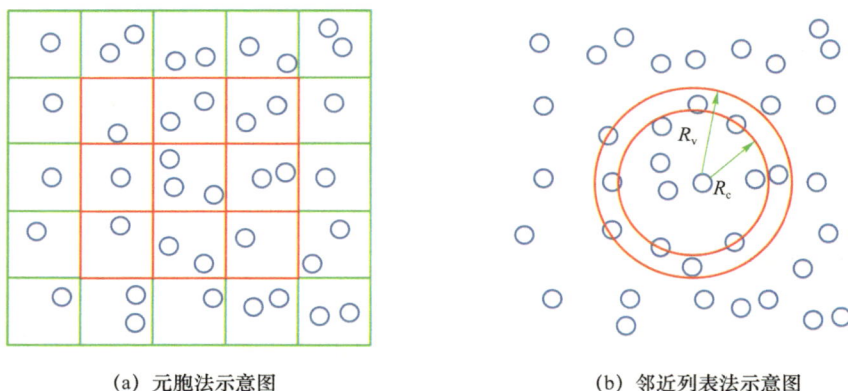

(a) 元胞法示意图　　　　　　　　(b) 邻近列表法示意图

图 2.6　分子加速算法

2.1.2　热力学系综

分子动力学模拟中的另一个重要概念是热力学系综，指的是大量具有相同条件的系统集合，这些系统处在相同的宏观条件约束下，各自相互独立的同时又有相同的结构和性质。根据宏观约束条件，系综可分为以下几类。

正则系综(canonical ensemble)，又称 NVT 系综，是指具有相同且确定的粒子数 N、体积 V 和温度 T 系统的集合。系统假定 N 个粒子处在体积为 V 的盒子内，并将其埋入温度恒为 T 的热浴中，通过对原子速度进行标度来保持系统温度的恒定。此时，总能量 E 和系统压强 P 可能在某一平均值附近起伏变化。NVT 体系为封闭系统，与大热源维持热平衡。

微正则系综(micro-canonical ensemble),又称 NVE 系综,是指具有相同且确定的粒子数 N、体积 V 和总能量 E 系统的集合,微正则系综广泛被应用在分子动力学模拟中。假定 N 个粒子处在体积为 V 的盒子内,并固定总能量 E,通过对速度的标度实现能量的调整。此时,系综的温度 T 和系统压强 P 可能在某一平均值附近起伏变化。NVE 体系为孤立系统,与外界无能量交换和粒子交换。

巨正则系综(grand canonical ensemble),又称 $VT\mu$ 系综,即表示系统集合具有相同的体积 V、温度 T 和化学势 μ。系统能量 E、压强 P 和粒子数 N 会在某一平均值附近起伏。$VT\mu$ 体系为开放系统,与大热源和大粒子源维持平衡。

等温等压(constant-pressure, constant-temperature)系综,又称 NPT 系综,系统的分子数 N、温度 T 及压强 P 保持不变,通过对系统体积的调整来实现压力的标度,其总能量 E 和系统体积 V 存在起伏。NPT 体系是可移动系统壁情况下的恒温热浴。

等压等焓(contant-pressure, constant-enthalpy),又称 NPH 系综,系统的分子数 N、压强 P 以及焓值 H 保持不变,该系综在分子动力学模拟中较为少见。

上述系综的模拟均涉及对系统温度和压力的调节,目前对系统温度的调节方法有速度标定法[12]、Berendsen 方法[13]、Nose-Hoover 方法[14-15] 等,压力调节方法有 Berendsen 方法[13]、Parrinello-Rahman 方法[14] 等,上述方法的具体技术细节这里不再说明。

系综构建了由微观性质计算一系列宏观性质的桥梁。分子动力学模拟所呈现出的微观世界是由大量的广延量决定的,这些变量与体积和质量成正比。然而,宏观世界是由温度和压力等强度量所呈现出来的。在分子动力学仿真中,宏观条件转化为微观系统的边界条件,微观状态的分布与宏观条件有关。

2.1.3　周期性边界条件

受限于计算机的计算能力,分子动力学仿真的粒子个数 N 通常从 100 到 10 000 个不等,执行程序的运算量等价于 N^2,而使用一些特殊的计算方法,可以极大地降低运算量。如果研究的系统较小,如一个小液滴或者微晶体,分子间的内聚力能够把所有分子聚集在一定的范围内,则不需要别的约束边界。如果系统的大小超出了内聚力的势能范围,则需要一个类似于容器表面的系统边界来约束分子。如果一个系统由 $N=10^{21}$ 个粒子按照立方体排列而成,则处在边界上的分子数为 $N^{2/3}$,相比系统分子总数,仅有 10^{14} 个分子位于边界附近,这时系统边界对系统性质的影响可以忽略不计。然而通常情况下,分子动力学模拟的分子数约为 1 000,这时位于边界的分子数将有 500 左右,这时边界的影响十分显著。

引入周期性边界条件,可以在仿真系统不大的情况下消除真实物理边界的影响。周期性边界条件假设在模拟系统周围,排布着仿真系统的镜像系统,当有粒子从仿真系统中离开时,必有粒子从另一方向的镜像系统中进入仿真系统。周期性边界条件既束缚了仿真区域中的粒子,又不会带来真实的物理边界所造成的影响[18]。二维周期性边界条件如图 2.7 所示,在三维周期性边界条件中,粒子能够自由穿过立方体的 6 个表面,周期性边界条件保证了仿真区域中的粒子数目恒定。

原子间的非键结力在两个原子距离较远时可以忽略不计,因此在计算某个原子所受非键结力时,会设置一个截断半径 R_c,即一个原子只有处于以该原子为中心,R_c 为半径的圆形区域(三维条件下为球形区域)内时才考虑这个原子对该原子的受力。周期性边界条件要求在计算边界附近原子的受力时,不仅要考虑自身模拟区域中截断半径以内的原子,还要将最近的周期性镜像区域中处于截断半径所表征区域内的原子也考虑在内,这就等价于考虑了在对面边界附近的原子。

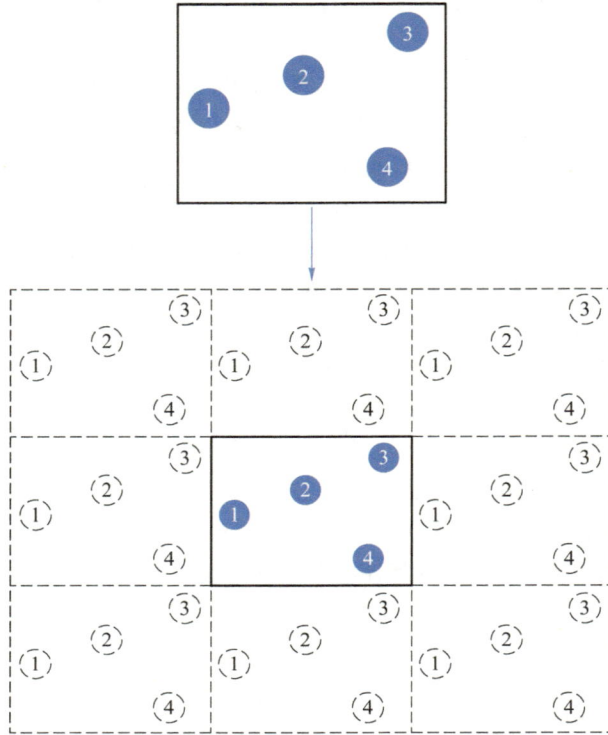

图 2.7 二维周期性边界条件[18]

此外,当使用周期性边界条件时,还需要采用最小镜像原理计算粒子受力,如图 2.8 所示,计算粒子 1 与 2 之间的相互作用力时,仅需计算粒子 1 与距离其最近的周期性镜像粒子 22 之间的受力。

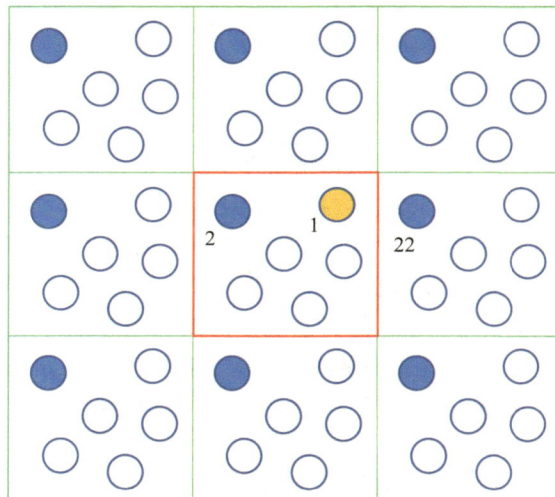

图 2.8 二维周期性边界条件与最小镜像原理示意图

2.1.4 长程库仑力的处理方法

在电喷雾的仿真过程中,库仑力决定了液锥锥尖的离子发射过程,是所有作用力中最重要的力。分子动力学模拟中,静电势能由库仑关系式计算得出:

$$E_{\text{Coul}} = \sum_{i=1}^{n-1} \sum_{j=i+1}^{n} C \frac{q_i q_j}{r_{ij}} \tag{2.7}$$

式中,r_{ij} 是原子 i 和原子 j 间的距离;C 是库仑常数;q_i、q_j 分别是两原子所带的电荷量。当系统的空间尺度很大时,直接利用式(2.5)和式(2.7)计算静电相互作用,运算量过大;而采用周期性边界条件,空间尺度将无限大。为解决这一问题,可以采用长程库仑力的计算方法,长程库仑力的计算方法是用于计算超出库仑截断半径 R_c 的库仑相互作用。库仑势能可由如下公式式计算:

$$E_{\text{Coul}} = E_{\text{short-range}} + E_{\text{long-range}} \tag{2.8}$$

在截断半径内的库仑势能仍然采用式(2.7)计算,即

$$E_{\text{Coul}} = \sum_{i=1}^{n-1} \sum_{j=i+1}^{n} C \frac{q_i q_j}{r_{ij}}, r_{ij} < R_c \tag{2.9}$$

目前有多种计算长程库仑力的方法,从复杂的 Ewald 加和法[16]到简单的 shifted force coulomb sum(SFCS)法[17]。SFCS 方法运算量最小,但精度最差。Ewald 加和法利用傅里叶变换,计算复杂度最高,但计算精度也较高。

Ewald 加和法把长程相互作用分成两部分:短程贡献和长程贡献。短程贡献在实空间进行计算,长程贡献用傅里叶变换在倒空间进行计算。这样的处理导致长程力的计算在实空间和倒空间收敛都比较快,所以计算速度的提升比较大。但是这样的处理,要求计算域必须是周期性的,因此 Ewald 方法要求模拟边界条件为周期性边界条件,应用场景有限。为了加快计算速度,处理常见体系,基于 Ewald 方法出现了 particle-particle particle-mesh(PPPM)方法[19],该方法可以区分长程和短程两种作用,采用 particle-mesh(PM)方法处理长程相互作用。PPPM 方法的处理计算速度和准确度均有所提升,本书的分子动力学模拟即采用此方法。

2.1.5 速度积分算法

对于有 n 个原子系统的分子动力学模拟,需要计算 n 个运动方程。已知初始时刻所有原子的位置和速度,在每一时刻对这些方程进行积分就可获得后续任意时刻的原子位置和速度,系统所有原子任意时刻的位置和速度称为系统原子的轨迹。在分子动力学模拟中对运动方程的积分采用简单的数值计算方法,常用的有 Leap-Frog 算法[20]和 Velocity-Verlet 算法[21],这两种算法都是基于 Verlet 算法[22]的改进算法,下面分别做简要介绍。

Verlet 算法是分子动力学模拟中最早使用的运动方程积分算法,其利用 t 时刻的原子位置和加速度,以及 $t-h$(h 为计算时间步长)时刻的原子位置,计算原子下一时刻 $t+h$ 的位置

$$r(t+h) = 2r(t) - r(t-h) + h^2 a(t) \tag{2.10}$$

$$v(t) = \frac{r(t+h) - r(t-h)}{2h} \tag{2.11}$$

Verlet 算法计算过程简单,得到的分子位置误差小,精度为四阶 $O(h^4)$,然而计算分子速

度时误差较大,精度只有两阶 $O(h^2)$,且分子轨迹与速度无关,计算温度时误差也较大。为解决 Verlet 算法计算分子速度时精度不高的问题,发展出了 Leap-Frog 算法。

Leap-Frog 算法提高了计算分子速度的精度,且分子轨迹与速度相关,可以根据分子速度计算体系的温度。其计算流程为,先由 $t-h/2$ 时刻的速度和 t 时刻的加速度,计算得到 $t+h/2$ 时刻的速度,然后由 t 时刻的位置和 $t+h/2$ 时刻的速度,计算 $t+h$ 时刻的位置,差分格式表示为

$$\boldsymbol{r}(t+h)=\boldsymbol{r}(t)+h\boldsymbol{v}(t+h/2) \tag{2.12}$$

$$\boldsymbol{v}(t+h/2)=\boldsymbol{v}(t-h/2)+h\boldsymbol{a}(t) \tag{2.13}$$

其称为 Leap-Frog 算法是因为该算法中原子的位置和速度在不同的时间步计算,而 t 时刻速度在需要时也可以进行计算。Leap-Frog 算法收敛速度快且计算量小,得到的位置与速度精度均为四阶,但也存在位置和速度计算时间不同步的缺点。

Velocity-Verlet 算法是对 Verlet 算法的另一种改进算法,其差分格式为

$$\boldsymbol{r}(t+h)=\boldsymbol{r}(t)+h\boldsymbol{v}(t)+h^2\boldsymbol{a}(t)/2 \tag{2.14}$$

$$\boldsymbol{v}(t+h)=\boldsymbol{v}(t)+h[\boldsymbol{a}(t)+\boldsymbol{a}(t+h)]/2 \tag{2.15}$$

Velocity-Verlet 算法可以同时给出原子位置、速度和加速度,并且不牺牲精度,计算量适中,目前应用比较广泛。

虽然各种算法的计算量不同,导致计算时占用的计算机内存不同,但差分公式的计算量只占最耗时的分子间相互作用力计算的很少一部分,因此一般不需要过于关注差分公式的计算效率。

2.2 分子动力学模拟环境

计算机软硬件条件的建立,是开展分子动力学模拟的基础,模拟的研究对象不同、目的不同,对计算机软硬件条件的要求也不同。因此,在建立分子动力学模拟的计算机软硬件设施前,必须明确分子动力学模拟研究的对象及其特点,以及开展模拟研究的目的。在此基础上,选择合适的计算机软硬件,达到以可控的成本在有限时间内取得最佳效果的目的。

2.2.1 分子动力学模拟工具

目前,常用的 MD 模拟程序包括 GROMACS[23]、AMBER[24]、LAMMPS[25](large-scale atomic/molecular massively parallel simulator)、CHARMM[26] 等。其中 LAMMPS 是由桑迪亚国家实验室开发的一款开源分子动力学模拟软件,广泛应用于物理学、材料学、生物学、化学等领域中原子和分子行为的模拟研究。与其他分子动力学软件相比,LAMMPS 的优势在于其可扩展性和灵活性,由于其开放的架构,用户可以根据自己的需求进行定制和扩展。此外,LAMMPS 还提供了丰富的模拟功能、势能函数和力场,可以在多样的仿真系统设置下模拟各种不同类型的原子、分子以及复杂材料。

并行计算及其加速比是与 MD 模拟效率关系最大的指标。LAMMPS 专为并行计算而设计,它可以在支持 MPI 消息传递库的任何并行机器上运行[27],包括共享内存、分布式内存集

群和超级计算机,实现多机器环境下的高效并行模拟。此外,LAMMPS 还支持基于 CUDA 和 OpenCL 的 GPU 计算,进一步提高了模拟速度和效率[28]。

运行环境方面,LAMMPS 支持在多种操作系统上运行,包括 Linux、Windows 和 MacOS 等。用户可以根据自己的操作系统选择合适的安装方式,并按照官方文档进行配置。LAMMPS 使用 C++语言编写,运行需要一个至少与 C++11 标准兼容的编译器。

LAMMPS 的模拟过程需要从输入脚本(in 文件)读取命令设置模拟参数、初始条件、势能函数等,并执行计算,输入脚本中的每个非空行都被视为一个命令,一次读取一行,当输入脚本结束时,LAMMPS 退出。用户需要根据自己的模拟需求编写输入脚本,并使用 LAMMPS 提供的命令行工具进行模拟计算。

在运行计算时,LAMMPS 使用邻居列表来跟踪附近的粒子。这些列表针对具有短距离排斥粒子的系统进行了优化,因此粒子的局部密度始终不会太高。在并行机器上,LAMMPS 使用空间分解技术将模拟域划分为计算成本相等的子区域,每个子区域分配给每个处理器。处理器与其子域边界的原子通信并存储原子信息。此外,还可以使用多线程并行化和带有粒子分解的 GPU 加速[28]。

在结果分析与可视化方面,LAMMPS 提供了丰富的输出选项,包括文本、二进制、图像等多种格式。用户可以使用这些输出数据进行结果分析和可视化。此外,LAMMPS 还支持与多种可视化软件(如 VMD[29]、VTK[30] 等)的集成,方便用户进行直观的结果展示。

2.2.2　前处理方法

一个典型的 LAMMPS 输入脚本文件的主要内容可分为 6 部分:①定义模拟的基本规则;②定义对象的几何模型;③定义对象的力场参数;④定义分组信息;⑤弛豫部分;⑥正式模拟过程。一般情况下,在 in 文件中定义对象几何模型主要使用"read_data"命令,这条命令用来读取粒子的初始位置,键结信息等,而这些信息写在一个 data 文件中。建立 data 文件称为 LAMMPS 的建模过程,该过程是 LAMMPS 开始模拟计算前一个非常重要的步骤。在 in 文件中可以利用"create_box"和"create_atoms"命令建立模型。这两条命令只能用来创建晶体结构,对于分子结构需要使用第三方工具或者编程建立 data 文件实现,如 PACKMOL 软件[31]。

PACKMOL 是一个用于构建分子动力学模拟初始结构的工具(见图 2.9),其通过在定义的空间区域中包装分子,来创建分子动力学模拟的初始点,包装保证短程排斥相互作用不会破坏模拟。用户提供一种或多种分子的结构文件,并且设定一些约束条件,PACKMOL 会按照设定将指定数目的各种分子堆积到满足要求的区域中。程序会通过优化算法不断尝试各种堆积方式,直到构建出原子间没有不合理接触而且能满足所有约束条件的结构。在堆积过程中分子结构会保持刚性,即构象不会变化,且堆积过程只考虑空间因素,完全不考虑能量、电荷分布等额外问题。PACKMOL 的选项设定非常灵活,支持不同类型的无机或有机分子,可以构建出复杂的模型,能够帮助用户快速、灵活地构建各种类型的模拟系统,所产生的结构可以用于各种主流的分子动力学程序的模拟中。

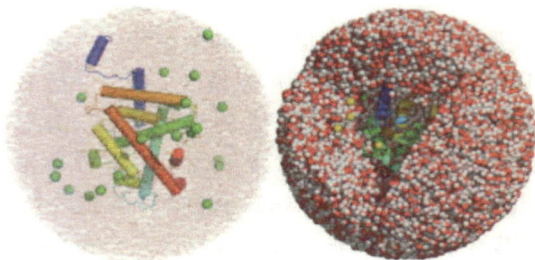

图 2.9 使用 PACKMOL 构建的分子
动力学模拟复杂初始结构[31]

2.2.3 可视化方法

在分子动力学研究中,LAMMPS 作为一款强大的模拟软件,能够生成大量丰富的数据,但想要从这些数据中直观地获取关键信息并理解模拟系统的行为,就需要一个对应的可视化工具。正是在这种可视化需求的背景下,OVITO 软件成为一款不可或缺的利器[32]。作为一款专业的分子模拟科学数据可视化和分析软件,OVITO 不仅支持各种常见的分子模拟数据格式,还提供了丰富的分析工具和可视化功能(见图 2.10),让用户能够轻松地处理和呈现 LAMMPS 生成的数据,深入挖掘模拟系统的内在结构和动力学行为。

OVITO 在 Windows、Linux 和 MacOS 操作系统中均可运行。该软件主要用于分析分子模拟或者其他基于颗粒的模拟时产生的数据,在计算材料科学、物理和化学等领域应用较广。截至 2022 年,已经有 8 000 多篇学术论文在数据分析和可视化过程中用到了 OVITO。

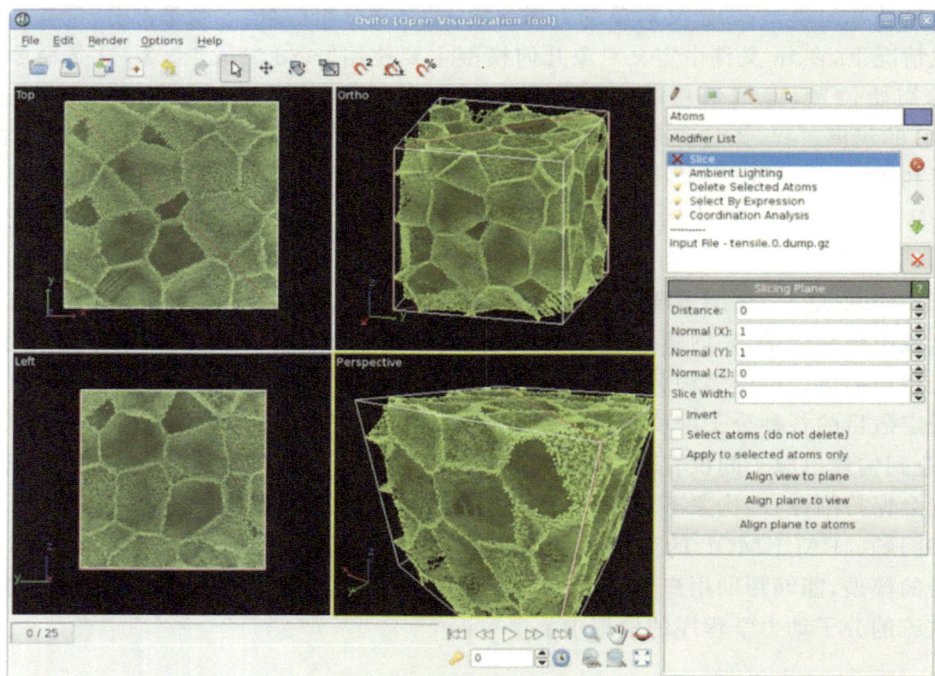

图 2.10 OVITO 软件可视化分子动力学仿真数据[32]

OVITO 的功能和特点包括以下几点。

（1）支持多种数据格式：OVITO 支持多种常见的分子模拟数据格式，包括 LAMMPS 输出文件（如 dump、data 文件）、XYZ 文件等，可以方便地处理不同来源的模拟数据。

（2）可视化功能：OVITO 具有强大的可视化功能，可以将分子结构以各种方式呈现出来，包括球棍模型、球面模型、等值面模型等，同时支持动画和快照输出，使用户能够直观地观察模拟系统的演变过程及其特征。

（3）丰富的分析工具：除可视化功能外，OVITO 还提供了多种分子结构分析工具，包括径向分布函数、配位数分析、晶体结构分析、晶粒识别等，帮助用户深入解析模拟系统的结构和性质。

（4）可扩展性：OVITO 还支持通过 Python 脚本扩展其功能，用户可以编写自定义的数据分析和可视化脚本，以满足特定的研究需求。

OVITO 能够直观可视化 LAMMPS 等分子模拟软件生成的数据，研究者可快速预览模拟系统的演变进程，也可深入挖掘系统动力学性质，对仿真数据进一步开展分析。

2.2.4　后处理方法

MD 模拟的最后一步是模拟数据处理和结果分析。从 MD 模拟数据中可以得到体系的结构信息、热力学性质、迁移性质等，这些后处理计算得到的物理、化学性质，对了解体系的特征具有重要价值。2.2.3 节介绍的 OVITO 软件虽然集成了一些数据统计分析等后处理功能，但其处理分析数据的手段依然有限，难以满足分子动力学后处理分析的多样化和个性化需求，因此 OVITO 主要还是作为分子动力学仿真的可视化工具，具体的后处理过程则可通过 Python 等编程语言编写的后处理脚本实现，处理对象依然是 LAMMPS 输出的 dump、data 等文件。此外，如温度等一些相对简单的参数，也可以直接在模拟计算过程中直接由 LAMMPS 计算并输出。

从 MD 模拟中可以得到的最直接结果是体系的动能和势能，这些参数可在 LAMMPS 计算过程中直接输出，并用于监测模拟计算过程，也可编写脚本从模拟输出文件中提取这些信息。根据体系中各质点在某一时刻的速度，可以计算体系的总动能如下：

$$K = \frac{1}{2}\sum_{i=1}^{N} m_i(v_{ix}^2 + v_{iy}^2 + v_{iz}^2) = \frac{1}{2}\sum_{i=1}^{N} m_i \boldsymbol{v}_i \cdot \boldsymbol{v}_i \tag{2.16}$$

式中，m_i、v_{ix}、v_{iy}、v_{iz}、$\boldsymbol{v}_i$ 分别为各分子的质量、xyz 方向速度和速度矢量；N 为分子总数。类似地，根据体系的分子力场及其各个质点在某一时刻的位置，可以计算体系的各种分子内、分子间相互作用的势能。体系的总势能为

$$U = \sum_{j=i+1}^{N} \sum_{i=1}^{N-1} u_{ij}(r_{ij}) \tag{2.17}$$

式中，u_{ij} 为分子间相互作用函数；r_{ij} 为分子间距离。

总动能 K 和总势能 U 之和即为体系的总热力学内能

$$E = K + U \tag{2.18}$$

根据体系的总动能，可以直接计算体系的温度

$$T = \frac{2K}{k_B(3N - N_c)} \tag{2.19}$$

式中，k_B 为玻尔兹曼常数；N 为系统的原子数；N_c 为系统的约束数，对于没有分子内约束的模拟体系 $N_c=3$。

除上述基础热力学性质外，根据不同模拟的分析需求还可计算得到体系的压力、热容、径向分布函数、热力学涨落等参数。除宏观参数以外，也可对原子或分子的速度、受力、键能等参数进行直接统计分析。上述数据均可通过编写自定义后处理脚本的方式从模拟的输出结果中提取。

2.3　离子液体简介

离子液体是由有机阳离子和无机阴离子或有机阴离子构成的，在室温下呈液态的有机盐，又称室温熔融盐（room-temperature molten salt）[33]。离子液体作为一种新型的极性溶剂，几乎没有挥发性、具有良好的化学稳定性和热稳定性，可循环利用且对环境友好，故称为绿色化学溶剂[34]，可以用来代替传统的易挥发有毒溶剂。此外，离子液体的高极性、疏水性及溶解性等特性均可以通过选用不同的阴阳离子和侧链取代基而改变，故又称设计溶剂（designed solvents）[35]。离子液体被认为是 21 世纪最有研究前景的绿色溶剂和催化剂之一，已应用于生物催化、分离科学及电化学等诸多领域[36]。

离子液体的历史可以追溯到 1914 年，当时 Walden 报道了（EtNH$_2$）$^+$HNO$_3^-$ 的合成（熔点 12 ℃）[37]。这种物质由浓硝酸和乙胺反应制得，由于其在空气中很不稳定且极易发生爆炸，它的发现在当时并没有引起人们的注意，但这是历史上最早的离子液体。一般而言，离子化合物熔解成液体需要很高的温度才能克服离子键的束缚，这时的状态称为熔融盐。离子化合物中的离子键随着阳离子半径增大而变弱，熔点也随之下降。对于绝大多数的物质而言，混合物的熔点低于纯物质的熔点。例如，NaCl 的熔点为 803 ℃，而 50% LiCl 和 50% AlCl$_3$（摩尔分数）组成的混合体系的熔点只有 144 ℃。如果再通过进一步增大阳离子或阴离子的体积和结构的不对称性，削弱阴阳离子间的作用力，就可以得到室温条件下的液体离子化合物。根据这样的原理，1951 年 Hurley F. 和 Wiler T. 首次合成了在室温环境下为液态的离子液体[38]，这也标志着对离子液体系统研究的开端。他们选择的阳离子是 N-乙基吡啶，合成出的离子液体是溴化正己基吡啶和氯化铝的混合物。该离子液体还存在较多缺陷，其液态温度范围相对狭窄，而且氯化铝离子液体遇水会放出氯化氢，对皮肤有刺激作用。1976 年，美国 Colorado 州立大学的 Koch 利用 AlCl$_3$/[N-EtPy]Cl 作电解液，进行有机电化学研究时，发现这种室温离子液体是很好的电解液，能和有机物混溶，不含质子，电化学窗口较宽[39]。1992 年 Wilkes 以 1-甲基-3-乙基咪唑为阳离子合成出氯化 1-甲基-3-乙基咪唑，在摩尔分数为 50% 的 AlCl$_3$ 存在下，其熔点达到了 8 ℃[40]。在这以后，离子液体的应用研究才真正得到广泛开展。

2.3.1　离子液体的一般特性

离子液体具有以下几大特性。

（1）低熔点，在室温下呈液态，具有较宽的温度使用范围。

（2）低挥发，热稳定且不易燃。

（3）完全由阴阳离子组成，离子密度和电导率较高。

（4）由有机离子构成，是良好的有机溶剂，可按照需求合成特定的离子液体。

离子液体仅由阴阳离子组成，阳离子是较大的有机阳离子，如咪唑类阳离子，阴离子为较小的有机或者无机阴离子，如四氟化硼阴离子[41]。离子液体的显著特点是不易挥发，特别适用于在真空环境中工作的电喷雾装置。离子液体极低的挥发性在很大程度上是由离子间的库仑作用引起的[42]，当在其表面施加强电场时，也有可能导致离子克服分子间相互作用力，从离子液体中蒸发出来。除在室温下的蒸气压可忽略不计外，离子液体还具有很高的电导率，这也使得表面电场容易对其造成影响[43]。此外，离子液体不易燃，几乎不与任何其他材料发生反应，因此避免了真空下对航天器的污染问题。然而离子液体对水分子极为敏感[44]，暴露在空气中容易受到污染，而且部分离子液体是有毒物质，使用时需格外谨慎。

离子液体在许多领域都有应用，例如，由于离子液体的稳定性和有机性，可用于绿色化工行业[45]；离子液体可以溶解许多化合物和气体，可用于气体处理上[46]；离子液体还可用于核工业，从核废料和其他废弃物中回收铀或其他金属[47]；离子液体也可以用作太阳能处理中的传热和储热介质[48]；近年来，也有关于磁离子液体的报道[49]。本书中所采用的几种离子液体均为咪唑类离子液体，咪唑类离子液体由于较易合成且稳定性高，得到了广泛研究和应用。

2.3.2　电喷雾用离子液体

本书的仿真工作用到的离子液体有 1-乙基-3-甲基咪唑二氰胺盐（EMIM-DCA）、1-乙基-3-甲基咪唑双三氟甲磺酰亚胺盐（EMIM-Im）、1-乙基-3-甲基咪唑四氟硼酸盐（EMIM-BF$_4$）、1-丁基-3-甲基咪唑二氰胺盐（BMIM-DCA）和 1-丁基-3-甲基咪唑六氟磷酸盐（BMIM-PF$_6$）共 5 种，各离子液体的物性参数如表 2.1 所示，阴阳离子结构式如图 2.11 所示。

表 2.1　各离子液体物性参数[50]

离子液体	密度/(g・cm^{-3})	黏度/(Pa・s)	表面张力/(N・m^{-1})	电导率/(S・m^{-1})
EMIM-DCA	1.06	0.016	0.06	2.93
EMIM-Im	1.52	0.028	0.037	0.88
EMIM-BF$_4$	1.24	0.039	0.054	1.36
BMIM-DCA	1.06	0.030	0.047	1.05
BMIM-PF$_6$	1.37	0.273	0.047	0.14

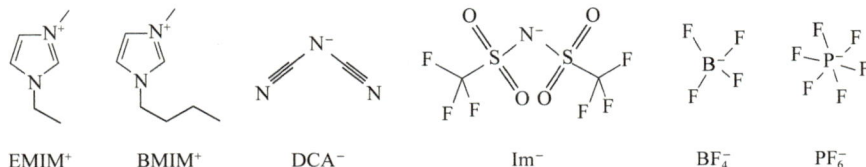

EMIM$^+$　　BMIM$^+$　　DCA$^-$　　Im$^-$　　BF$_4^-$　　PF$_6^-$

图 2.11　离子液体阴阳离子的结构式[51]

上述离子液体均具有低黏度、高电导率等物理性质，适合作为电喷雾推力器的工质。以 EMIM-BF$_4$ 离子液体为例，其分子结构如图 2.12 所示，可以看出，液体分子的内部结构极不对称,阳离子尺寸显著大于阴离子,导致了离子液体在一般情况下呈液态。具体各种离子液体的建模与特性将在后续内容中详细介绍。

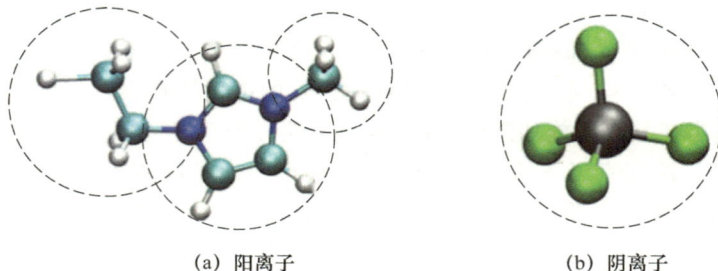

(a) 阳离子　　　　　　　　　　　　　(b) 阴离子

图 2.12　EMIM-BF$_4$ 分子结构示意图

离子液体 BMIM-PF$_6$ 比其他离子液体黏度高而电导率低,在本书中主要用于混合离子液体的研究,即通过与物性参数相差较大的离子液体 EMIM-DCA 以一定比例混合,制作特定物性的混合离子液体。

参考文献

[1] BIRD G. Approach to Translational Equilibrium in a Rigid Sphere Gas[J]. Physics of Fluids, 1963, 6 (10): 1518-1519.

[2] CHEN S, DOOLEN G. Lattice Boltzmann Method for Fluid Flows[J]. Annual Review of Fluid Mechanics, 1998, 30(1): 329-364.

[3] ALDER B, WAINWRIGHT T. Studies in Molecular Dynamics. I. General Method[J]. The Journal of Chemical Physics, 1959, 31(2): 459-466.

[4] MARX D, HUTTER J. Ab Initio Molecular Dynamics: Theory and Implementation[J]. Modern Methods and Algorithms of Quantum Chemistry, 2000, 1(141): 301-449.

[5] ALDER B, WAINWRIGHT T. Phase Transition for a Hard Sphere System[J]. The Journal of Chemical Physics, 1957, 27(5): 1208.

[6] CORNELL W, CIEPLAK P, BAYLY C, et al. A Second Generation Force Field for the Simulation of Proteins, Nucleic Acids, and Organic Molecules[J]. Journal of the American Chemical Society, 1995, 117(19): 5179-5197.

[7] JONES J. On the Determination of Molecular Fields. I. From the Variation of the Viscosity of a Gas with Temperature[J]. Proceedings of the Royal Society of London Series A, 1924, 106(738): 441-462.

[8] JONES J. On the Determination of Molecular Fields. II. From the Equation of State of a Gas[J]. Proceedings of the Royal Society of London Series A, 1924, 106(738): 463-477.

[9] DAW M, BASKES M. Embedded-atom Method: Derivation and Application to Impurities, Surfaces, and other Defects in Metals[J]. Physical Review B, 1984, 29(12): 6443-6453.

[10] QUENTREC B, BROT C. New Method for Searching for Neighbors in Molecular Dynamics Computations[J]. Journal of Computational Physics, 1973, 13(3): 430-432.

[11] VERLET L. Computer 'Experiments' on Classical Fluids. I. Thermodynamical Properties of Lennard-Jones Molecules[J]. Physical Review Journal, 1967, 159: 98-103.

[12] Computational Physics: Selected Methods Simple Exercises Serious Applications [M]. Berlin: Springer, 2012.

[13] BERENDSEN H, POSTMA J, VAN GUNSTEREN W, et al. Molecular Dynamics with Coupling to an External Bath[J]. The Journal of Chemical Physics, 1984, 81(8): 3684-3690.

[14] NOSÉ S. A Unified Formulation of the Constant Temperature Molecular Dynamics Methods[J]. The Journal of Chemical Physics, 1984, 81(1): 511-519.

[15] HOOVER W. Canonical Dynamics: Equilibrium Phase-space Distributions[J]. Physical Review A, 1985, 31(3): 1695.

[16] EWALD P. Die Berechnung Optischer und Elektrostatischer Gitterpotentiale[J]. Annalen der Physik, 1921, 369(3): 253-287.

[17] FENNELL C, GEZELTER J. Is the Ewald Summation Still Necessary? Pairwise Alternatives to the Accepted Standard for Long-range Electrostatics [J]. Journal of Chemical Physics, 2006, 124 (23):8255.

[18] MUBIN S, LI J, PLIMPTON S. Extending and Modifying LAMMPS Writing Your Own Source Code: A Pragmatic Guide to Extending LAMMPS as per Custom Simulation Requirements[M]. Brimingham: Packt Publishing Ltd, 2021.

[19] DARDEN T, YORK D, PEDERSEN L. Particle Mesh Ewald: An $N \cdot \log(N)$ Method for Ewald Sums in Large Systems[J]. The Journal of Chemical Physics, 1993, 98(12): 10089-10092.

[20] HOCKNEY R. The Potential Calculation and some Applications [J]. Methods in Computational Physics, 1970, 9: 136.

[21] SWOPE W, ANDERSEN H, BERENS P, et al. A Computer Simulation Method for the Calculation of Equilibrium Constants for the Formation of Physical Clusters of Molecules: Application to Small Water Clusters[J]. The Journal of Chemical Physics, 1982, 76(1): 637-649.

[22] VERLET L. Computer "Experiments" on Classical Fluids. I. Thermodynamical Properties of Lennard-Jones Molecules[J]. Physical Review, 1967, 159(1): 98.

[23] VAN DER SPOEL D, LINDAHL E, HESS B, et al. GROMACS: Fast, Flexible, and Free[J]. Journal of Computational Chemistry, 2005, 26(16): 1701-1718.

[24] CASE D, CHEATHAM III T, DARDEN T, et al. The Amber Biomolecular Simulation Programs[J]. Journal of Computational Chemistry, 2005, 26(16): 1668-1688.

[25] THOMPSON A, AKTULGA H, BERGER R, et al. LAMMPS-A Flexible Simulation Tool for Particle-based Materials Modeling at the Atomic, Meso, and Continuum Scales[J]. Computer Physics Communications, 2022, 271: 108171.

[26] BROOKS B, BROOKS III C, MACKERELL JR A, et al. CHARMM: the Biomolecular Simulation Program[J]. Journal of Computational Chemistry, 2009, 30(10): 1545-1614.

[27] TANG C, BOUTEILLER A, HERAULT T, et al. From MPI to Open SHMEM: Porting LAMMPS [C] //Open SHMEM and Related Technologies. Experiences, Implementations, and Technologies: Second Workshop, Open SHMEM. USA: Springer International Publishing, 2015: 121-137.

[28] BROWN W, WANG P, PLIMPTON S, et al. Implementing Molecular Dynamics on Hybrid High Performance Computers-short Range Forces[J]. Computer Physics Communications, 2011, 182(4): 898-911.

[29] HUMPHREY W, DALKE A, SCHULTEN K. VMD: Visual Molecular Dynamics[J]. Journal of Molecular Graphics, 1996, 14(1): 33-38.

[30] SCHROEDER W, AVILA L, HOFFMAN W. Visualizing with VTK: A Tutorial[J]. IEEE Computer

Graphics and Applications，2000，20(5)：20-27.

[31] MARTÍNEZ L，ANDRADE R，BIRGIN E，et al. PACKMOL：A Package for Building Initial Configurations for Molecular Dynamics Simulations[J]. Journal of Computational Chemistry，2009，30 (13)：2157-2164.

[32] STUKOWSKI A. Visualization and Analysis of Atomistic Simulation Data with OVITO-the Open Visualization Tool[J]. Modelling and Simulation in Materials Science and Engineering，2009，18 (1)：015012.

[33] DUPONT J，CONSORTI C，SPENCER J. Room Temperature Molten Salts：Neoteric " Green" Solvents for Chemical Reactions and Processes[J]. Journal of the Brazilian Chemical Society，2000，11：337-344.

[34] EARLE M，SEDDON K. Ionic Liquids. Green Solvents for the Future[J]. Pure and Applied Chemistry，2000，72(7)：1391-1398.

[35] FREEMANTLE M. Designer Solvents-ionic Liquids May Boost Clean Technology Development[J]. Chemical and Engineering News，1998，76(13)：32-37.

[36] SINGH S，SAVOY A. Ionic Liquids Synthesis and Applications：An Overview[J]. Journal of Molecular Liquids，2020，297：112038.

[37] WALDEN P. Molecular Weights and Electrical Conductivity of Several Fused Salts[J]. Bulletin de l'Académie Impériale des Sciences de Saint-Pétersbourg，1914：1800.

[38] HURLEY F，WIER T. Electrodeposition of Metals from Fused Quaternary Ammonium Salts[J]. Journal of the Electrochemical Society，1951，98(5)：203.

[39] KOCH V，MILLER L，OSTERYOUNG R. Electroinitiated Friedel-Crafts Transalkylations in a Room-temperature Molten-salt Medium[J]. Journal of the American Chemical society，1976，98(17)：5277-5284.

[40] WILKES J，ZAWOROTKO M. Air and Water Stable 1-ethyl-3-methylimidazolium Based Ionic Liquids [J]. Journal of the Chemical Society，Chemical Communications，1992(13)：965-967.

[41] WELTON T. Ionic Liquids：A Brief History[J]. Biophysical reviews，2018，10(3)：691-706.

[42] FUMINO K，LUDWIG R. Analyzing the Interaction Energies Between Cation and Anion in Ionic Liquids：The Subtle Balance Between Coulomb Forces and Hydrogen Bonding[J]. Journal of Molecular Liquids，2014，192：94-102.

[43] WANG Y. Disordering and Reordering of Ionic Liquids Under an External Electric Field[J]. The Journal of Physical Chemistry B，2009，113(32)：11058-11060.

[44] KOHNO Y，OHNO H. Ionic Liquid/Water Mixtures：From Hostility to Conciliation[J]. Chemical Communications，2012，48(57)：7119-7130.

[45] ALVIZ P，ALVAREZ A. Comparative Life Cycle Assessment of the Use of an Ionic Liquid ([Bmim] Br) Versus a Volatile Organic Solvent in the Production of Acetylsalicylic Acid[J]. Journal of Cleaner Production，2017，168：1614-1624.

[46] PLECHKOVA N，SEDDON K. Applications of Ionic Liquids in the Chemical Industry[J]. Chemical Society Reviews，2008，37(1)：123-150.

[47] GUPTA N. Ionic Liquids for T Rans Uranic Extraction (TRUEX)—Recent Developments in Nuclear Waste Management：A Review[J]. Journal of Molecular Liquids，2018，269：72-91.

[48] MUGADZA K，STARK A，NDUNGU P，et al. Synthesis of Carbon Nanomaterials from Biomass Utilizing Ionic Liquids for Potential Application in Solar Energy Conversion and Storage[J]. Materials，2020，13(18)：3945.

［49］ CLARK K，NACHAM O，PURSLOW J，et al. Magnetic Ionic Liquids in Analytical Chemistry：A Review［J］. Analytica Chimica Acta，2016，934：9-21.

［50］ ZHANG S，SUN N，HE X，et al. Physical Properties of Ionic Liquids：Database and Evaluation［J］. Journal of Physicaland Chemical Reference Data，2006，35(4)：1475-1517.

［51］ KIANFAR E，MAFI S. Ionic Liquids：Properties，Application，and Synthesis［J］. Fine Chemical Engineering，2021，2(1)：21-29.

第 3 章

毛细管式电喷雾高精度
分子动力学模型构建

3.1 概 论

　　毛细管式电喷雾推力器是最传统的电喷雾推力器，其结构非常简单，如图 3.1 所示，但仍然存在许多基础的物理机制尚待探索，而掌握这些物理机制对电喷雾推力器的优化设计具有重要意义。目前，已有大量电喷雾工作机制相关的基础研究，一方面，对常规不加载电压的喷雾射流形成和分布的研究[1-5]有助于理解电喷雾的物理特性，因为电喷雾与常规喷雾有许多相似之处；另一方面，许多研究者基于电流体力学方法对电喷雾中泰勒锥区域、射流区域和射流破碎区域的物理特性已经开展了大量研究。

　　西班牙塞维利亚大学的 Gañán-Calvo A. 等人基于锥射流区域存在完全电荷弛豫的假设，首先推导出了电喷雾发射电流和射流直径的缩尺定律[6]，此后，通过对该原始模型进行不断的修正，使模型计算结果与实验结果非常吻合[7-8]。美国耶鲁大学的 De La Mora J. 和西班牙马拉加大学的 Loscertales I. 基于锥液面不存在电荷弛豫的假设，也推导出了关于电喷雾电流和射流直径的缩尺定律[9]。此外，漏电介质模型也被美国普林斯顿大学的 Saville D. 应用于电喷雾的理论分析和数值模拟研究中[10]。随后西班牙马德里理工大学的 Higuera F.[11] 和塞维利亚大学的 Herrada M. 等[12]在漏电介质模型的基础上，建立了连续介质模型，为理解电喷雾的动力学性质提供了重要见解。加州大学欧文分校的 Gamero-Castaño M. 等人从实验上获取了真空环境中电喷雾锥射流模式下粒子速度、锥射流表面电荷、空间电场分布、锥射流自由液面形态和电喷雾稳定工作最小流速等的详细信息[13-15]。最近，UCLA 等离子体和空间推进实验室基于 OpenFOAM 开发了一个电流体动力学求解器，以研究电喷雾锥射流和带电液滴形成的物理特性，该求解器改进了处理高导电性工质的数值求解方法[16]。

　　其他研究人员使用 MD 方法，专注于研究离子液体的微观性质和离子从离子液体液滴中蒸发的过程，来预测电喷雾的基本性质。MIT 的 Lozano P. 等人利用 AMBER 力场模型描述了 EMIM-BF$_4$ 的相互作用，并研究了强电场下 EMIM-BF$_4$ 溶剂化和非溶剂化形式的蒸发，该研究初步揭示了离子液体电喷雾离子发射的机理[17]。此外，美国空军研究实验室的 Prince

B. 等人对 EMIM-Tf₂N 离子团和纳米液滴在外加电场作用下的行为进行了 MD 模拟,以研究离子发射产物在电场作用下的行为特性[18]。

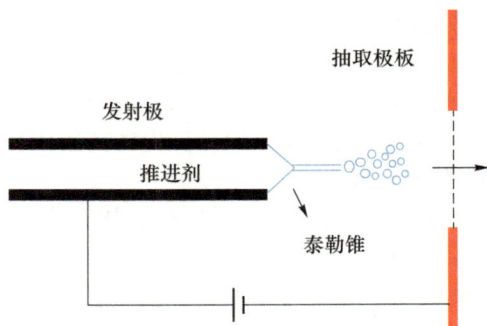

图 3.1　毛细管式电喷雾推力器结构

在实际电喷雾实验系统(实际毛细半径在 50 μm 以上)中,液体工质的原子数量约为 10^{18} 个,原子数量太大导致计算量过大,因而无法使用 MD 方法进行模拟。前人的研究表明,对于约 10^6 个原子组成的缩尺系统(毛细管半径约为 50 Å①),其计算量是可接受的[19]。虽然实验中典型毛细管半径比 MD 模拟中毛细管半径大 10 000 倍,但仍有必要探索其微观物理性质。为了进一步降低计算成本,可以采用减少原子总数的离子液体粗粒度模型(coarse grained model,CGM)。宾夕法尼亚州立大学的 Borner A. 等人[19]使用 EMIM-BF₄ 的多尺度粗粒度模型[20]和 effective-force coarse grained(EFCG)模型[21]对电喷雾进行 MD 模拟,成功复现了泰勒锥形成、射流演化等电喷雾基本物理过程,首次对毛细管型离子液体电喷雾系统的原子建模提供了深刻见解。之后,Borner A. 等人将 PIC 代码中导出的泊松求解器与 MD 方法耦合,使用泊松求解器求解电喷雾系统的瞬态电场,将该瞬态电场导入 MD 仿真中进行计算,使仿真与实验结果更加接近[22]。进一步,Borner A. 等人还为电喷雾 MD 模拟提供了最精确的电学边界条件[23]。随后,伊利诺伊大学厄巴纳-香槟分校的 Mehta N. 等人利用 EFCG 方法提出了一种粗粒度的硝酸乙铵模型,使得 EAN 也可应用于电喷雾 MD 模拟[24]。Mehta N. 等人还研究了长程库仑相互作用计算模型对电喷雾 MD 模拟的影响,给出了最适合的库仑相互作用计算方法[25-26]。此外,Mehta N. 等人进一步对 EAN 和 EMIM-EtSO₄ 两种离子液体混合的液滴在外电场下的行为展开研究,揭示了 EMIM-EtSO₄ 的组分对混合离子液体液滴的物理化学性质以及泰勒锥形成和离子发射特性的影响机制[27]。

电喷雾分子动力学模拟的准确性很大程度上取决于所采用的相互作用势模型,为了降低计算成本,以往的研究都采用了粗粒度模型[19,25],却没有考虑这些粗粒度模型会导致原子信息的丢失,而原子信息的丢失对电喷雾模拟结果的影响,目前并没有详细的研究和结论。因此,本章的目的是量化 MD 模拟中不同相互作用势模型对电喷雾特性的影响,确定哪种相互作用势模型得到的仿真结果与实验更接近、更适用于对离子液体电喷雾过程进行 MD 模拟,最终实现构建一套可靠的离子液体电喷雾高精度 MD 模型。

3.2　离子液体的不同势能函数模型

本章采用开源 LAMMPS 分子动力学软件[28]对毛细管离子液体电喷雾过程进行模拟计

① 　1 Å=0.1 nm。

算。由于标准的 LAMMPS 软件仅支持对仿真系统加载匀强电场,因此本章通过对 LAMMPS 软件中的 MISC 程序包进行修改,实现对仿真系统施加三维非均匀电场。此前国际上进行离子液体电喷雾 MD 模拟时,都采用粗粒度模型,以降低运算量[19,25,29]。粗粒度模型中使用一个粗粒度原子代表数个真实原子,极大地减少了仿真体系中的原子数量,降低了运算量。但是粗粒度模型忽略了离子液体分子的部分受力信息,不足以精准刻画离子液体的性质,特别是在电喷雾仿真中,由于存在高强度电场,粗粒度模型计算出的离子液体的电导率会与实际值发生较大偏差,进而对仿真结果产生较大影响。

本章考虑到离子液体在外部电场中容易发生极化,在国际上首次尝试采用考虑极化效应的离子液体全原子模型[30](reduced charge all atoms model,之后的图表中用 Reduced 作为代表)进行仿真,以消除粗粒度模型带来的仿真误差,并准确揭示离子液体电喷雾的机理。为充分揭示势能函数模型对离子液体电喷雾仿真结果的影响,验证考虑极化效应全原子势能函数模型的适用性,本章将其与不同的势能函数模型进行比较研究,分别为:EFCG 式粗粒度模型[21]、MERLET 式粗粒度模型[31]与未考虑极化效应的全原子模型[30](full charge all atoms model,之后的图表中用 Full 作为代表),如图 3.2 所示。其中,EFCG 式粗粒度模型在以往的离子液体电喷雾仿真中得到了广泛应用,MERLET 式粗粒度模型是近年来兴起的离子液体粗粒度模型,本章工作在国际上率先将考虑极化效应的全原子模型与未考虑极化效应的全原子模型应用于离子液体电喷雾过程的仿真。另外需要注意的是二者在分子结构上完全相同。由于以往采用粗粒度模型进行的电喷雾分子模拟研究中,都以离子液体 EMIM-BF$_4$ 为工质[19,25,29],因此,为便于和以往的研究进行比较以彰显不同模型的差异,本节的研究中也以离子液体 EMIM-BF$_4$ 为工质。

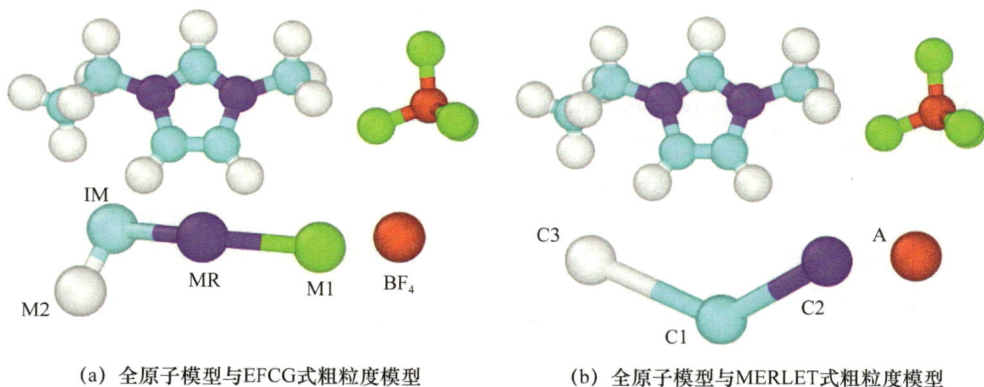

(a) 全原子模型与EFCG式粗粒度模型　　　　(b) 全原子模型与MERLET式粗粒度模型

图 3.2　离子液体(EMIM-BF$_4$)全原子模型与粗粒度模型示意图

未考虑极化效应的全原子模型可以清晰地展示出离子液体分子的结构特性,但其在表征离子液体分子的动力学特性时具有迟滞效应,无法很好地预估离子液体的输运性质,特别是由其计算出的离子液体黏性往往比真实值高出一个数量级[32]。导致以上问题的主要原因是其未考虑分子电荷的极化效应。通过将该模型中每个原子的电荷缩放至原来的 0.8 倍,可以模拟极化效应[30],这便是考虑极化效应的全原子模型。两种全原子模型的区别仅在于原子电荷,其势能函数形式及参数完全一致,均来源于 OPLS-AA(optimized potential for liquid simulations all-atom)力场[30],键合势能包括化学键势能(式(3.1))、化学角势能(式(3.2))以及二面角势能(式(3.3)),非键合势能则由库仑势能与 12-6 Lennard-Jones 势能(式(3.4))组成,各公式如下:

$$E_{bond} = \sum_i k_{b,i} (r_i - r_{o,i})^2 \tag{3.1}$$

$$E_{angles} = \sum_i k_{\theta,i} (\theta_i - \theta_{o,i})^2 \tag{3.2}$$

$$E_{torsion} = \sum_i \begin{bmatrix} \frac{1}{2} V_{1,i} (1 + \cos\varphi) + \frac{1}{2} V_{2,i} (1 - \cos 2\varphi) + \\ \frac{1}{2} V_{3,i} (1 + \cos 3\varphi) + \frac{1}{2} V_{4,i} (1 - \cos 4\varphi) \end{bmatrix} \tag{3.3}$$

$$E_{nonbond} = \sum_i \sum_{j>i} \left\{ \frac{q_i q_j}{4\pi\varepsilon_0 r_{ij}} + 4\varepsilon_{ij} \left[\left(\frac{\sigma_{ij}}{r_{ij}}\right)^{12} - \left(\frac{\sigma_{ij}}{r_{ij}}\right)^6 \right] \right\} \tag{3.4}$$

以上各式中，$k_{b,i}$、$k_{\theta,i}$ 分别代表化学键势能系数、化学角势能系数；$r_{o,i}$、$\theta_{o,i}$ 分别代表平衡时的化学键长与平衡时的化学角数值；$V_{1,i}$、$V_{2,i}$、$V_{3,i}$ 和 $V_{4,i}$ 代表二面角的傅里叶系数；r_i、θ_i 和 φ 分别代表化学键长、化学角数值与二面角数值；r_{ij} 代表原子 i 与原子 j 之间的距离；q_i 和 q_j 分别代表原子 i 与原子 j 的电荷量；ε_0 代表真空介电系数；ε_{ij} 代表原子 i 与原子 j 之间 Lennard-Jones 势能函数的能量系数；σ_{ij} 代表原子 i 与原子 j 之间 Lennard-Jones 势能函数的距离系数。不同类型原子之间 Lennard-Jones 势能函数的系数由几何混合规则计算[33]。需要指出的是，对于同一个分子内的两个原子，只有当二者相距 3 个化学键以上时，才需计算二者之间的非键合作用（式(3.4)），否则只需考虑键合作用（式(3.1)、式(3.2)、式(3.3)）；对于不同分子的两个原子，只需考虑二者之间的非键合作用（式(3.4)）。

EFCG 式粗粒度模型如图 3.2(a) 所示，其用 5 个粗粒度原子（M1、IM、MR、M2、BF_4）取代了 24 个真实的原子，每个粗粒度原子的质量和电荷是其所代表的原子基团中所有原子质量和电荷的总和。在该模型中，键合势能同样由化学键势能、化学角势能和二面角势能组成，非键合势能以表格的形式输入 LAMMPS 中[34]。

MERLET 式粗粒度模型如图 3.2(b) 所示，其用 4 个粗粒度原子（C1、C2、C3、A）取代了 24 个真实的原子，由于其考虑了极化效应，每个粗粒度原子的质量和电荷在其所代表的原子基团中所有原子质量和电荷的总和的基础上，进行了约 0.8 倍的缩放[31]。与 5 个原子的 EFCG 式粗粒度模型相比，4 个原子的 MERLET 式粗粒度模型进一步降低了运算量。此外，在 MERLET 式粗粒度模型中，所有的化学键均作为刚体处理，因此不存在键合势能，非键合势能则由库仑势能与 12-6 Lennard-Jones 势能组成（式(3.4)）。

以上两种粗粒度模型极大地降低了运算量，同时也忽略了许多分子内的信息。尽管其被成功应用于超级电容器的 MD 模拟[32]（这类模拟主要考虑离子液体分子的整体尺寸），但是离子液体电喷雾的特性与离子液体的表面张力、电导率等物理性质密切相关，在离子液体电喷雾的 MD 模拟中应用粗粒度模型不可避免地会带来误差。为了揭示粗粒度模型对离子液体电喷雾 MD 模拟的影响，本章选取了以上两种粗粒度模型与全原子模型进行比较研究。另一方面，由于离子液体在电场影响下容易发生极化，导致离子液体的输运性质发生改变，为了研究其对离子液体电喷雾的影响，本章也比较了以上两种不同的全原子模型。

3.3　模型和模拟方法

3.3.1　仿真域设置

为了确定哪种势能函数模型最适合用于离子液体电喷雾的 MD 仿真，本章构建了一个较大的仿真系统如图 3.3(a)所示。仿真域的大小为 1 000 Å×1 000 Å×1 480 Å,分为上下两个区域,两个区域之间是一块假想的抽取极板。上方是束流粒子收集区域,采集固定时间间隔内穿越抽取极板的束流粒子,分析束流成分并计算束流电流;下方是电喷雾区域,泰勒锥的形成、发展、破碎及束流的形成均发生在该区域。一个毛细管式发射极被置于电喷雾区域的底部中间位置,发射极的材质是金属铂,铂原子的排列方式为面心立方,铂原子数量为 27 454。毛细管的内径为 112 Å,高度为 280 Å。抽取极板距发射极出口 800 Å,抽取极板的中心处是半径为 500 Å 的圆孔。

需要指出的是,受限于计算量,本章中仿真体系的尺寸对实际尺寸进行了一定程度的缩比,这也是以往同类研究中采取的普遍做法[19,25,29]。为和参考文献[37]实验结果进行比较,仿真中的液体流速及电场强度与参考文献[37]实验保持一致,并比较仿真与参考文献[37]实验中的束流电流值。而且,尺度的缩小并不影响电喷雾的物理过程,仍可对泰勒锥的形成、转捩、束流的破碎、雾化及粒子的加速等过程的机制展开研究。

3.3.2　电场边界条件设置

完成仿真域的设置后,还需确定电场边界条件,参考以往的研究[23],电场边界条件的设置如图 3.3(b)所示。

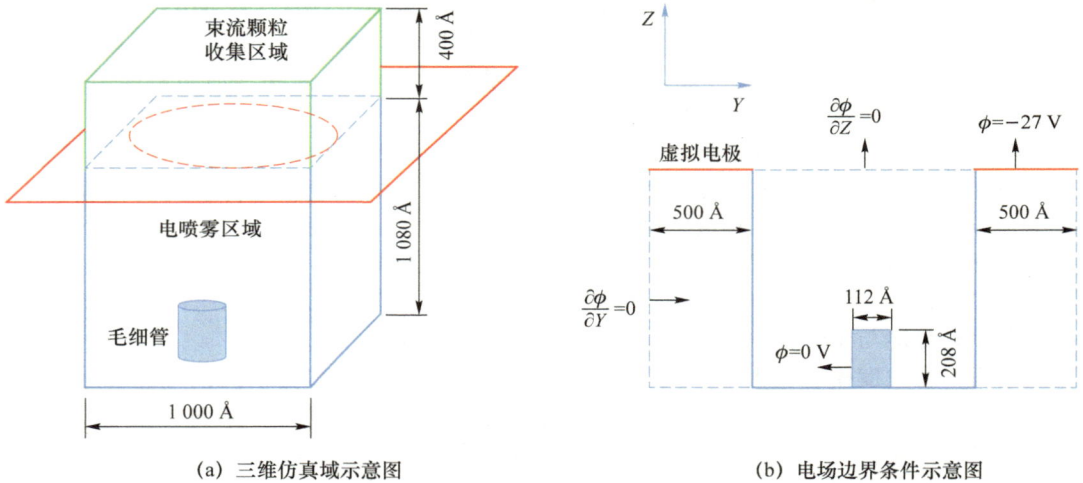

(a) 三维仿真域示意图　　　　　　　　　　(b) 电场边界条件示意图

图 3.3　毛细管型发射极仿真域及其电场边界条件

毛细管电势为 0 V,抽取极板电势为 −27 V,其他所有界面设为 Neumann 边界条件,通过求解 LAPLACE 方程可得到电场分布(见图 3.4)。

$$\nabla^2 \varphi = 0 \tag{3.5}$$

从图 3.4 可知,求解得到的电场分布与 Tang 等人[35]的结果一致:毛细管出口处的电场强度最高,而且轴向电场与径向电场强度相当,在远离毛细管出口的区域,电场强度迅速下降。

3.3.3　模拟计算流程

仿真开始时,有 9 592 个离子液体分子随机分布于毛细管中,各离子液体分子的初始坐标由工具包 PACKMOL[36] 生成,初始速度满足温度为 295 K① 时的高斯分布,初始加速度为 0 m/s²。离子液体与毛细管之间的作用为 12-6 Lennard-Jones 相互作用。

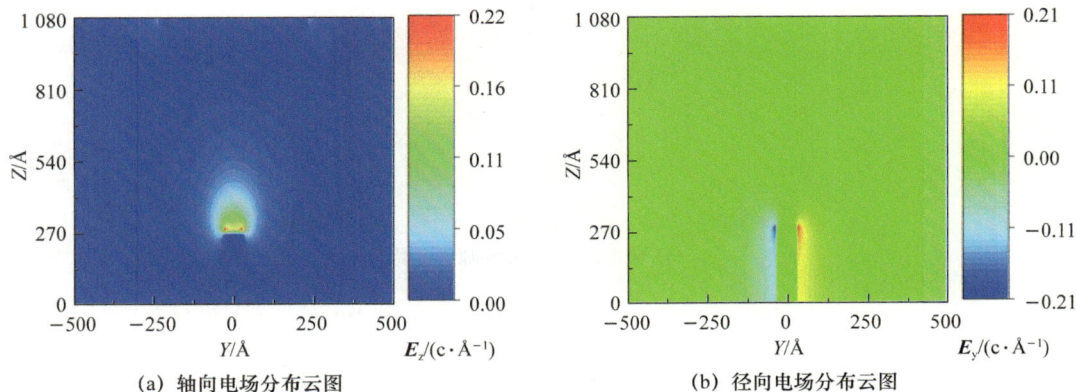

(a) 轴向电场分布云图　　　　　　　　(b) 径向电场分布云图

图 3.4　电场分布云图

仿真体系中的所有分子经过能量最小化处理后,在 NVT 系综中充分平衡 1 ns,NVT 系综的弛豫常数为 200 fs,直至体系温度稳定于 295 K 附近。之后,在毛细管入口处施加由 9-3 Lennard-Jones 势能函数构造的势能壁面,该势能壁面以指定速度沿着毛细管轴向运动,推动离子液体流出毛细管,离子液体的流速可通过势能壁面的移动速度调节。另外,施加势能壁面后,离子液体的系综由 NVT 改为 NVE,毛细管的系综也变更为 NVE,但仍然通过 Langevin 热浴对毛细管进行温度控制。

在整个电喷雾仿真过程中,系统是孤立的,周期性边界条件会导致电喷雾的离子发射行为受到较大的影响,因此仿真中体系的 3 个方向均设置为非周期性边界条件[25]。考虑到对于电喷雾分子动力学仿真,静电相互作用的截断半径应当大于 20 Å[25],库仑势能与 12-6 Lennard-Jones 势能的截断半径分别设为 30 Å 和 12 Å。仿真时间步长设为 2 fs,在仿真测试中发现采用更小的时间步长对仿真结果的影响可忽略不计。

3.4　不同势能函数模型对仿真结果的影响

3.4.1　不同势能函数模型下锥射流的形成演化

当流量为 2.37×10^{-12} kg/s,抽取极板电势为 -27 V,温度为 295 K 时,用 4 种势能函数模型进行离子液体电喷雾分子动力学模拟,得到的演化过程如图 3.5 所示。

---

① $T/\text{K} = 273.15 + t/℃$,即 295 K = 21.85 ℃。

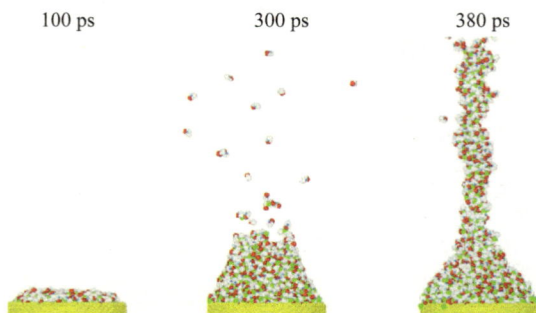

(a) 考虑极化效应的全原子模型

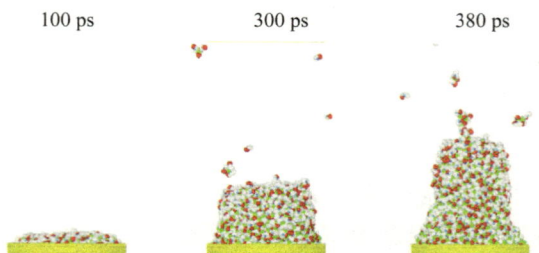

(b) 未考虑极化效应的全原子模型

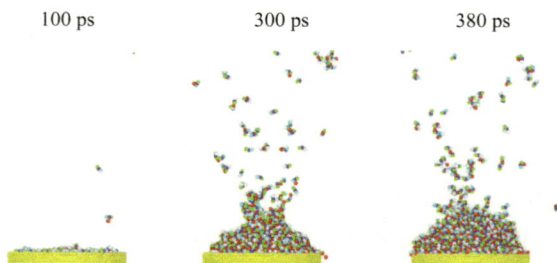

(c) EFCG式粗粒度模型

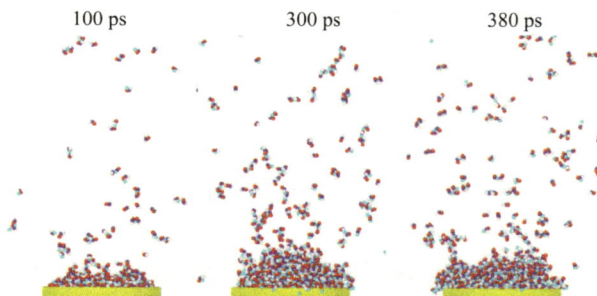

(d) MERLET式粗粒度模型

图 3.5　4 种模型得到的电喷雾演化过程

　　仿真进行到 100 ps 时,在两种全原子模型中没有观察到离子发射,在 EFCG 式粗粒度模型中,毛细管出口的液面处有少量离子发射,而在 MERLET 式粗粒度模型中可观察到大量的离子发射。

仿真进行到 300 ps 时,在考虑极化效应的全原子模型中,毛细管出口处的液面演变成了泰勒锥的形状,泰勒锥的顶端破裂后产生离子发射。在未考虑极化效应的全原子模型中,毛细管出口处的液面形状未发生显著变化,但可以观察到少量离子发射。在 EFCG 式粗粒度模型中,毛细管出口处泰勒锥的形状非常清晰,从泰勒锥顶端发射出的离子数量也较多。MERLET 式粗粒度模型依然保持了大量的离子发射,毛细管出口处的液面无法聚拢形成泰勒锥。

仿真进行到 380 ps 时,在考虑极化效应的全原子模型中,泰勒锥进一步发展形成锥射流结构,射流末端则破碎产生离子和液滴。在未考虑极化效应的全原子模型中,毛细管出口处无泰勒锥生成,液体以射流的形式喷出。在 EFCG 式粗粒度模型中,泰勒锥没有演化成射流,但从泰勒锥顶端发射出的离子数量显著增多。在 MERLET 式粗粒度模型中,毛细管出口处的液面破碎成不规则形状,依旧维持大量的离子发射,束流扩散角显著大于其他 3 种模型中的束流扩散角,导致许多束流粒子与抽取极板相撞,无法到达收集区域。

此外,表 3.1 统计了以上仿真过程中的几个特征时间,结合图 3.5 和表 3.1 的结果可知,粗粒度模型虽然显著降低了运算量,但无法精准刻画离子液体电喷雾的过程。以上 4 种模型,只有在考虑极化效应的全原子模型中,液体形成了锥射流结构,完整展示了离子液体电喷雾的过程;在未考虑极化效应的全原子模型中,液体没有形成泰勒锥,而是以射流的形式喷出;在 EFCG 式粗粒度模型中,液体形成了泰勒锥,但泰勒锥没有进一步发展成射流;在 MERLET 式粗粒度模型中,液面破碎严重,无泰勒锥生成。

表 3.1 不同模型仿真过程中的特征时间

特征时间	模型			
	极化效应 全原子模型	无极化效应 全原子模型	EFCG 式 粗粒度模型	MERLET 式 粗粒度模型
泰勒锥的形成时间/ps	310.0	—	268.0	—
首次离子发射的时间/ps	125.2	155.2	108.2	26.6
计算耗时/h·ns^{-1}	85.0	85.0	3.7	3.0

束流电流与离子液体电喷雾推力器的推力性能密切相关,是仿真分析中的重要物理量。束流电流来源于束流颗粒,各种类型的束流颗粒均可用 $[EMIM-BF_4]_n EMIM^+$ ($n=0$, 1, 2, $\cdots$)表示,$n \geqslant 9$ 的颗粒被定义为液滴,其余的颗粒定义为离子[19]。根据如上定义,仿真得到的各种类束流电流如图 3.6 所示。

经比较可知,考虑极化效应的全原子模型得到的电流值与参考文献[37]实验中的结果最为接近。与考虑极化效应的全原子模型得到的结果相比,未考虑极化效应的全原子模型严重低估了总电流与离子电流,低估的幅度分别高达 50% 与 80%,然而该模型极大地高估了液滴电流,其液滴电流值约为考虑极化效应全原子模型的 3 倍。与考虑极化效应的全原子模型得到的结果相比,EFCG 式粗粒度模型对总电流的高估幅度达到 57%,MERLET 式粗粒度模型对总电流的低估幅度则为 30%。MERLET 式粗粒度模型的总电流之所以低于 EFCG 式粗粒度模型的总电流,是因为 MERLET 式粗粒度模型的束流扩散角过大,部分颗粒与抽取极板相撞,未到达采集区域。从图 3.6(c)可看出,粗粒度模型不仅得到的总电流误差较大,还导致束流中不含液滴。

（a）总电流

（b）离子电流

（c）液滴电流

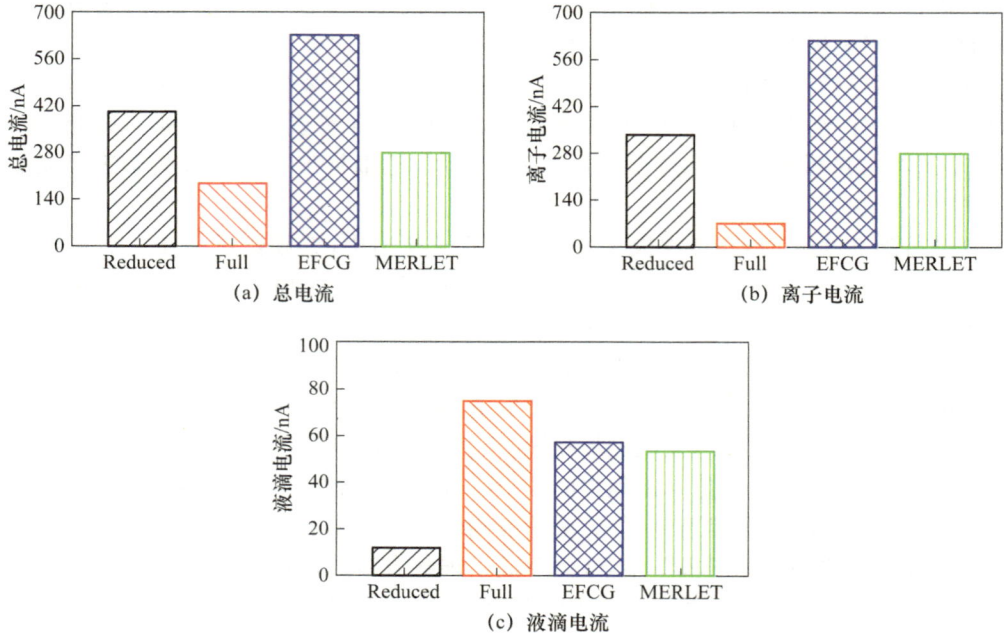

图 3.6　4 种模型的束流电流比较

与考虑极化效应的全原子模型相比，未考虑极化效应的全原子模型强化了离子液体分子间的相互作用力，粗粒度模型则弱化了离子液体分子间的相互作用力，这均导致离子液体的表面张力、电导率等属性发生改变，从而影响电喷雾的特性，包括毛细管出口处液面形貌、泰勒锥与射流的形成、束流组成与束流电流等。离子液体分子间相互作用力的改变最直接的体现是能量特性的变化，图 3.7 展示了不同模型中离子液体分子的平均动能和平均库仑势能随仿真时间的演化。

动能可以反映颗粒在电场中的运动情况，速度越高，则动能越大。由图 3.7(a) 可看出，考虑极化效应的全原子模型中离子液体分子的平均动能增长较为缓慢，600 ps 之后，平均动能的值维持在 1.933 kcal/mol 左右。与此相比，未考虑极化效应的全原子模型中离子液体分子的平均动能增长更为缓慢，其平均动能的稳定值比考虑极化效应的全原子模型低 23%。对于 EFCG 式粗粒度模型，仿真初期离子液体分子会在毛细管出口处积聚，因而在最初的 150 ps 内，离子液体分子平均动能的增长较为缓慢；之后，伴随着大量的离子发射，平均动能迅速增长，最终在 6.84 kcal/mol 上下浮动，该值约为考虑极化效应全原子模型中平均动能稳定值的 3.5 倍。对于 MERLET 式粗粒度模型，其离子液体分子平均动能在 4 种模型中最大，增长速度也最快。

库仑势能是另一个重要的能量参数，代表了分子间的聚合作用，库仑势能越强（库仑势能绝对值越大），分子间的聚合力越强。离子液体分子的平均库仑势能随时间的变化如图 3.7(b) 所示，初始阶段，离子液体在毛细管出口处积聚，库仑势能也在迅速增强，其后在电场诱导下，液面发生变形破碎，产生离子发射，库仑势能随之减弱。对于考虑极化效应的全原子模型，离子液体分子的平均库仑势能逐渐减弱至 -9.04 kcal/mol，与之相比，未考虑极化效应的全原子模型严重高估了库仑势能，高估幅度达到 64%，EFCG 式粗粒度模型则低估了

26％的库仑势能,MERLET 式粗粒度模型也低估了 10％的库仑势能。

(a) 离子液体分子平均动能随时间的变化

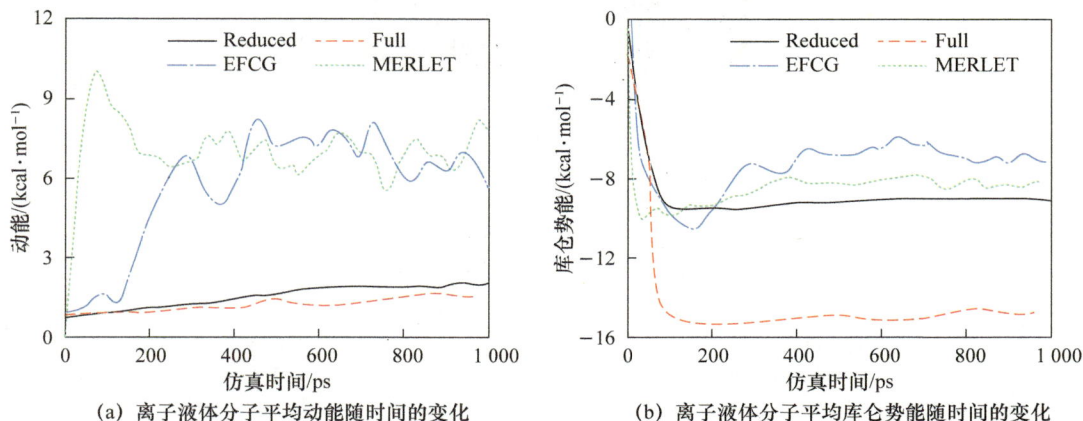

(b) 离子液体分子平均库仑势能随时间的变化

图 3.7　4 种模型中的能量特性(毛细管外的离子液体分子)

　　不同势能函数模型的区别在于离子液体分子间的相互作用力,分子间相互作用力的改变在宏观上体现为离子液体属性的改变,在微观上则体现为离子液体分子能量特性的改变。未考虑极化效应的全原子模型强化了分子间的相互作用,增强了库仑势能。库仑势能的增强导致离子液体分子间的聚合作用增强,使外部电场对离子液体的雾化作用减弱,因此束流颗粒的尺寸增大、液滴含量增多,又导致束流颗粒在电场中的运动速度降低、动能减小。以上的结果,也体现在束流电流的变化上,即总电流的降低与液滴电流的增大。

　　与未考虑极化效应的全原子模型相反,粗粒度模型削弱了分子间的相互作用力,降低了库仑势能。库仑势能的降低导致离子液体分子间的聚合作用减弱,使外部电场对离子液体的雾化作用增强,因此束流颗粒的尺寸减小、液滴含量减少甚至不含液滴,又导致束流颗粒在电场中的运动速度上升、动能增大。以上的结果,将引起束流总电流的增大、液滴电流的减小甚至无液滴电流。

　　由于电喷雾束流颗粒属于高速纳米颗粒,难以通过实验测量其速度特性。但在仿真中可以清晰地记录下所有颗粒的运动,4 种模型中毛细管外离子液体分子的速度分布如图 3.8 所示。从图 3.8(a)中可看出,离子液体分子的轴向速度分布是非轴对称的,分布曲线整体向原点右侧偏移,这是电场的加速作用造成的。与考虑极化效应的全原子模型相比,未考虑极化效应的全原子模型以及两种粗粒度模型的轴向速度分布都更为集中,而且由于粗粒度模型中电场的加速效应更为显著,粗粒度模型的速度分布在原点右侧,且存在第二个峰值。图 3.8(b)所示为离子液体分子的径向速度分布,不同模型的分布规律较为一致,区别在于粗粒度模型中离子液体分子的径向速度分布更为集中。

　　表 3.2 进一步统计了图 3.8(a)中离子液体分子的平均轴向速度,与考虑极化效应的全原子模型相比,未考虑极化效应的全原子模型严重低估了离子液体分子的平均轴向速度,EFCG式粗粒度模型和 MERLET 式粗粒度模型则分别对离子液体分子的平均轴向速度高估了 40％和 31％。由于推力器的推力性能与束流颗粒的速度密切相关,因此由不同模型计算速度时的偏差也会影响对推进性能的评估,对此本章将在 3.4.3 节进一步讨论。

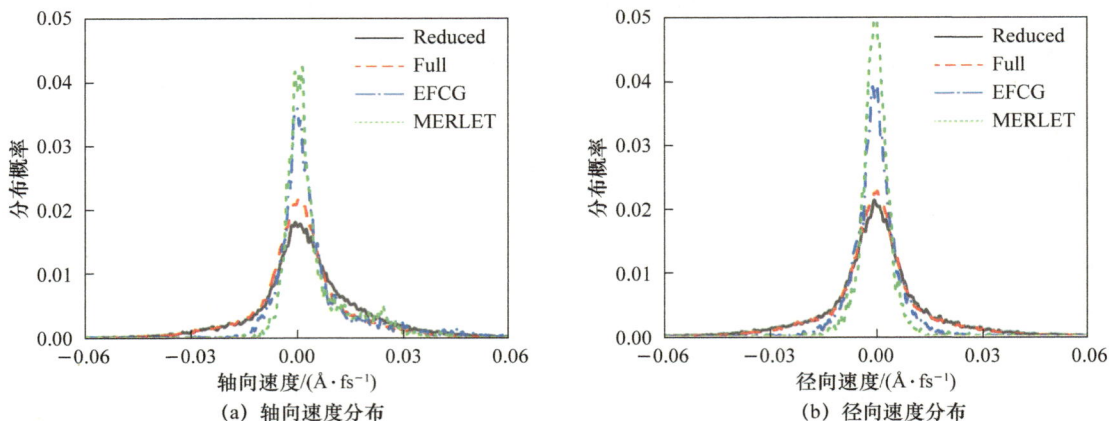

(a) 轴向速度分布　　　　　　　　　　(b) 径向速度分布

图 3.8　4 种模型毛细管外离子液体分子的速度分布

表 3.2　不同模型中离子液体分子的平均轴向速度

势能函数模型	极化效应 全原子模型	未考虑极化效应 的全原子模型	EFCG 式 粗粒度模型	MERLET 式 粗粒度模型
平均轴向速度/(Å·fs^{-1})	0.003 4	0.001 1	0.004 4	0.004 2

3.4.2　不同势能函数模型下操作参数对电喷雾的影响

本节将讨论不同操作参数下的电喷雾行为。根据 Gañán-Calvo A 等人[6]和 De La Mora J 等人[9]的研究,电喷雾的电流主要受工质质量流量的影响;根据 Borner A.[19,22,23]等人和 Wang Y.[20-21]的研究,电喷雾的雾化过程主要受外加电场的影响;根据 Ghatee M. 等人的研究,温度会影响离子液体的黏度[38],从而影响电喷雾过程[39]。因此,在模拟中分别改变了工质质量流量、抽取极电势和温度,以研究它们对电喷雾行为的影响。在工作中共考虑 4 种工况:A 工况(3.4.1 节讨论的标准工况)为 $\dot{m}=2.37\times10^{-12}$ kg/s,$\Phi=-27$ V,$T=295$ K;B 工况(增加工质质量流量)为 $\dot{m}=4.08\times10^{-12}$ kg/s,$\Phi=-27$ V,$T=295$ K;C 工况(增加抽取极电势)为 $\dot{m}=2.37\times10^{-12}$ kg/s,$\Phi=-24$ V,$T=295$ K;D 工况(增加温度)为 $\dot{m}=2.37\times10^{-12}$ kg/s,$\Phi=-27$ V,$T=345$ K。工质质量流量与使用离子液体 EMIM-BF$_4$ 的电喷雾实验相同[37]。而选取的抽取极电势是为了确保毛细管口附近的电场大于 1 V/nm,从而使颗粒能够从离子液体中喷出。

3.4.2.1　操作参数对电流的影响

图 3.9 显示了操作参数对电喷雾电流的影响。其中直方图的值是工况 B、C 或 D 的电流与工况 A 的电流之比。当工质质量流量增加 73% 时,考虑极化效应的全原子模型的总电流增加 40%。根据 Gañán-Calvo[21]得出的电流缩尺定律(见式(3.6)),总电流增加的理论值为 32%。

$$I \propto (\sigma K Q)^{1/2} \tag{3.6}$$

式中, σ 是液体的表面张力系数; K 是电导率; Q 是体积质量流量。

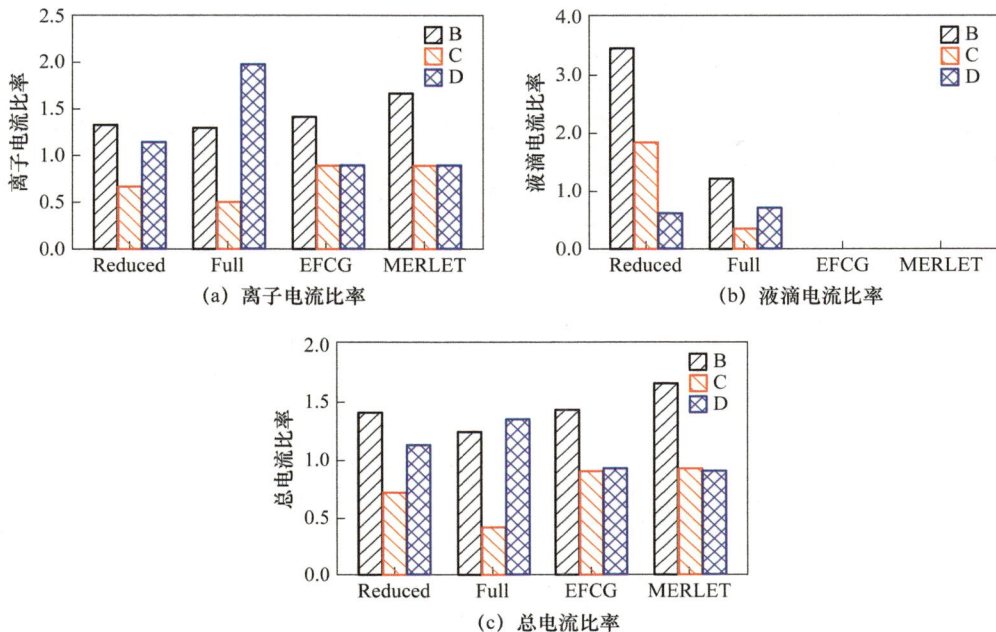

(a) 离子电流比率

(b) 液滴电流比率

(c) 总电流比率

图 3.9　操作参数对电喷雾电流的影响

使用极化效应全原子模型估算的总电流增量为 40%, 更接近理论值 32%。离子电流的增长与总电流相似, 然而, 液滴电流随着工质质量流量的增加而迅速增加, 这与实验结果一致[37]。

随着工质质量流量的增加, 极化效应全原子模型估算的总电流增长率低于未考虑极化效应的全原子模型估算的总电流增长率。这是由于未考虑极化效应的全原子模型的液滴电流增长远低于极化效应全原子模型。同时, 两种全原子模型的离子电流增长趋势相似。两种粗粒度模型在质量流量增加的情况下仍未出现液滴电流。EFCG 式粗粒度模型比极化效应全原子模型高估了 2% 的总电流, 而 MERLET 式粗粒度模型则高估了 26% 的总电流。

当毛细管和抽取极之间的电压减小时, 极化效应全原子模型得到的总电流和离子电流也会减小, 但液滴电流会增大。因为电场较弱, 所以未进一步雾化成离子的液滴较多。未考虑极化效应的全原子模型的总电流、离子电流和液滴电流随着抽取极电势的降低而显著减小。未考虑极化效应的全原子模型中, 离子液体离子间的内聚力最强, 这使得毛细管与抽取极之间电势差的减小对离子液体电离的影响很大。相反, 粗粒度模型受电势压降影响较小。与极化效应全原子模型相比, EFCG 模型得到的总电流降幅小了 17%, 而 MERLET 式粗粒模型得到的总电流降幅小了 20%。

温度的升高会导致离子液体黏度降低, 采用极化效应全原子模型得到的总电流会增加 15%, 同时离子电流增加 16%。这是由于原子的热运动随着温度的升高而增强, 导致离子液体电离能降低, 从而液滴电流减小, 离子电流增加。未考虑极化效应的全原子模型评估的总电流也随着温度的升高而增加。与极化效应全原子模型相比, 未考虑极化效应的全原子模型高估了总电流和离子电流的增加,分别高估了 20% 和 80%。相反,两种粗粒度模型得到的电流随着温度的升高而减小,可见粗粒度模型无法正确反映温度增加对电喷雾行为的影响。

3.4.2.2 操作参数对系统能量的影响

毛细管外颗粒的平均能量在不同势能函数模型和不同工作参数下与 A 工况颗粒平均能量的对比如图 3.10 所示。很明显,两种全原子模型的颗粒平均能量变化规律相似,两种粗粒度模型的颗粒平均能量变化规律也相似。

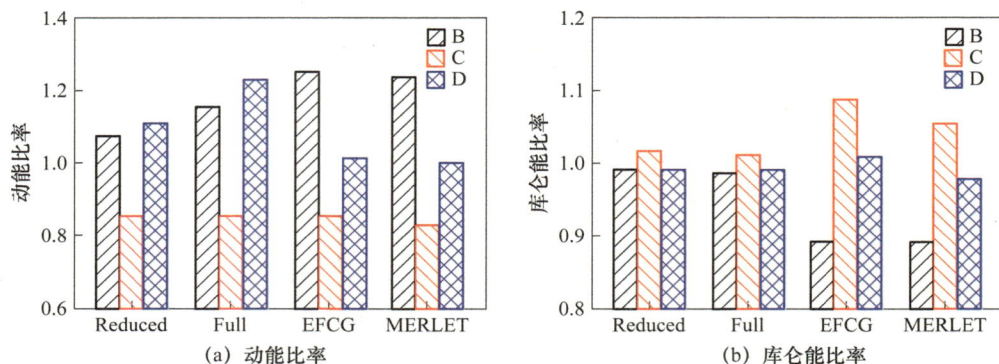

图 3.10　毛细管外颗粒的平均能量在不同势能函数模型和
不同工作参数下与 A 工况颗粒平均能量的对比

对于极化效应全原子模型,工质质量流量的增加会导致动能的增加和库仑能的减少。随着工质质量流量的增加,颗粒的热运动速度增加,导致动能增加。同时,代表离子间内聚力的库仑能降低,对应离子液体的解离变得更强,导致更多的离子发射,与图 3.9 中质量流量增加导致离子电流增加一致。与极化效应全原子模型相比,未考虑极化效应的全原子模型得到的动能增幅高了 9%。两种全原子模型的库仑能变化趋势几乎相同。粗粒度模型的离子间内聚力较弱,因此与极化效应全原子模型相比,EFCG 模型得到的动能增幅高了 19%,得到的库仑能降幅低了 10%。MERLET 式粗粒度模型动能的增幅高了 17%,库仑能的降幅低了 10%。

毛细管和抽取极之间电势差的减小导致电场强度减小,并对带电颗粒的加速产生影响,因此,所有势能函数模型得到的动能都会下降。除了 MERLET 式粗粒度模型得到的动能降幅高了 2% 外,其他三种模型的动能下降幅度基本相同。随着动能的减少,库仑能相应增加,两种全原子模型的库仑能变化规律相同。EFCG 模型得到的库仑能增幅高了 7%,而 MERLET 式粗粒度模型得到的库仑能增幅高了 4%。

所有势能函数模型的电流变化也可以用温度升高时的能量变化规律来解释。对于极化效应全原子模型,温度升高时动能增加,库仑能减少,而未考虑极化效应的全原子模型动能的增加远高于极化效应全原子模型。从 3.4.1 节的讨论中可以看出,动能越高,电流越大,因此,随着温度的升高,未考虑极化效应的全原子模型的电流增幅远大于极化效应全原子模型。由此可以得出结论,在强电场作用下,粗粒度模型无法反映离子液体随温度变化而发生的性质改变。

上述分析针对的是毛细管外的所有粒子。实际上,毛细管外的粒子可以分为两部分:一部分属于泰勒锥区域,另一部分属于射流区域。Z 方向坐标低于 360 Å 的粒子属于泰勒锥区域,其他粒子属于射流区域,表 3.3 总结了两个区域的能量特征。

表 3.3　泰勒锥区域和射流区域粒子平均能量的比较

库仑能							
Reduced		Full		EFCG		MERLET	
Cone	Jet	Cone	Jet	Cone	Jet	Cone	Jet
$A/(\text{kcal} \cdot \text{mol}^{-1})$	-9.472	-7.257	-15.292	-13.446	-7.628	-1.880	-8.958	-5.912
B/A	0.999	1.049	0.996	1.012	0.930	1.261	0.911	0.898
C/A	1.011	1.098	1.006	1.045	1.074	1.501	1.049	1.029
D/A	0.993	0.943	0.993	0.964	0.997	1.525	0.973	0.976
动能							
Reduced		Full		EFCG		MERLET	
Cone	Jet	Cone	Jet	Cone	Jet	Cone	Jet
$A/(\text{kcal} \cdot \text{mol}^{-1})$	1.337	4.411	1.233	2.357	2.126	30.665	1.790	22.183
B/A	1.052	0.881	1.095	1.047	1.181	0.920	1.332	0.993
C/A	0.927	0.660	0.926	0.705	0.941	0.784	0.895	0.887
D/A	1.080	1.218	1.168	1.345	1.039	0.925	1.055	1.012

每个势能函数模型都有两列,左边一列对应泰勒锥区域,右边一列对应射流区域。对于全原子模型,射流区域的能量变化比泰勒锥区域的能量变化更显著,尤其是动能的变化更为显著。对于 EFCG 模型,射流区域的能量变化比泰勒锥区域的能量(包括库仑能和动能)变化显著得多。然而,对于 MERLET 式粗粒度模型,泰勒锥区域和射流区域能量变化的差异并不明显,因为 MERLET 式粗粒度模型未得到完整的泰勒锥,两个区域之间的边界不清晰(见图 3.5)。总之,泰勒锥区域能量在不同的操作参数下保持相对稳定,改变操作参数主要影响泰勒锥的液面薄层及射流区域能量。这是一个有趣的发现,将在 3.4.2.3 节中进一步讨论。

3.4.2.3　操作参数对粒子速度的影响

在研究操作参数对粒子速度的影响时,发现未考虑极化效应的全原子模型和粗粒度模型都无法表征不同操作参数下的粒子速度特性,而未考虑极化效应的全原子模型的适用性甚至不如粗粒度模型。

毛细管外粒子 Z 方向平均速度在不同势能函数模型和不同操作参数下与 A 工况的对比如图 3.11 所示。工质质量流量的增长导致极化效应全原子模型得到的粒子速度增加。与极化效应全原子模型相比,未考虑极化效应的全原子模型得到的粒子速度增长高了 170%。相比之下,粗粒度模型只略微高估了粒子速度的增加。

当毛细管和抽取极之间的电势差减小时,极化效应全原子模型预测的速度也随之减小。然而,未考虑极化效应的全原子模型得到的粒子速度降幅低了 18%。随着抽取极电势的变化,EFCG 模型得到的粒子速度变化可以忽略不计。与极化效应全原子模型相比,MERLET 式粗粒度模型得到的粒子速度降幅低了 10%。

极化效应全原子模型得到的粒子速度随着温度的升高而略有增加,然而,未考虑极化效应的全原子模型得到的粒子速度增幅高了 50％。随着温度的升高,EFCG 模型预测的粒子速度略有下降,而 MERLET 式粗粒度模型预测的粒子速度变化可以忽略不计。

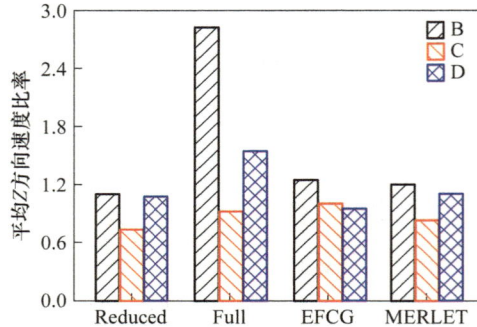

图 3.11　毛细管外粒子的 Z 方向平均速度在不同势能函数模型和不同操作参数下与 A 工况的对比

根据 3.4.2.2 节的分析,泰勒锥区域的能量特性在不同操作参数下均保持稳定,而不同的操作参数对射流区域的能量特性有重要影响。图 3.12 中两个区域的粒子速度分布对比显示了相似的结果。在不同的操作参数下,泰勒锥区域内粒子速度的概率密度曲线几乎重合,而且泰勒锥区域内粒子沿 Z 方向的平均速度接近零,可见操作参数对泰勒锥区域粒子速度特性的影响可以忽略不计。这是由于作为导电液体的离子液体会产生静电屏蔽作用,导致只有泰勒锥液面薄层中的粒子才会被电场力加速,形成射流[40]。泰勒锥内部的液体粒子在惯性力作用下到达射流喉部并反向流动,操作参数对泰勒锥内部液体粒子回旋运动的影响可以忽略不计[41]。

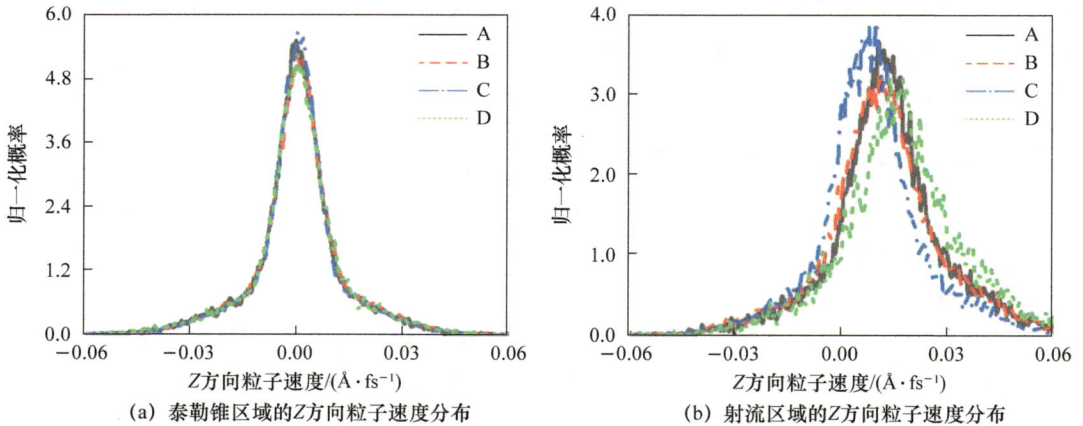

(a) 泰勒锥区域的 Z 方向粒子速度分布　　　　(b) 射流区域的 Z 方向粒子速度分布

图 3.12　毛细管外粒子的 Z 方向速度分布在不同操作参数下的对比

相反,在图 3.12(b)中,射流区域在不同操作参数下的粒子速度分布差异明显。如图 3.12(b)所示,对于射流区域,低工质质量流量时的粒子速度分布比高工质质量流量时的粒子速度分布更集中(见工况 A 和工况 B)。毛细管和抽取极之间电势差的减小削弱了粒子的加速度,因此,毛细管和抽取极之间电势差较低时的粒子速度分布更为集中(见工况 A 和工况 C)。低电势差下粒子速度分布曲线的峰值出现在较低的 Z 方向速度值上。至于温度对射流区域的影响,粒子平均速度随着温度的升高而增大,高温下的粒子速度分布不如低温时集中(见工况 A 和工况 D)。

3.4.3　电喷雾推进性能的分析

为了评估电喷雾推力器的推进性能,下面计算了不同势能函数模型下的比冲和推力,如图 3.13 所示。推力器的比冲可按式(3.7)计算得到

$$I_{sp} = \frac{u'}{g} \tag{3.7}$$

式中,g 是重力加速度;u' 是到达抽取极板处束流颗粒的平均速度。u' 由式(3.8)计算得到

$$\left(\sum_i m_i\right) u' = \sum_i m_i u_i \tag{3.8}$$

式中,m_i 代表束流颗粒的质量;u_i 代表束流颗粒的速度。推力则由式(3.9)确定

$$T = I_{sp} \dot{m} g \tag{3.9}$$

式中,$\dot{m}$ 是离子液体的质量流量。

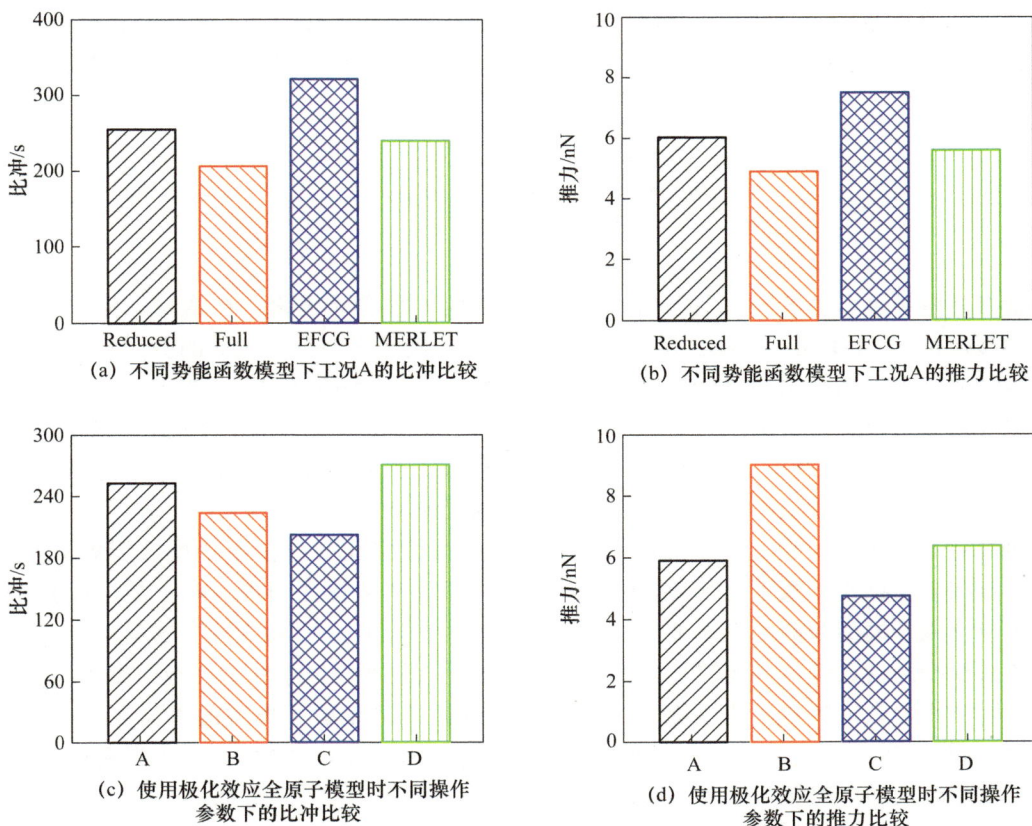

(a) 不同势能函数模型下工况A的比冲比较

(b) 不同势能函数模型下工况A的推力比较

(c) 使用极化效应全原子模型时不同操作参数下的比冲比较

(d) 使用极化效应全原子模型时不同操作参数下的推力比较

图 3.13　推进性能评估

由图 3.13 可知,与考虑极化效应的全原子模型相比,未考虑极化效应的全原子模型得到的比冲低了 18%,这是由于未考虑极化效应的全原子模型的束流中含有大量液滴。EFCG 式

粗粒度模型的束流中不含液滴,因此其得到的比冲高估了 28%。MERLET 式粗粒度模型的束流中也不含液滴,但其束流中有大量高速颗粒与抽取极板相撞,导致其得到的比冲低了 6%。在 4 种模型的工质质量流量相同的情况下,从式(3.9)可知,推力完全取决于比冲,因此 4 种模型的推力评估结果与比冲一致,如图 3.13(b)所示。

当操作参数发生变化时,推进性能也会发生变化,如图 3.13(c)~图 3.13(d)所示。当工质质量流量从 2.37×10^{-12} kg/s 增加到 4.08×10^{-12} kg/s 时,比冲从 252 s 下降到 224 s,推力从 6 nN 增加到 9.1 nN。当毛细管和抽取极之间的电势差从 27 V 下降到 24 V 时,比冲从 252 s 下降到 202 s,推力从 6 nN 下降到 4.8 nN。当温度升高时,比冲和推力都会增加。

工质质量流量的增加使推力升高,但比冲降低。当工质质量流量从 2.37×10^{-12} kg/s 进一步增加到 11.85×10^{-12} kg/s 时,推力从 6 nN 增加到 27 nN。比冲随着毛细管和抽取极之间电势差的增加而增加。当电势差从 27 V 增加到 54 V 时,比冲从 252 s 增加到 687 s。当工质质量流量增加到 11.85×10^{-12} kg/s,电势差同时增加到 54 V 时,推力增加到 79 nN,比冲增加到 664 s。

调节工质质量流量是控制电喷雾推力器推力的通用方法。提高工质质量流量可以增加推力,但会降低比冲。正如 3.4.2.1 节所述,随着工质质量流量的增加,电喷雾羽流中的液滴会迅速增加导致比冲降低。但是通过增加毛细管和抽取极之间电势差会升高带电颗粒的速度以增加比冲。因此,同时增加工质质量流量以及毛细管和抽取极之间的电势差,比冲和推力都会增加。

3.5 本章总结

具有高电导率(>1 S/m)的离子液体在外加电场下很容易极化。在本章工作中,首次使用了能够模拟 EMIM-BF$_4$ 极化过程的极化效应全原子模型来进行电喷雾的分子动力学模拟。与其他势能函数模型相比,极化效应全原子模型对电喷雾过程的模拟更为准确,这是因为粗粒度模型存在原子信息不精确的问题,导致模拟得到的离子液体电导率比极化效应全原子模型更高。此外,采用极化效应全原子模型,泰勒锥的形成过程和过渡到射流的过程清晰可见,还得到了采用粗粒度模型从未报道过的显著电喷雾锥射流模式。

通过对不同势能函数模型得到的结果进行比较,发现极化效应全原子模型能更深入地理解电喷雾在不同操作参数下的行为,如电喷雾电流、系统能量特征和带电粒子的速度分布等。极化效应全原子模型预测的不同工质质量流量下的电流与实验[37]和理论[6]结果接近,而其他势能函数模型高估或低估了电喷雾电流。未考虑极化效应的全原子模型和粗粒度模型都无法描述不同操作参数下的粒子速度特征,且未考虑极化效应的全原子模型的适用性比粗粒度模型更差。同时,粗粒度模型无法表征不同操作参数下的系统能量特性,特别是当温度改变时,粗粒度模型预测的电喷雾行为与实验结果相反[39]。

通过将毛细管外的粒子划分成属于泰勒锥区域和属于射流区域的两部分后,发现泰勒锥区域的能量特征和粒子速度分布几乎不受操作参数变化的影响。这是因为离子液体会对泰勒锥区域内部液体形成静电屏蔽,使得操作参数主要影响泰勒锥液面薄层和射流区域的粒子输运[40]。

最后,本章对离子液体电喷雾推力器的推进性能进行了评估。工质质量流量的增长提升了推力,但降低了比冲。通过 MD 模拟,发现这是由于液滴电流随着工质质量流量的增加而增加,而液滴的荷质比较低,大量液滴的发射对推力有积极影响,但对比冲有消极影响。另一方面,毛细管和抽取极之间电势差的增加会提高比冲,这是因为强电场会促进离子液体的离子化并提升带电粒子受到的加速度。这些结论都十分有助于离子液体电喷雾推力器的设计和可靠控制。

受限于 MD 模拟昂贵的计算成本,本章模拟的电喷雾系统的几何尺寸与真实电喷雾系统相比大大缩小。这使研究描述不同尺寸电喷雾系统之间缩放关系的缩尺定律极为重要,这种研究将有助于利用 MD 模拟对真实电喷雾系统中发生的宏观现象做出更详细且精准的微观解释。在这些缩尺定律的帮助下,MD 模拟将成为离子液体电喷雾推力器优化设计的有效工具。

参考文献

[1]　BETELIN V, KUSHNIRENKO A, NERCHENKO A, et al. Spray Injection and Ignition in a Heated Chamber Modeling[J]. WSEAS Transacions on Fluid Mechanics, 2011, 6(3): 147-159.

[2]　BETELIN V, SMIRNOV N, NIKITIN V, et al. Evaporation and Ignition of Droplets in Combustion Chambers Modeling and Simulation[J]. Acta Astronautica, 2012, 70: 23-35.

[3]　SMIRNOV N, BETELIN V, NIKITIN V, et al. Ignition and Combustion of Multi-Phase Fuel-oxidant Mixtures in Rocket Engines[C] //The 63rd International Astronautical Congress. Italy: International Astronautical Congress, 2012: 644-663.

[4]　SMIRNOV N, NIKITIN V, TYURENKOVA V. Nonequilibrium Diffusion Combustion of Liquid Fuel Droplets and Sprays Modeling[J]. Heat Transfer Research, 2012, 43(1): 1-17.

[5]　ZHOU Z, LU C, ZHAO C, et al. Numerical Simulations of Water Spray on Flame Deflector During the Four-engine Rocket Launching[J]. Advance in Space Research, 2020, 65(4): 1296-1305.

[6]　GAÑÁN-CALVO A, BARRERO A, PANTANO-RUBIÑO C. The Electrohydrodynamics of Electrified Conical Menisci[J]. Journal of Aerosol Science, 1993, 24: S19-S20.

[7]　GAÑÁN-CALVO A. Cone-jet Analytical Extension of Taylor's Electrostatic Solution and the Asymptotic Universal Scaling Laws in Electrospraying[J]. Physical Review Letters, 1997, 79(2): 217.

[8]　GAÑÁN-CALVO A. On the General Scaling Theory for Electrospraying [J]. Journal of Fluid Mechanics, 2004, 507: 203-212.

[9]　DE LA MORA J, LOSCERTALES I. The Current Transmitted Through an Electrified Liquid Conical Meniscus[J]. Journal of Fluid Mechanics, 1994, 260: 155-184.

[10]　SAVILLE D. Electrohydrodynamics: The Taylor-melcher Leaky Dielectric Model[J]. Annual Review of Fluid Mechanics, 1997, 29(1): 27-64.

[11]　HIGUERA F. Flow Rate and Electric Current Emitted by a Taylor Cone [J]. Journal of Fluid Mechanics, 2003, 484: 303-327.

[12]　HERRADA M, LÓPEZ-HERRERA J, GAÑÁN-CALVO A, et al. Numerical Simulation of Electrospray in the Cone-Jet Mode[J]. Physical Review E, 2012, 86(2): 026305.

[13]　GAMERO-CASTAÑO M. The Structure of Electrospray Beams in Vacuum [J]. Journal of Fluid

Mechanics，2008，604：339-369.

[14] GAMERO-CASTAÑO M，MAGNANI M. Numerical Simulation of Electrospraying in the Cone-jet Mode[J]. Journal of Fluid Mechanics，2019，859：247-267.

[15] GAMERO-CASTAÑO M，MAGNANI M. The Minimum Flow Rate of Electrosprays in the Cone-jet Mode[J]. Journal of Fluid Mechanics，2019，876：553-572.

[16] HUH H，WIRZ R. Numerical Simulation of Electrospray Extraction for Highly Conductive Propellants [C] //The 36th International Electric Propulsion Conference. Vienna：IEPC，2019：565.

[17] COLES T，FEDKIW T，LOZANO P. Investigating Ion Fragmentation in Electrospray Thruster Beams [C] //48th AIAA/ASME/SAE/ASEE Joint Propulsion Conference & Exhibit Atlanta. Washington：AIAA，2012：3793-3809.

[18] PRINCE B，TIRUPPATHI P，BEMISH R，et al. Molecular Dynamics Simulations of 1-ethyl-3-methylimidazo- lium Bis[(trifluoromethyl)sulfonyl]imide Clusters and Nanodrops[J]. The Journal of Physical Chemistry A，2015，119(2)：352-368.

[19] BORNER A，ZHENG L，LEVIN D. Prediction of Fundamental Properties of Ionic Liquid Electrospray Thrusters Using Molecular Dynamics[J]. The Journal of Physical Chemistry B，2013，117(22)：6768-6781.

[20] WANG Y，IZVEKOV S，YAN T，et al. Multiscale Coarse Graining of Ionic Liquids[J]. The Journal of Physical Chemistry B，2006，110(8)：3564-3575.

[21] WANG Y，NOID W，VOTH G. Effective Force Coarse Graining[J]. Physical Chemistry Chemical Physics，2009，11(12)：2002-2015.

[22] BORNER A，LEVIN D. Coupled Molecular Dynamics - One-dimensional PIC Simulations of Ionic Liquid Electrospray Thrusters[C] //The 19th IEEE Pulsed Power Conference. San Francisco：IEEE，2013：1-4.

[23] BORNER A，WANG P，LEVIN D. Influence of Electrical Boundary Conditions on Molecular Dynamics Simulations of Ionic Liquid Electrosprays[J]. Physical Review E，2014，90(6)：063303.

[24] MEHTA N，LEVIN D. Molecular Dynamics Electrospray Simulations of Coarse-grained Ethylammonium nitrate(EAN) and 1-ethyl-3-methylimidazolium Tetrafluoroborate(EMIM-BF$_4$)[J]. Aerospace，2017，5(1)：1.

[25] MEHTA N，LEVIN D. Sensitivity of Electrospray Molecular Dynamics Simulations to Long-range Coulomb Interaction Models[J]. Physical Review E，2018，97(3)：033306.

[26] MEHTA N，LEVIN D. Electrospray Molecular Dynamics Simulations Using an Octree-based CoulombInteraction Method[J]. Physical Review E，2019，99(3)：033302.

[27] MEHTA N，LEVIN D. Study of Ionic Liquid Mixture Droplet Evolution in an External Electric Field Using Molecular Dynamics[J] //AIP Conference Proceedings. New York：AIP Publishing LLC，2019，2132(1)：050001.

[28] PLIMPTON S. Fast Parallel Algorithms for Short-range Molecular Dynamics [J]. Journal of Computational Physics，1995，117(1)：1-19.

[29] BORNER A，ZHENG L，LEVIN D. Modeling of an Ionic Liquid Electrospray Using Molecular Dynamics with Constraints[J]. The Journal of Chemical Physics，2012，136(12)：124507.

[30] DOHERTY B，ZHONG X，GATHIAKA S，et al. Revisiting OPLS Potential Model Parameters for Ionic Liquid Simulations[J]. Journal of Chemical Theory and Computation，2017，13(12)：6131-6145.

[31] MERLET C，SALANNE M，ROTENBERG B. New Coarse-grained Models of Imidazolium Ionic Liquids for Bulk and Interfacial Molecular Simulations[J]. The Journal of Physical Chemistry C，2012，116(14)：7687-7693.

[32] SALANNE M. Simulations of Room Temperature Ionic Liquids：From Polarizable to Coarse-grained Force Fields[J]. Physical Chemistry Chemical Physics，2015，17(22)：14270-14279.

[33] GOOD R，HOPE C. New Combining Rule for Intermolecular Distances in Intermolecular Potential Functions[J]. The Journal of Chemical Physics，1970，53(2)：540-543.

[34] DAILY J，MICCI M. Ionic Velocities in an Ionic Liquid under High Electric Fields Using All-atom and Coarse-grained Force Field Molecular Dynamics[J]. The Journal of Chemical Physics，2009，131 (9)：094501.

[35] TANG K，GOMEZ A. On the Structure of an Electrostatic Spray of Monodisperse Droplets[J]. Physics of Fluids，1994，6(7)：2317-2332.

[36] MARTÍNEZ L，ANDRADE R，BIRGIN E，et al. PACKMOL：A Package for Building Initial Configurations for Molecular Dynamics Simulations[J]. Journal of Computational Chemistry，2009，30(13)：2157-2164.

[37] ROMERO-SANZ I，BOCANEGRA R，DE LA MORA J，et al. Source of Heavy Molecular Ions Based on Taylor Cones of Ionic Liquids Operating in the Pure Ion Evaporation Regime[J]. Journal of Applied Physics，2003，94(5)：3599-3605.

[38] GHATEE M，ZARE M，ZOLGHADR A，et al. Temperature Dependence of Viscosity and Relation with the Surface Tension of Ionic Liquids[J]. Fluid Phase Equilibria，2010，291(2)：188-194.

[39] LOZANO P，MARTÍNEZ-SÁNCHEZ M. Ionic Liquid Ion Sources：Characterization of Externally Wetted Emitters[J]. Journal of Colloid Interface Science，2005，282(2)：415-421.

[40] LIM L，HUA J，WANG C，et al. Numerical Simulation of Cone-jet Formation in Electrohydrodynamic Atomization[J]. AIChE Journal，2011，57(1)：57-78.

[41] HERRADA M，LÓPEZ-HERRERA J，GAÑÁN-CALVO A，et al. Numerical Simulation of Electrospray in the Cone-jet Mode[J]. Physical Review E，2012，86(2)：026305.

第 4 章

外部浸润式离子液体电喷雾模拟

近年来，外部浸润型发射极在离子液体电喷雾推力器样机设计中占据主流，相比传统的毛细管式电喷雾推力器，外部浸润式电喷雾推力器利用发射极的浸润力和外电场力被动地供给工质，不需要主动流量供给系统，结构更为简单可靠。此外，在实际的电喷雾推力器样机研制和在轨验证中，发现离子液体易于从工质供给通道中溢出，导致后续工作时短路、放电、不稳定等问题。而最近 MIT 基于电润湿效应设计开发了一种微阀门以解决上述问题，同时该微阀门相比传统工质储箱阀门尺寸更小、质量更轻、功耗更低。本章将针对外部浸润式离子液体电喷雾推力器工作时，新型微阀门控制工质供给和离子发射过程展开深入研究，揭示其中的微观物理机制，以促进外部浸润式离子液体电喷雾推力器的工程化应用。

4.1 基于电润湿效应的离子液体微阀门

4.1.1 离子液体微阀门的研究现状

电润湿是一种微流控技术，其通过在固体基底和液体电解质之间外加电场，来控制液体的形状和运动特征[1]。虽然这一概念早在 1875 年就由 Lippmann G. 提出[2]，但直到 20 世纪 90 年代初，Berge B. 通过在金属表面覆盖电介质层以增强电润湿效果[3-4]，才使电润湿技术的研究和应用得以蓬勃发展。从那时起，电润湿在使用水性电解质的领域得到了广泛应用[5-6]。尽管取得了巨大成功，但水溶液也存在一些缺点，包括热稳定性低、蒸发和结垢等[7]。相比之下，离子液体具有热稳定性高、饱和蒸气压可忽略不计和电导率高等优点[8-11]，因此其在润湿和电润湿领域受到了广大学者的关注[12-16]。

在过去 10 年中，许多研究都致力于揭示影响离子液体在固体基底上电润湿行为的机制。电润湿特征通常由液滴的形变和固液界面之间的接触角来描述，影响电润湿的主要因素包括基底物理特性、离子液体种类、液滴尺寸以及电场的强度和极性等。前 3 个因素直接决定了固体基底和液体电解质之间的相互作用力[17-21]，而电场的影响则更为复杂。研究发现，离子液体液滴会随着电场极性的改变而出现非对称变形，只有在基底和离子液体之间的相互作用力超过电场力作用时这种非对称现象才不明显[17-18,22-23]。此外,电场强度也起着重要作用:增加电场强度通常会减小液滴接触角并产生更明显的非对称现象[17-18,24]。除了这些研究工作之外,其他研究还重点关注如何在固体基底上操纵离子液体[5-6],然而,极少有研究关注电润湿效应驱动下的离子液体渗透现象。

MIT 的 MacArthur J. 等人报道了一种基于电润湿效应控制离子液体渗透的新型微流控阀门[25]。这种微型阀门主要由涂有氟聚合物层的硅片组成,用于密封离子液体电喷雾推力器工质储箱中的离子液体工质。新型微流控阀门的开关状态由离子液体和硅片之间的电势差决定,硅片上蚀刻有许多通孔,以便于离子液体渗透。这种阀门设计在微型推力器系统中极有应用前景,因为它既能保持可靠耐用,又不会增加整个系统的质量和功耗。然而,由于人们对基于电润湿效应的离子液体渗透的基本机制尚不清楚,所以限制了其在微型推力器系统上的进一步应用。4.1 节基于 MD 方法研究了 EMIM-Im 纳米液滴在带有通孔的硅基底上的渗透行为。研究中,改变了基底的润湿性、电场强度和电场极性,以揭示其对离子液体纳米液滴渗透过程的影响。此外,还揭示了离子蒸发在渗透过程中的重要影响——破坏了液滴的电中性,使电场能够对液滴施加定向作用力。本章旨在研究从微观角度揭示电润湿效应驱动下离子液体渗透的物理机制,研究的新发现可促进基于电润湿效应的微流控阀门的进一步工程化应用,相关进一步研究还发现其可应用于调控液体工质的流量,使其应用更为广泛[26-27]。

4.1.2 模型与模拟方法

本节将介绍模拟工具、物理模型和关键模拟参数。本研究使用 LAMMPS[28] 软件包进行 MD 模拟计算,同时采用了 Sambasivarao S. 等人开发的离子液体 EMIM-Im 的 OPLS-AA 势能函数模型[29]。阳离子和阴离子的电荷量分别设为 $\pm 0.8e$,以模拟离子液体的极化[30]。离子液体原子和硅基底原子之间的分子间势能(φ_{ij})由 Lennard-Jones 函数(式(4.1))计算,并应用 Lorentz-Berthelot 混合规则(式(4.2)~式(4.3)),结果如下:

$$\varphi_{ij} = 4\varepsilon_{ij} \left[\left(\frac{\sigma_{ij}}{r_{ij}} \right)^{12} - \left(\frac{\sigma_{ij}}{r_{ij}} \right)^{6} \right] \tag{4.1}$$

$$\sigma_{ij} = \frac{1}{2} (\sigma_{ii} + \sigma_{jj}) \tag{4.2}$$

$$\varepsilon_{ij} = (\varepsilon_{ii} \varepsilon_{jj})^{\frac{1}{2}} \tag{4.3}$$

式中,σ_{ij} 和 ε_{ij} 分别代表原子 i 和原子 j 之间的 Lennard-Jones 半径和势阱深度;r_{ij} 是原子 i 和原子 j 之间的距离。硅原子的 Lennard-Jones 参数分别为 $\sigma_{SiSi} = 3.39$ Å 和 $\varepsilon_{SiSi} = 0.6186$ kcal/mol,均取自参考文献[18],离子液体原子的 Lennard-Jones 参数由 OPLS-AA 力场定义[29]。需要注意的是,为了降低计算成本,硅基底与离子液体液滴之间的库仑相互作用被匀强电场所取代[18,31]。此外,在整个模拟过程中,基底原子的位置保持不变,这与以往的研究一致[17]。

仿真域如图 4.1 所示,图 4.1(a)中,仿真盒子的尺寸为 200 Å×200 Å×400 Å,其中包含一个液滴和一个固体基底。EMIM-Im 液滴最初被置于硅基底的正上方(见图 4.1(b))。离子液体液滴由 PACKMOL 开源软件包[32] 生成的 300 个 EMIM-Im 分子组成,仿真构建得到的液滴密度与 EMIM-Im 真实密度一致,液滴的半径约为 31 Å。硅基底由 6 579 个原子组成,大小为 160 Å×160 Å×4 Å,并在衬底中心预留了一个圆形通孔,以便液滴渗透(见图 4.1(c))。

在模拟中,通孔的半径经过了谨慎地选择,孔的直径必须小于液滴的直径,以便在模拟开始时足以支撑液滴。但是,如果孔太小,液滴与基底之间的 Lennard-Jones 相互作用的排斥力就会强大到足以阻止渗透。经过多次试验,最终确定了渗透孔半径为 27 Å。

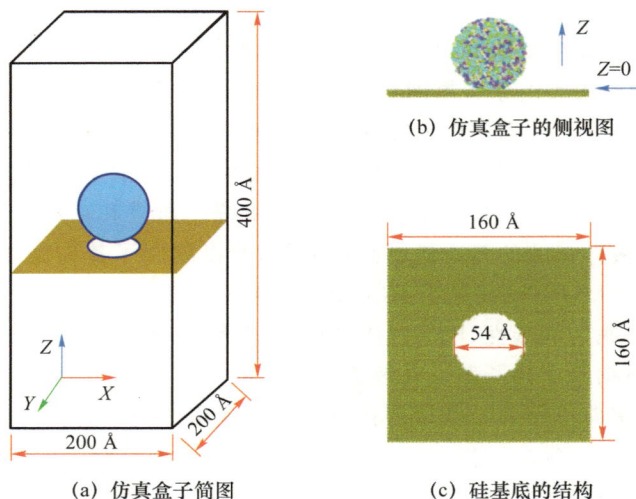

(b) 仿真盒子的侧视图

(a) 仿真盒子简图

(c) 硅基底的结构

图 4.1   离子液体微阀门仿真域示意图

为了启动模拟,整个系统首先在温度为 298 K 的 NVT 系综中进行热平衡,在平衡维持了 2 ns 后,系统接着在 NVE 系综中弛豫 1 ns。随后,在系统的 Z 方向施加匀强电场以启动离子液体液滴渗透过程,这一过程通常持续 20 ns。在所有模拟中,时间步长都设置为 1 fs,库仑相互作用采用 PPPM 方法[33]计算,库仑势截止半径设置为 20 Å,计算精度设置为 10^{-5}。

在下文中,通过改变基底润湿性、电场强度和电场极性开展了一系列仿真计算,以研究这些因素对离子液体纳米液滴渗透的影响,接下来将介绍和讨论模拟的主要结果。

4.1.3   不同浸润性下的液体渗透

基底的浸润性由基底和离子液体之间的相互作用决定[17-19],在离子液体液滴的渗透中起着重要作用。在实验中,可以通过在基底表面涂覆不同材质的涂层来改变基底的润湿性。然而,在模拟中,硅基底润湿性的改变是通过调整硅原子与离子液体原子之间的 Lennard-Jones 势阱深度 ε 来实现的。本章工作中将 Lennard-Jones 势阱深度 ε 的值在 $0.2 \varepsilon_0$ 和 ε_0 之间调整(ε_0 是硅原子和离子液体原子之间的原始势阱深度值),共进行了 5 组不同润湿性的模拟,以研究润湿性对离子液体液滴渗透过程的影响。这些模拟计算中 $\varepsilon/\varepsilon_0$ 的值从 0.2 到 1.0 不等,代表了系统从非润湿状态(疏水基底)到完全润湿状态(亲水基底)的过渡。所有模拟计算都是在匀强电场下进行的,电场强度设置为 0.8 V/nm 是为了避免强电场引起的大量离子蒸发。

图 4.2(a)显示了不同润湿性下离子液体原子通过基底通孔比率随时间的变化。曲线的轻微波动与 MD 模拟的随机性相一致,在润湿性较差的条件下,液滴原子通过比率在渗透完成时迅速增加,其在施加电场时的液滴渗透更强($\varepsilon/\varepsilon_0 \leqslant 0.4$)。图 4.2(b)～图 4.2(f)是模拟计算结束时液滴渗透过程的快照,可以清楚地看到,对于 $\varepsilon/\varepsilon_0 = 0.2$ 和 $\varepsilon/\varepsilon_0 = 0.4$,液滴分别在

7 000 ps和10 000 ps时完全通过通孔(见图4.2(b)和图4.2(c)),这表明在外加电场的作用下,液滴的渗透可控性非常好。然而,在较好的润湿条件下(ε/ε₀≥0.6),渗透速度减慢,且经过足够长的时间渗透趋于停止。图4.2(d)~图4.2(f)中的渗透快照可以证实这一点,在这些快照中,液滴部分穿过通孔,均附着在基底表面。

上述结果表明,润湿性的增加往往会阻碍液滴的渗透,但润湿性极高的情况(ε/ε₀=1.0)似乎是个例外。如图4.2(a)所示,与ε/ε₀=0.8相比,ε/ε₀=1.0对应的渗透率在整个模拟过程中竟然更高。为了进一步研究这个现象,又开展了5组未加电场的模拟,以单独考虑基底与液滴表面相互作用的影响。

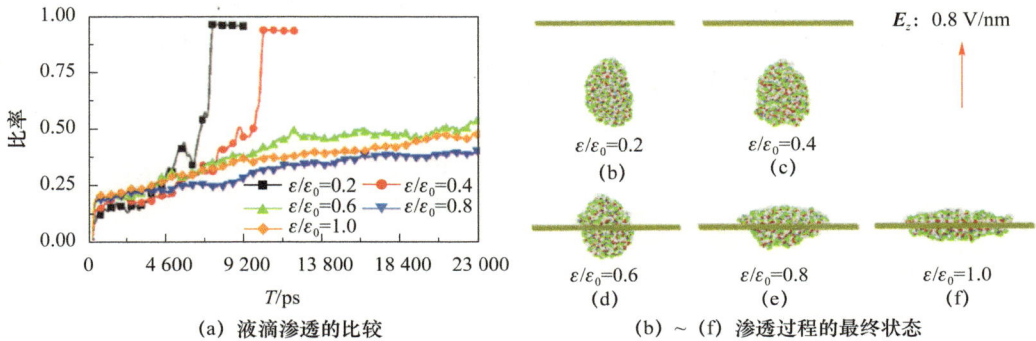

(a) 液滴渗透的比较   (b)~(f) 渗透过程的最终状态

图 4.2 不同润湿性下液滴渗透示意图

图4.3(a)显示了离子液体原子通过基底通孔比率随时间的演化曲线,可以看出,在没有电场的情况下,通过基底的离子液体原子比率都急剧下降。这一比较表明,虽然电场通常会增强离子液体的渗透,但在ε/ε₀=1.0的情况下,电场的作用被液滴与高润湿性基底之间的强大相互作用力所掩盖,因此加电场和不加电场时渗透效果类似。图4.3(a)中所有曲线在初期时的快速增长都是小部分离子液体填充通孔的结果,填充过程结束后,由于离子液体原子与基底表面原子之间吸引力的作用(基底润湿性越高,吸引力越强),少量离子液体原子进入通孔并开始在基底底面聚集,这就解释了为什么润湿条件越好,基底底面吸收的离子液体越多。如图4.3(b)~图4.3(f)所示,接触角随着基底润湿性的增加而减小,这与之前研究得到的结果相同[17-19]。虽然较高的基底润湿性有助于液滴在基底表面扩散并移动到另一侧,但其"黏滞"效应阻碍了液滴在电场作用下完全通过通孔的能力。因此,可以得出结论:在电场下EMIM-Im液滴的受控渗透中,疏水性(低润湿性)基底通常更受青睐。

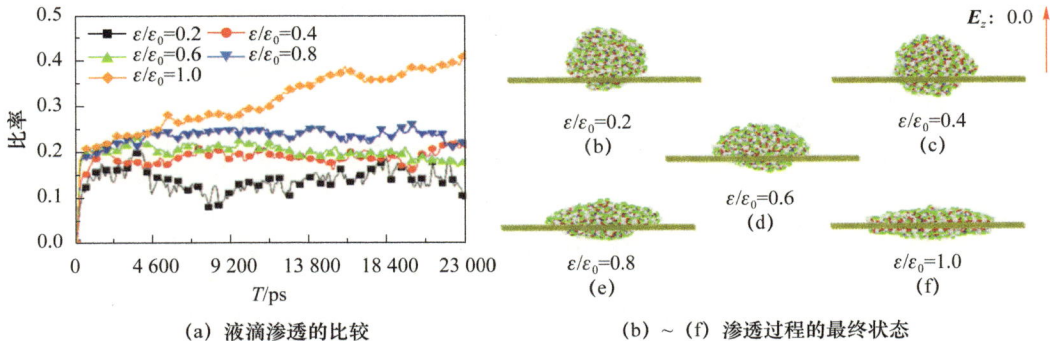

(a) 液滴渗透的比较   (b)~(f) 渗透过程的最终状态

图 4.3 未加电场不同润湿性下液滴渗透示意图

4.1.4　不同电场强度和极性下的液体渗透

事实证明,电场对离子液体的电润湿行为也有显著影响[17-18,22-24],因此,在模拟中改变电场的强度和极性,以研究电场对离子液体纳米液滴渗透的影响。

在固定基底润湿性($\varepsilon/\varepsilon_0=0.6$)的情况下,开展了不同电场强度(从 0.6 V/nm 到 1.0 V/nm)的模拟计算。离子液体原子通过基底的比率见图 4.4(a),渗透过程最终时刻的快照如图 4.4(b)~图 4.4(f)所示。显然,通过基底的离子液体原子的最终数量和渗透率都随着电场强度的增加而增加,尤其是当电场强度高达 1 V/nm 时,整个离子液体纳米液滴都能穿过基底,如图 4.4(f)所示。需要指出的是,在较强的电场下,从纳米液滴中蒸发出的离子更多,因此吸附在基底上的纳米液滴的尺寸随着电场强度的增加而变小,如图 4.4(b)~图 4.4(f)所示。

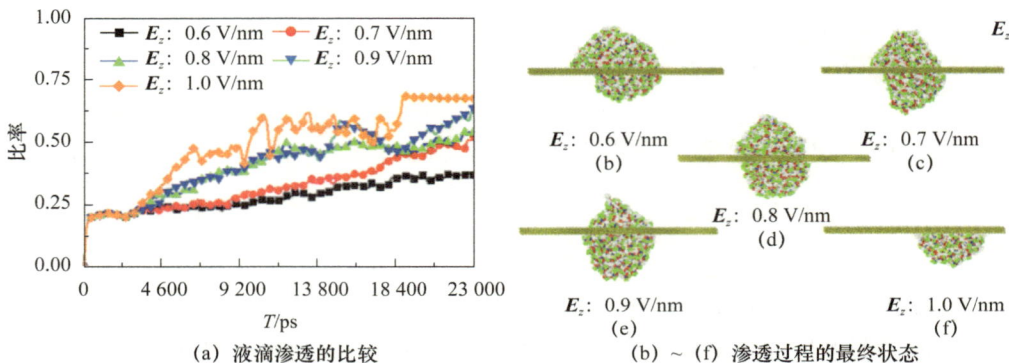

(a) 液滴渗透的比较　　　　　　　　(b) ~ (f) 渗透过程的最终状态

图 4.4　不同电场强度下液滴渗透示意图

除了电场强度外,还改变了电场的极性(从 −0.8 V/nm 到 +0.8 V/nm),以研究其对渗透的影响,模拟结果如图 4.5 所示。很明显,正电场更有利于渗透。先前的研究表明,EMIM-Im 的阳离子在固体基底上的扩散能力更强[17-18,22-23],即阳离子与基底之间的吸附力更强。在外加负电场时,更多的阳离子向基底表面移动,并在强大的基底与液滴相互作用力下紧紧地吸附在基底表面,与渗透过程对抗。图 4.5(b)和图 4.5(c)的对比也清楚地证实了负电场下的这一趋势,在负电场下液滴接触角更小,此时离子液体液滴与基底表面之间存在较强的相互作用。

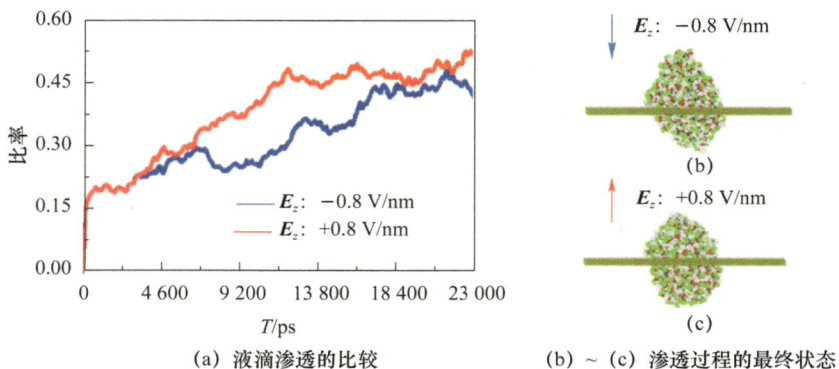

(a) 液滴渗透的比较　　　　　　　　(b) ~ (c) 渗透过程的最终状态

图 4.5　不同电场极性下液滴渗透示意图

上述结果和讨论揭示了电场和基底润湿性对 EMIM-Im 液滴渗透的影响,但要解释电中性离子液体液滴在电场作用下出现渗透增强的现象,还需要进一步研究。离子蒸发被证明是推动这一渗透过程的关键因素。在强电场下,EMIM-Im 中的阳离子比阴离子更容易从液滴中蒸发[34],即在电场作用下,液滴趋向于带负电。因此,当电场为正时,电场力有利于渗透;当电场为负时,电场力会阻碍渗透。为了进一步证明离子蒸发的影响,还在非润湿条件(疏水基底)下进行了两组极性相反的模拟计算,以削弱来自基底的"黏滞"效应。

图 4.6 描述了通过基底的离子液体原子比率和液滴在整个渗透过程中的净电荷随时间的变化。从图 4.6(a)中可以看出,液滴的净电荷为负。在正电场下,液滴受到向下的电场力加速,开始并保持了渗透。图 4.6(a)左上角红框中的小图分别是渗透过程初始时刻和最终时刻的快照,可以看出液滴被拉长了。这是因为在电场力的作用下,液滴内的阴阳离子反向移动使液滴变得更为细长,同时使液滴的半径变小,促进了液滴通过基底通孔的渗透。在图 4.6(b)中,带负电的液滴在负电场作用下出现了相反的运动。在强大的向上电场力的作用下,液滴摆脱了来自基底的吸引力,最终向上运动,如图 4.6(b)中渗透过程最后时刻的快照所示。由此可以得出结论,电场在渗透过程中发挥了两种作用:第一个作用是使阴阳离子在液滴内反向运动,从而拉长液滴;另一个作用是借助离子蒸发打破液滴的电中性,为渗透过程提供定向驱动力。这些新见解将有利于未来基于离子液体电润湿效应主动控制渗透过程的应用。

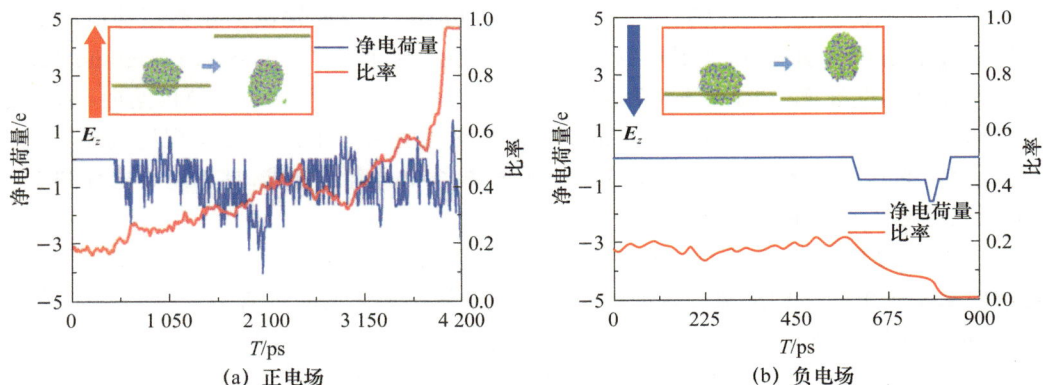

图 4.6 通过基底通孔的离子液体原子比率和液滴的净电荷

4.1.5 小 结

在 4.1 节工作中,开展了 MD 模拟以研究电润湿驱动下 EMIM-Im 纳米液滴在硅基底上的渗透过程。渗透过程由离子液体与硅基底原子之间的相互作用以及外加电场的影响共同主导。首先,比较了不同润湿性基底下的渗透过程,结果表明,疏水性材料的基底($\varepsilon/\varepsilon_0 = 0.2$ 和 $\varepsilon/\varepsilon_0 = 0.4$)更有利于液滴的渗透。在亲水性材料的基底上($\varepsilon/\varepsilon_0 = 0.6$ 和 $\varepsilon/\varepsilon_0 = 0.8$),基底与液滴之间的相互作用更强,这往往会使液滴平铺并吸附在基底表面。当基底的润湿性太强($\varepsilon/\varepsilon_0 = 1.0$)时,基底的吸附作用会超过电场作用,使渗透过程停滞。

此外,还得到了电场对液滴渗透的影响机制,较强的电场会促进液滴的渗透,但同时电场的极性对这一过程也存在较强的影响。以往关于离子液体液滴与基底表面接触角的研究,将电场对电润湿行为的影响归因于电场下离子种类的分层分布。然而,在模拟计算中发现,电场在增强 EMIM-Im 纳米液滴的渗透中发挥了两个更重要的作用:其一是拉长液滴,这从本质上缩小了液滴的"腰线",使其更容易通过基底通孔;其二是提供定向驱动力,阴阳离子的不同蒸发速率打破了离子液体液滴的电中性,直接导致了电场定向驱动液滴渗透。这项工作为开发基于离子液体电润湿效应的微阀门及其他类似应用,提供了宝贵的理论经验。首先,疏水层是确保液体在微阀门上正常渗透的必要条件;其次,可以通过调节电场强度来调节微阀门的渗透率;最后,考虑到不同电场极性下离子液体渗透的非对称性,选择合适的电场极性能够进一步提高微阀门的渗透效率。

4.2　外部浸润式电喷雾离子发射特性

4.2.1　外部浸润式离子液体电喷雾的研究现状

众所周知,电喷雾是一种通过对液体施加强电场使液体离子化的方法[35],已广泛应用于质谱分析[36-37]、电纺丝[38-39]、薄膜沉积[40-41]和空间电推进[42-43]等领域。在典型的电喷雾装置中,液体通过毛细管主动供应,发射产物通常以带电液滴为主[44-45]。Gamero-Castano M. 等人研究发现,使用高电导率(约 1 S/m)液体作为工质并以低流速(约 10 pL/s)供给时,离子在发射粒子中占多数[44,46]。后来,Romero-Sanz I. 等人发现使用离子液体可实现纯离子发射[47]。相比此前常用的其他液体工质,离子液体完全由阳离子和阴离子组成,具有高导电性和真空下饱和蒸气压可忽略不计的良好特性[48]。

随后,Lozano P. 等人使用了一种更简单的发射极结构,即外部浸润型发射极(一种削尖的固体微针)来实现电喷雾的纯离子发射模式。与主动供给液体的毛细管型发射极不同,外部浸润型发射极是在发射极润湿力和外电场力的共同作用下被动地供给液体,同时由于液体工质流经外部浸润型发射极表面时的流阻较大,因此可实现极低的流速(约 1 pL/s)[49-51]。被动供给到发射极顶端的液体工质会在发射极顶端形成一个弯月面,弯月面在强电场作用下在顶端实现纯离子发射[46,49-53]。受外部浸润型发射极的启发,一种称为多孔介质型发射极的类似结构也被提出用于电喷雾,多孔介质型发射极可以从发射极表面和内部多孔通道被动地以极低的流速供给液体,同样可以实现纯离子发射模式[54-56]。显然,由润湿力和电场力控制的被动液体输运是纯离子发射的关键[46,49-53]。

后来,研究者们开展了大量实验研究,探讨不同操作参数对被动供给式电喷雾的影响[46,49-60]。电场既影响电喷雾的离子发射过程也影响液体的供给[26,57,61],随着电场强度的增加,发射电流也会增加[51-57]。Huang C. 等人发现,在较强的电场强度下,发射极上的弯月面大小和覆盖的液膜厚度也变小,这表明液体的被动输运也发生了显著变化[57]。此外,实验还发现,改变电场极性会导致不同的离子发射起始电压和非对称发射电流[51],这被认为是由离子液体阴阳离子的不同性质引起的,但阴阳离子的不同性质究竟如何影响离子输运和离子发射过程,还没有得到透彻研究[46,51-52,54]。

液体性质对电喷雾的影响也曾被研究过。Lozano P. 等人发现,采用外部浸润型发射极,离子液体可以在很宽的电导率范围(0.26 ~2.8 S/m)内实现纯离子发射,且发射电流随电导率的增加而增大[59]。此外,一些研究认为,高温导致离子液体黏度降低,促进了液体的输运,从而导致发射电流增大[46,51-52,54],但这个观点还需要更坚实和直接的证据来印证。发射极的润湿性在液体输运中起着重要作用[58],以往的离子液体电润湿研究表明,几种离子液体的阳离子更容易在基底表面扩散,从而导致在不同电场极性下的非对称电润湿[18,23]。然而,发射极的润湿性和离子液体阴阳离子的非对称润湿行为如何影响电喷雾的液体输运过程和离子发射过程目前尚无研究。

被动供给式电喷雾的发射极通常很小(约 1 μm),覆盖在发射极上的流动液膜和发射极顶部的弯月面尺寸更小,因此上述研究很难精确观察不同操作参数对液体输运过程和离子发射过程的影响[46,49-60],其中隐藏的内在机理仍有待挖掘。MD 方法等原子尺度的数值模拟方法非常适用于揭示电喷雾的微观机理[50,62-67],然而,目前对外部浸润式电喷雾仅开展了有限且初步的 MD 模拟工作,仅限于研究离子液体液滴或发射极表面液滴的离子发射[68-72]。这些研究都没有考虑液体输运过程和弯月面的形成演化过程[68-72]。

本研究选择了 BMIM-PF$_6$ 作为电喷雾的离子液体工质,基于高精度极化效应全原子模型[66-67],利用 MD 方法模拟外部浸润型发射极电喷雾的全过程。4.2.2 节介绍了物理模型和模拟过程;4.2.3 ~4.2.6 节阐述了外部浸润式电喷雾的离子输运和离子发射过程,特别考虑了离子液体阴阳离子非对称输运的影响,详细研究了各种操作参数(润湿性、电场和温度)对外部浸润式电喷雾行为的影响;4.2.7 节给出了仿真研究的总体结论。

4.2.2　模型与模拟方法

本节将使用基于 GPU 加速[73]的经典分子动力学代码 LAMMPS[28]来模拟外部浸润式离子液体电喷雾。第 3 章已经证明在粗粒度模型、未考虑极化效应的全原子模型和极化效应全原子模型[66-67]中,极化效应全原子模型改善了对离子液体黏滞特性的模拟,使模拟得到的输运性质更加准确[66]。由于离子液体的输运特性在外部润湿电喷雾过程中非常重要[49,51,57],因此本研究采用了离子液体的极化效应全原子模型。BMIM-PF$_6$ 的极化效应全原子模型参数来自 Doherty B. 等人开发的 OPLS-AA 模型[74]。表 4.1 列出了离子液体 BMIM-PF$_6$ 物理性质的实验和仿真结果的对比。相对介电常数是通过 4.2.3 节中获得的理论电荷弛豫时间 $\tau_e = \varepsilon_r \varepsilon_0 / K$($\varepsilon_r$ 为相对介电常数,ε_0 为真空介电常数,K 为电导率)计算得出的。仿真得到的物理性质与实验结果吻合较好,偏差在 10% 以内,证明了本章所用势能函数模型的可靠性。同 4.1.2 节一样,离子液体原子和发射极原子的势能由式(4.1) ~式(4.3)计算得到,其中,发射极的材料同样为硅。

表 4.1　离子液体 BMIM-PF$_6$ 物理性质的实验和仿真结果对比

	黏滞系数 η/ (mPa·s)	电导率 K/ (S·m^{-1})	密度 ρ/ (g·cm^{-3})	扩散系数 D (×10^{-12} m^2·s^{-1})		表面张力系数 γ/(mN·m^{-1})	相对介电常数 ε_r/(1)
				阳离子	阴离子		
实验	173[75]	0.20[76]	1.34[76]	9.70[77]	8.82[77]	44.4[76]	14.1[78]
仿真	175.9	0.22	1.46	10.43	8.96	42.6	9.7

图 4.7 为外部浸润式电喷雾仿真域示意图,图 4.7(a)为初始仿真系统的全局视图。图 4.7(b)为仿真域和发射极的尺寸,仿真域的长宽高分别为 250 Å、250 Å 和 450 Å,X 和 Y 方向采用周期性边界条件,Z 方向采用固定边界条件。外部浸润型发射极为圆台状,其上部直径、高度和半顶角分别设置为 40 Å、150 Å 和 15°,底部的方形板用于避免离子液体分子通过底部边界离开仿真域。在图 4.7(c)中,PACKMOL 软件包[32]生成的 BMIM-PF$_6$离子液体放置在发射极周围,液体域高度为 115 Å,离子液体分子对数为 15 822,离子液体原子总数为506 304。本研究中使用的离子液体的分子数和原子数是迄今为止离子液体电喷雾分子动力学模拟相关研究中最多的[50,62-71],因此,本研究得到的模拟结果将更加精确。黄色虚线框圆柱形区域为润湿区域,红色虚线框区域为离子发射区域,这两个区域用于计算电喷雾过程中的离子数分布、电荷分布、喷雾电流等。此外,由于离子液体的输运和发射主要由沿 Z 方向的电场引起,因此仿真中沿 Z 方向施加匀强电场。仿真中沿 Z 方向施加 0.8 V/nm 的均匀电场,使液体表面极化带电,并触发离子液体的输运和离子发射,而带电液面在空间激发的更强的电场将进一步促进离子液体的输运和离子发射。

仿真域首先在温度为 295 K 的 NVT 系综下平衡 0.72 ns,然后在 NVE 系综下弛豫0.5 ns,这对应于未加电场的液体润湿过程。接着在 NVE 系综中沿 Z 方向对仿真域施加匀强电场 2 ns,这对应于外部浸润式电喷雾过程。在所有模拟计算中,时间步长均设置为 1 fs,Lennard-Jones 相互作用和库仑相互作用的截止半径分别为 12 Å 和 20 Å。

下面将阐述 MD 模拟下外部浸润式电喷雾工质输运和离子发射过程,并进一步根据仿真结果详细研究和讨论发射极润湿性、电场强度、电场极性和温度对外部浸润式电喷雾的影响。

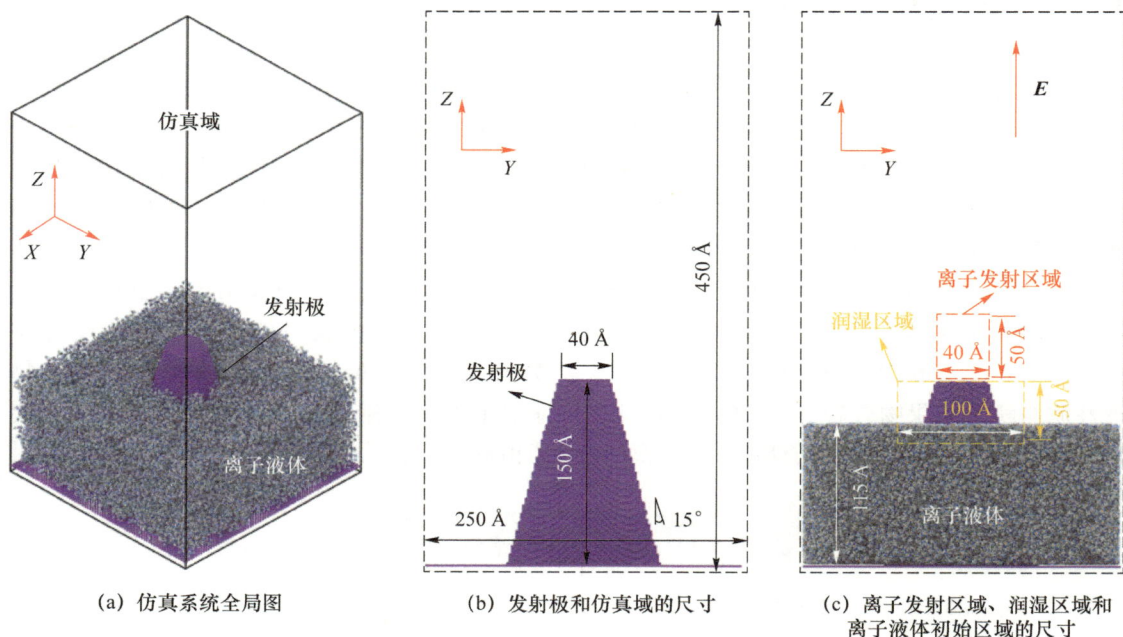

(a) 仿真系统全局图   (b) 发射极和仿真域的尺寸   (c) 离子发射区域、润湿区域和离子液体初始区域的尺寸

图 4.7 外部浸润式电喷雾仿真域示意图

4.2.3 离子输运和离子发射

图 4.8 为 MD 模拟下外部浸润式电喷雾全流程。在图 4.8(a)中,离子液体分子最初被随机放置在发射极周围,形状为长方体;系统在 NVT 系综中平衡 0.72 ns 后(见图 4.8(b)),在 NVE 系综中弛豫 0.5 ns,液体域由于达到最小能量和平衡状态而大幅缩小,发射极固有的润湿力使少量离子液体附着在发射极上;在图 4.8(c)中,施加了 0.8 V/nm 的正电场(朝上)。在 1.62 ns 之后,电场极大地增强了发射极的润湿行为,进一步驱动离子的输运行为,在此期间,大量离子沿着发射极输运到了发射极的顶部(见图 4.8(c)中的离子发射区域)[52,57]。随着离子在发射极顶部聚集,形成了一个弯月面,并开始在正电场作用下发射阳离子(红圈中的离子)。一般来说,电喷雾离子发射的阈值电场为 1 V/nm[79],在模拟中,0.8 V/nm 的外加电场相比 1 V/nm 小了 20%,这主要是因为弯月面表面电荷的强大库仑斥力有助于离子发射[80-81]。在弯月面周围,绿色圆圈中的离子即将从弯月面的不同位置发射出来,这与实验中观察到的弯月面多点发射一致[57,81]。仿真中发现,在弯月面区域,离子液体表面产生的法向电场 E_n(约 3.5 V/nm)远高于外加电场(0.8 V/nm);在电场驱动离子输运区域,E_n(1 V/nm~2.3 V/nm)有所减小,但仍远高于外加电场(0.8 V/nm);在离子液体平液面区域,没有发生离子输运和离子发射,E_n(约 0.9 V/nm)接近外加电场,将外加电场屏蔽在液体内部。

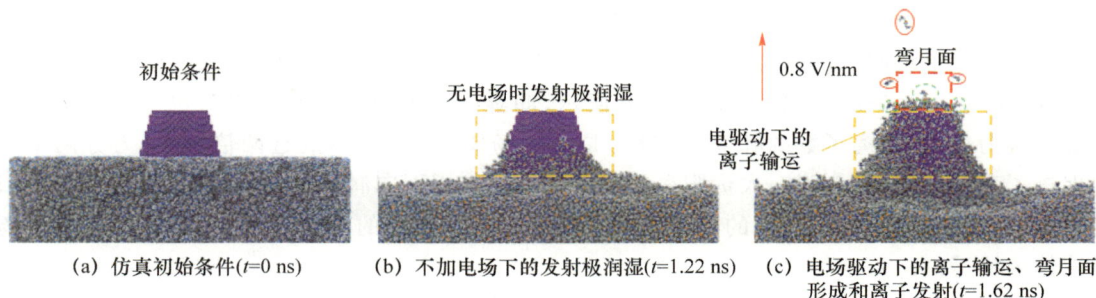

(a) 仿真初始条件(t=0 ns) (b) 不加电场下的发射极润湿(t=1.22 ns) (c) 电场驱动下的离子输运、弯月面形成和离子发射(t=1.62 ns)

图 4.8 MD 模拟下外部浸润式电喷雾全流程

图 4.9 显示了加与不加电场下润湿区域中阳离子的数量比率,以及理论计算所得的阴阳离子受到的润湿力。结果发现,无论是否施加电场,润湿区域中阳离子的数量比率(大于 55%)都高于阴离子。显然,阳离子和阴离子在润湿区域的非对称数量分布是由于发射极固有的非对称润湿力造成的。离子与发射极原子之间的润湿力是通过取式(4.1)的负梯度得到的[18,23,82-83]。

$$f_{ij} = -\nabla \varphi_{ij} = -\frac{24\epsilon}{r_{ij}^2}\left[2\left(\frac{\sigma}{r_{ij}}\right)^{12} - \left(\frac{\sigma}{r_{ij}}\right)^6\right] \cdot r_{ij} \tag{4.4}$$

阳离子(或阴离子)与发射极原子之间的作用力是通过将每个阳离子(或阴离子)原子与相同距离的一个发射极原子之间的所有作用力累加计算得出的,结果如图 4.9(b)所示。当离子液体原子和发射极原子之间的距离 r 大于 3.8 Å 时,发射极原子对阳离子和阴离子的作用力表现为吸引力,从而导致沿发射极的润湿现象[18,23],发射极原子对阳离子的润湿力(F_{cation})大于对阴离子的润湿力(F_{anion})。进一步增大 $r(r>10 \text{ Å})$,当 F_{cation} 和 F_{anion} 接近 0 时,F_{cation} 仍然显

著大于 F_{anion}。此外,由表 4.1 可知,阳离子(BMIM$^+$:1.043×10^{-11} m$^2 \cdot$ s^{-1})的扩散系数大于阴离子(PF$_6^-$:8.96×10^{-12} m$^2 \cdot$ s^{-1}),由于更强的润湿力和更大的扩散系数,阳离子更容易迁移到润湿区,因此阳离子占比更大。此前的研究还发现另一种 EMIM-Im 的阳离子与基底原子的润湿力更强,会影响离子液体液滴在基底上的润湿角[18,23]。而在本研究中,对阳离子和阴离子施加的不同润湿力导致了外部浸润式电喷雾中阴阳离子不同的离子运输和离子发射特性,下文将对此展开进一步讨论。

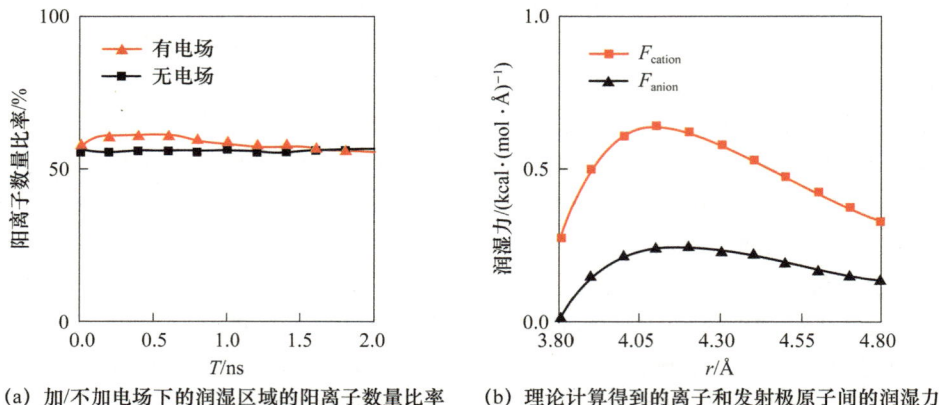

(a) 加/不加电场下的润湿区域的阳离子数量比率　(b) 理论计算得到的离子和发射极原子间的润湿力

图 4.9　润湿区域的非对称离子输运

当施加正电场时,由于电场驱动阳离子的迁移,润湿区域阳离子的数量比率进一步上升(约 60%)(见图 4.9(a)),同时,如图 4.10 所示,润湿区域的离子数和净电荷也迅速增加。在外加电场力作用下,离子数的峰值(约 585)是无电场情况(约 300)的近两倍,电场力分两个阶段促进了离子的输运。起初,大量阳离子在电场力的作用下向润湿区移动,增加了润湿区的阳离子比例和净电荷,然后,过多的阳离子对阴离子产生了强大的库仑吸引力,进一步强化了离子液体的输运。

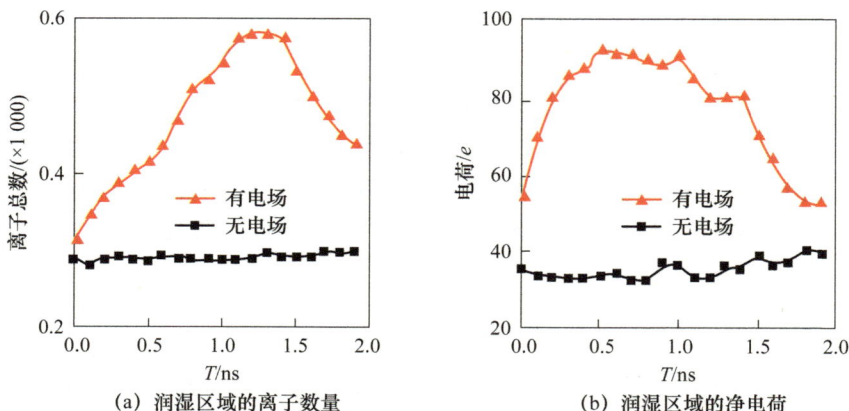

(a) 润湿区域的离子数量　　　　　　　　(b) 润湿区域的净电荷

图 4.10　有/无电场下的离子输运

随后,离子从润湿区输运到发射极顶部,形成一个小弯月面,带电粒子沿弯月面表面多点发射(见图 4.8(c))。发射电流如图 4.11(a)所示,计算得到的平均电流和平均质量流量分别为 77.4 nA 和 0.2×10^{-12} kg/s,结果与同类 MD 仿真研究[50,66-67]和外部浸润式电喷雾实验研究[52-54,57,59]在数量级上一致,证明了本仿真模型的合理性。图 4.11(b)显示了弯月面的净电荷和离子数随时间变化的情况,可以看出,在 $t=0.4$ ns 时,弯月面的净电荷量(Q)接近了稳定状态($Q \sim 8e$)。这个时间($t=0.4$ ns)与 BMIM-PF$_6$ 的理论电弛豫时间($\tau_e = \varepsilon_r \varepsilon_0 / K = 0.66$ ns,ε_r 为相对介电常数,ε_0 为真空介电常数,K 为电导率)接近,而电弛豫时间对应于电荷在液体域中重新分布并保持动态稳定所需要的时间。

当弯月面的净电荷达到第一个峰值时,发射电流也达到第一个峰值(59 nA)。随后,净电荷达到一个相对稳定的值($Q \sim 8e$),并开始吸引阴离子进入弯月面,因此弯月面的离子数增加,阳离子比率降低(见图 4.11(b)~图 4.11(c))。吸收的阴离子削弱了带正电的润湿区对阳离子的库仑斥力,在外加电场力和发射极原子的润湿力作用下,阳离子仍然可以输运到弯月面,从而进一步增加了弯月面的离子数,同时发射电流也进一步增大,达到更高的峰值。此外,上述结果也意味着弯月面的净电荷和离子数都是影响发射电流的重要直接因素。

对于外部浸润式电喷雾,离子发射是在外加电场力和弯月面表面电荷产生的库仑斥力的共同作用下发生的[80-81]。因此,较高的净电荷会产生较强的库仑斥力,离子更容易被发射出来,从而产生较大的发射电流。对于较高的弯月面离子数,一方面有更多的阳离子可以发射;另一方面,离子数越高,弯月面越大,表面离子与发射极原子的距离越远,发射极原子的润湿力越小,因此,表面离子更容易发射,发射电流也更大。

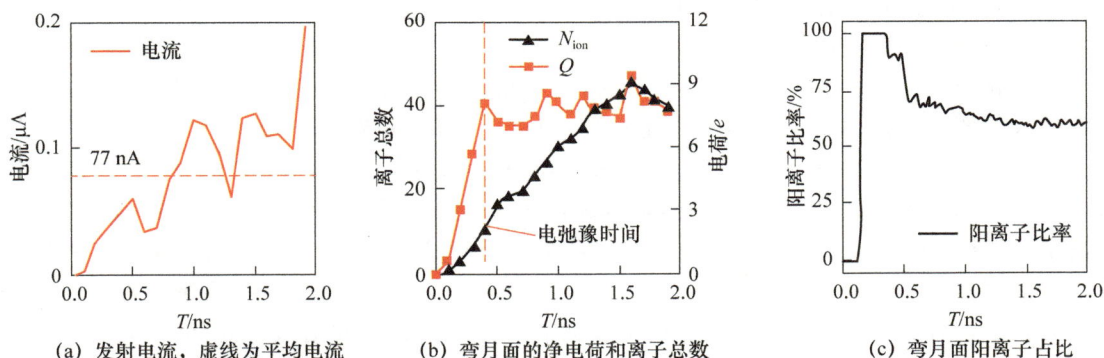

(a) 发射电流,虚线为平均电流　(b) 弯月面的净电荷和离子总数　(c) 弯月面阳离子占比

图 4.11　外部浸润式电喷雾中弯月面的离子发射特性

本节首先阐述了外部浸润式电喷雾的离子输运、弯月面形成和离子发射过程。然后发现仿真结果中的物理量(发射电流、质量流量、电弛豫时间等)与之前的仿真和实验研究结果一致,这证明了此分子动力学仿真模型的有效性。施加的正电场通过将大量阳离子输送入润湿区,大大强化了离子液体的输运。离子随后到达发射极顶部,形成弯月面并发射离子。从发射电流和弯月面的离子分布可以看出,发射电流随弯月面的净电荷和离子数增加而增大。

此外,研究还发现发射极原子对阳离子和阴离子施加的非对称润湿力会导致非对称的离子输运,并进一步影响离子发射。4.2.4~4.2.6 节将通过改变发射极润湿性、电场强度和极性、温度这 3 个重要的控制参数,深入研究离子的非对称润湿行为如何影响外部浸润式电喷雾行为。

4.2.4　不同润湿性下的离子发射特性

发射极的润湿性与对离子液体的润湿力强弱相对应,在很大程度上影响着离子的润湿行为[26,58]。在式(4.4)中,润湿力与Lennard-Jones势阱深度 ε 成正比,这意味着Lennard-Jones势阱深度 ε 越大,发射极的润湿性就越强[18]。因此,本节通过给发射极原子的势阱深度 $\varepsilon_{emitter}$ 赋不同的值(0.5 ε_0、ε_0 和2 ε_0;$\varepsilon_0 = 0.6186$ kcal/mol是发射极硅原子的原始势阱深度值)来改变发射极的润湿性[18,23,83]。在本节中,改变发射极势阱深度 $\varepsilon_{emitter}$ 的同时,外加电场固定为0.8 V/nm,并指向上方。

不同发射极润湿性下的弯月面的离子发射特性如图4.12所示。图4.12(a)中可见,过高或过低的发射极润湿性不会导致发射电流的增大。在图4.12(b)~图4.12(c)中,对于 $\varepsilon_{emitter} = 2 \varepsilon_0$ 的情况,弯月面的净电荷最大,离子数最少,平均发射电流也最小(39 nA);对于 $\varepsilon_{emitter} = 0.5 \varepsilon_0$,弯月面的净电荷最少,离子数最多,平均发射电流居中(59 nA);但对于 $\varepsilon_{emitter} = \varepsilon_0$ 的情况,弯月面的净电荷和离子数都介于其他两种情况之间,平均发射电流最高(77 nA)。

发射极电流随发射极润湿性的变化主要是由于发射极原子对阳离子和阴离子施加的润湿力不同。首先,如图4.12所示,阳离子的润湿力强于阴离子;其次,根据式(4.4),润湿力与势阱深度 $\varepsilon_{emitter}$ 成正比。因此,在 $\varepsilon_{emitter}$ 最大(2 ε_0)的情况下,阳离子和阴离子之间的润湿力差异最大,阳离子更容易被输运到发射极的顶部,使弯月面的净电荷量(约10 e)达到最高。弯月面的高净电荷量对发射极周围即将被输运到弯月面的阳离子存在较强的库仑排斥作用力,使离子输运中止(见图4.12(b),当 $\varepsilon_{emitter} = 2 \varepsilon_0$ 时,离子数在 $t = 0.4$ ns后几乎没有增加),难以形成体积更大的弯月面。从图4.12(d)~图4.12(f)可以看出,随着 $\varepsilon_{emitter}$ 的增大,弯月面高度变小,这与实验和仿真观察到的润湿性较高的基底上液滴高度和润湿角更小的现象相吻合[18,23,83]。除了弯月面尺寸较小之外,发射极较强的润湿力对离子存在向下的拉力,也阻止了阳离子的发射,因此 $\varepsilon_{emitter} = 2 \varepsilon_0$ 时的发射电流最小。对于 $\varepsilon_{emitter} = 0.5 \varepsilon_0$,由于阳离子和阴离子之间的润湿力差距较小,弯月面的净电荷量也小得多(约5 e),对发射极周围阳离子的库仑排斥力较小,因此在外电场力的驱动下,更多的离子能够输运到发射极的顶部。然而,由于净电荷量较小,表面电荷的库仑斥力也较小,阳离子较难发射,因此发射电流较低(59 nA)。

较高的发射极润湿性($\varepsilon_{emitter} = 2 \varepsilon_0$)增加了阳离子和阴离子之间的润湿力差距,导致弯月面的净电荷高而弯月面小,同时,强大的润湿力阻止了阳离子的发射,从而降低了发射电流。较低的润湿性($\varepsilon_{emitter} = 0.5 \varepsilon_0$)减小了润湿力差,导致弯月面的净电荷变小,也会减小发射电流。因此,需要更强的电场来抵抗润湿力并促进离子发射。

4.2.5　不同电场强度、极性下的离子发射特性

为了探索电场对外部浸润式电喷雾发射特性的影响,仿真中施加不同的电场强度和电场极性,同时将发射极润湿性固定为 $\varepsilon_{emitter} = \varepsilon_0$(见图4.13)。如图4.13(a)所示,发射电流随电场强度的增加而增大。如图4.13(b)~图4.13(c)所示,当施加低电场强度($E = 0.5$ V/nm)时,只有少量阳离子被输运到发射极顶部,因此弯月面的离子数较少,但净电荷量较大,同时由于外电场力较小,几乎没有离子发射(见图4.13(d))。在高电场强度下($E = 1$ V/nm),弯月面的

（a）发射电流，虚线为平均电流　　（b）弯月面的离子总数　　（c）弯月面的净电荷

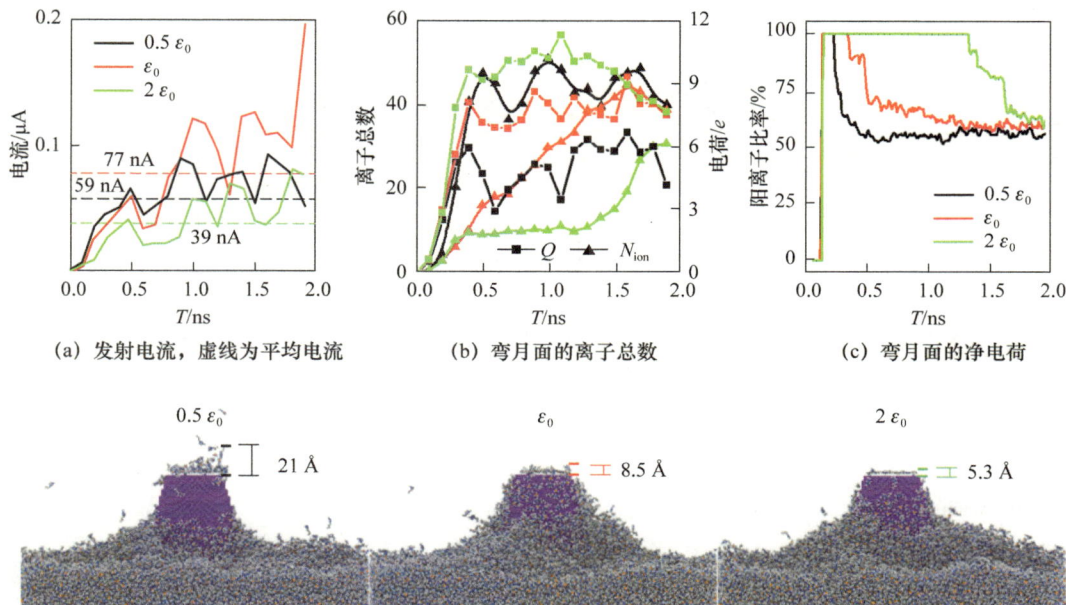

（d）～（f）t=1 ns时不同发射极润湿性下外部浸润式电喷雾的快照

图 4.12　不同发射极润湿性下的弯月面的离子发射特性

发射电流、净电荷和离子数首先达到最大值（见图 4.13（a）～图 4.13（c）），同时，如图 4.13（d）～图 4.13（f）所示，随着电场力的增强，弯月面发射出更多的阳离子（红圈内），因此发射电流更大。此外图 4.13（f）所示中还存在一些阳离子（黑圈）从发射极侧表面发射，这解释了实验中较高外加电压下喷雾羽流发散角更大的原因[53,82]。

发射极侧表面的离子发射不利于其工程化应用。首先，较高的羽流发散角会降低离子液体电喷雾推力器的推力和比冲性能[84]，同时也会降低质谱分析中的样品离子收集效率[85]。其次，发射极侧表面发射大量阳离子大大减少了向弯月面输运的离子数，导致 t=0.4 ns 后弯月面的净电荷、离子数和发射电流下降（见图 4.13（a）～图 4.13（c）），这也解释了在高电压下经常出现的不稳定离子发射现象[57]。

随后，为电场施加不同的极性，分别为 +0.8 V/nm（朝上）和 −0.8 V/nm（朝下），以研究其对外部浸润式电喷雾的影响（见图 4.14），其中与所施加电场极性相同的离子被定义为优势离子。从图 4.14（a）可以看出，正极性下发射电流的绝对值（77 nA）明显大于负极性下的发射电流的绝对值（47 nA），这与之前的实验[49,52,54,59]一致。这是因为在正电场下，弯月面的离子数、净电荷绝对值和主导离子的比率都明显更大（见图 4.14（b）～图 4.14（c））。同时，对这一现象的更深层次理解应当关注阳离子和阴离子的润湿力差异。

如前所述，无论是否施加电场，发射极原子对阳离子的润湿力都较大。在负电场下，优势离子（阴离子）受到的润湿力比正电场下优势离子（阳离子）受到的润湿力小，阴离子的摩尔质量也更大，因此，在负电场下，更少的优势离子（阴离子）被输运到发射极顶部，使弯月面的离子数更少。如图 4.14（d）～图 4.14（e）所示，在负电场下，润湿区的离子更少。有趣的是，非优势离子的情况正好相反，在负电场下，非优势离子（阳离子）受到的润湿力比在正电场下非优势离子（阴离子）受到的润湿力更强，阳离子的摩尔质量也更轻。因此，在负电场下，非优势离子（阳

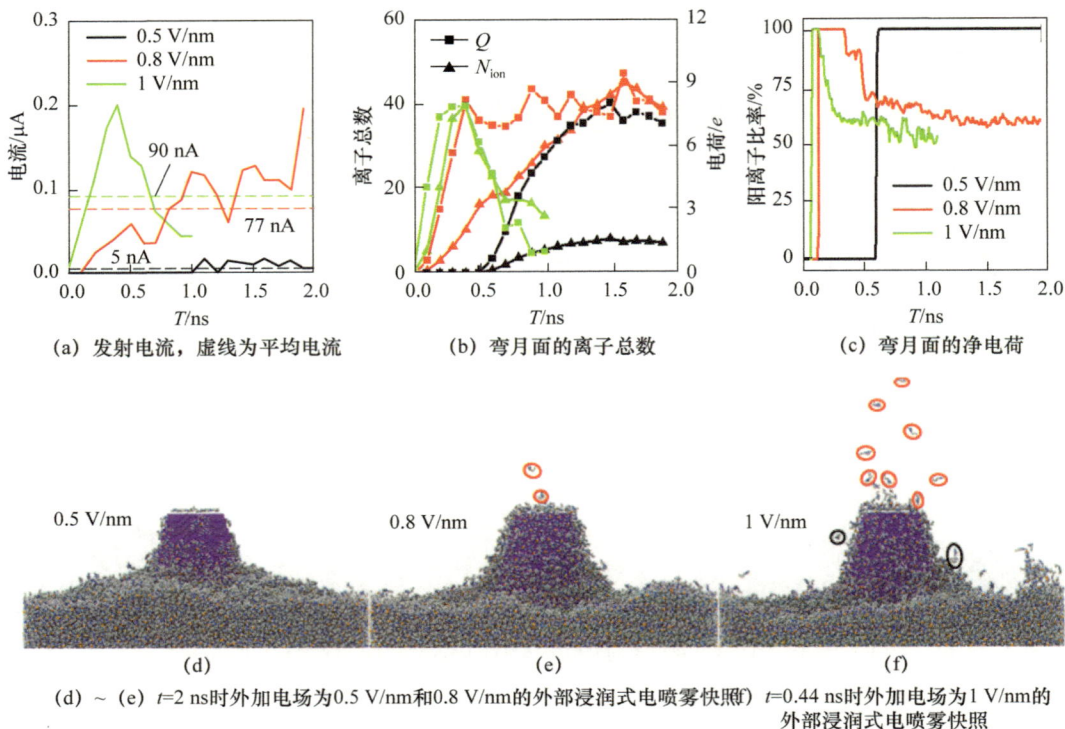

(a) 发射电流，虚线为平均电流

(b) 弯月面的离子总数

(c) 弯月面的净电荷

(d) ~ (e) t=2 ns时外加电场为0.5 V/nm和0.8 V/nm的外部浸润式电喷雾快照；(f) t=0.44 ns时外加电场为1 V/nm的外部浸润式电喷雾快照

图 4.13　不同电场强度下的弯月面的离子发射特性

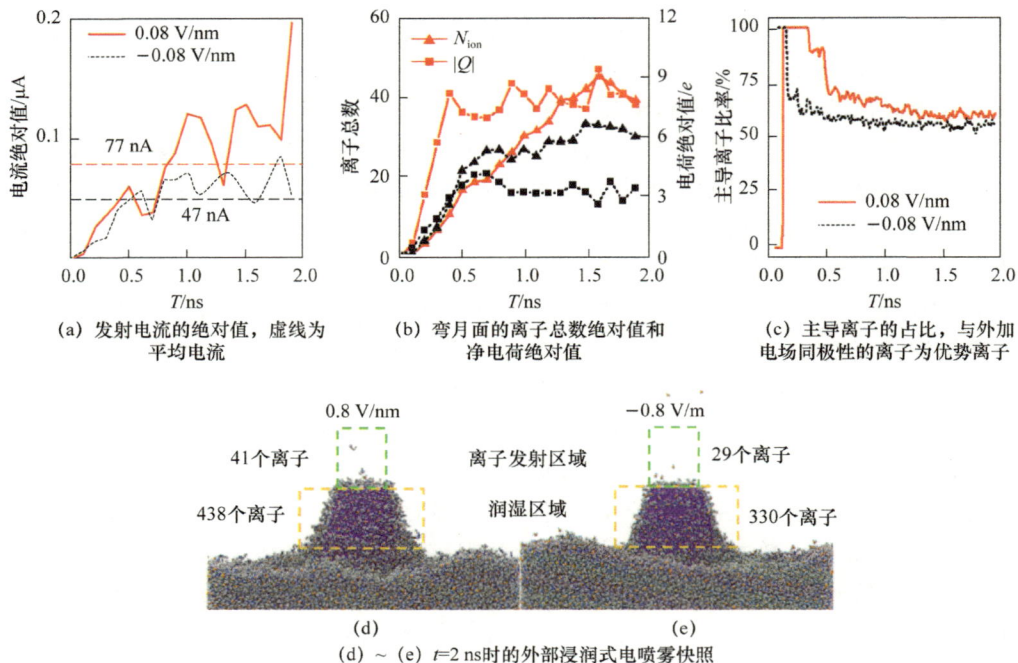

(a) 发射电流的绝对值，虚线为平均电流

(b) 弯月面的离子总数绝对值和净电荷绝对值

(c) 主导离子的占比，与外加电场同极性的离子为优势离子

(d) ~ (e) t=2 ns时的外部浸润式电喷雾快照

图 4.14　不同电场极性下的弯月面的离子发射特性

离子)更容易输运到弯月面,导致优势离子占比和弯月面的净电荷更少。

本节研究发现,外加电场越大,发射电流越大,但过大的电场会导致离子羽流发散角增大,离子发射不稳定,不利于其在各种领域的应用。而且正电场下的发射电流比负电场下的发射电流大,这主要是因为发射极原子对阳离子的润湿力更强。

4.2.6 不同温度下的离子发射特性

此外,温度也对外部浸润式电喷雾的离子发射存在显著影响[46,51-52,54]。本节除了室温(295 K)外,还分别设置了低温(253 K)和高温(323 K)工况来研究温度对离子发射的影响机制(见图 4.15),同时外加电场固定为 0.8 V/nm,发射极润湿性 $\varepsilon_{emitter}$ 固定为 ε_0。图 4.15(a)～图 4.15(c)描述了不同温度下的发射电流、弯月面离子数和净电荷量,图 4.15(d)～图 4.15(f)显示了不同温度下的发射粒子种类。显然,随着温度的升高,平均发射电流和发射粒子数均增加。这是因为在较高温度下,离子的热运动更强,使离子更容易从发射极原子的势阱中逃逸,从而有更多的离子被输运到发射极顶部并从弯月面发射。

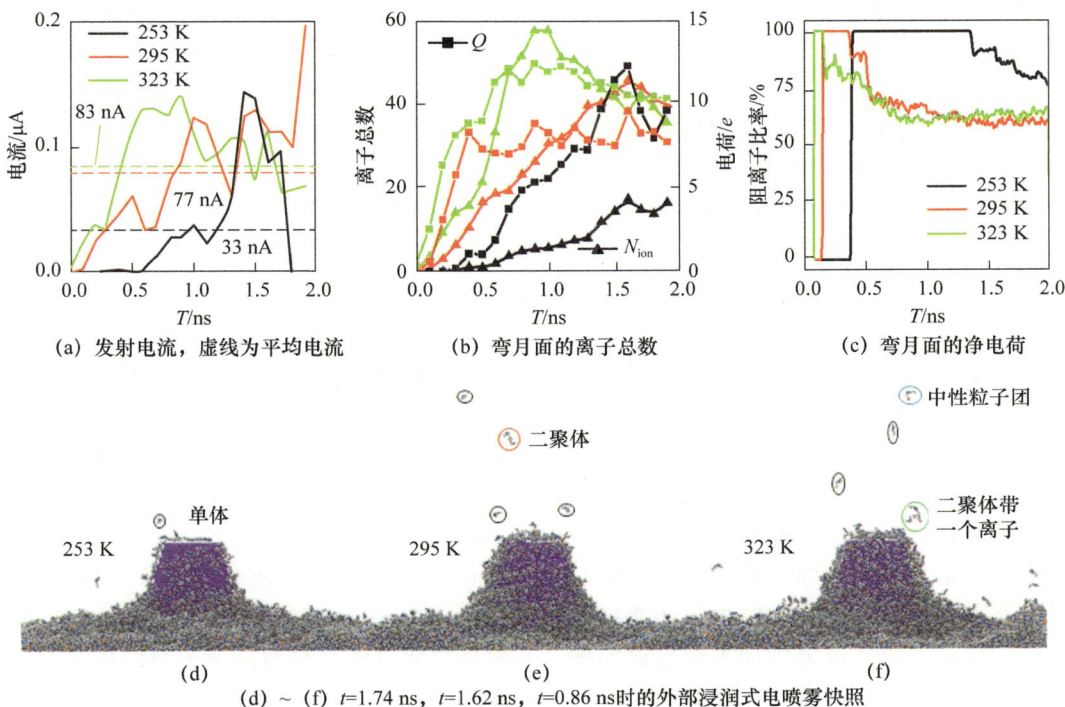

(a) 发射电流,虚线为平均电流   (b) 弯月面的离子总数   (c) 弯月面的净电荷

(d)～(f) $t=1.74$ ns, $t=1.62$ ns, $t=0.86$ ns时的外部浸润式电喷雾快照

图 4.15 不同温度下液体弯月面的离子发射特性

如图 4.15(b)～图 4.15(c)所示,在 $t=1$ ns 附近,温度为温度为 323 K 时的弯月面离子数和净电荷量明显大于温度为 295 K 和 253 K 时的离子数和净电荷量,但电流峰值只是略大于温度为 295 K 时的电流峰值。在电喷雾过程中,发射的离子团可定义为 $[BMIM\text{-}PF_6]_n$ BMIM$^+$ ($n=0,1,2,\cdots$),n 为 0、1、2 的离子团分别称为单体离子、二聚体离子和三聚体离子。如图 4.15(d)～图 4.15(f)所示,在温度为 253 K 和 295 K 时,发射出的离子种类主要是单体

离子(黑色圆圈内);而温度为 323 K 时,则发射出中性 BMIM-PF$_6$ 分子(蓝色圆圈内)和带有阳离子的二聚体离子(绿色圆圈内,这种离子不稳定,很容易分解成单体离子和二聚体离子),它们的荷质比均低于单体离子。而正是因为高温下更容易发射中性分子和低荷质比离子,使得高温下发射粒子数虽然显著增多,但是其电流峰值并未显著高于温度为 295 K 时的电流峰值。

本节研究发现,温度越高,离子输运和离子发射都越强,因此发射电流也更大。然而,由于高温下低荷质比的带电粒子或中性分子更容易发射,电离效率降低,使发射电流难以变得更高。

4.2.7　小　结

本研究是首个利用分子动力学方法模拟研究操作参数对外部浸润式电喷雾微观作用机理影响的研究,同时本研究还特别考虑了 BMIM-PF$_6$ 阴阳离子的非对称润湿特性对电喷雾的影响。本研究首先通过将仿真结果与之前的仿真和实验结果进行对比,论证了仿真模型的正确性。仿真中,在正电场作用下,阳离子向发射极顶部的输运明显增强。随后,在发射极顶部阳离子产生的库仑吸引力和发射极原子润湿力的共同作用下,大量阴离子也被输运到发射极顶部,从而形成弯月面并发射离子。仿真结果表明发射电流随离子数和弯月面净电荷量的增加而增大,进一步分析发现,非对称离子输运是由阳离子和阴离子受到的润湿力差异造成的。

同时详细研究了离子的非对称浸润行为如何影响不同发射极润湿性、电场和温度下的外部浸润式电喷雾发射特性,发现阳离子和阴离子的非对称润湿行为是影响外部浸润式电喷雾的重要因素。发射极润湿性改变了阴阳离子润湿力差距,较高的润湿性($\varepsilon_{emitter} = 2\,\varepsilon_0$,39 nA)增加了润湿力差距,但降低了离子输运效率,因此发射电流低于中等润湿性($\varepsilon_{emitter} = \varepsilon_0$,77 nA)下的发射电流。较低的润湿性($\varepsilon_{emitter} = 0.5\,\varepsilon_0$,59 nA)减小了润湿力差距,但同时也减小了弯月面的净电荷量,因此发射电流较低。将电场极性切换为负极性,可逆转润湿力对离子输运的促进作用,因此负电场下的离子数、净电荷量和弯月面的发射电流(47 nA)均低于正电场下的离子数、净电荷量和发射电流(77 nA)。较高的温度(323 K)削弱了发射极润湿力和阴阳离子润湿力差距,提高了离子输运效率,提升了发射电流(83 nA),但增加了低荷质比离子团的发射。此外,研究还发现,高电场使发射电流更高,但过高的电场(1 V/nm)会导致较大的离子羽流发散角和不稳定的电喷雾离子发射,因此建议施加 0.8 V/nm 左右的电场。

总之,在改变参数时,阴阳离子的非对称润湿行为是影响离子输运过程的关键因素,并进一步导致外部浸润式电喷雾的不同发射特性。外部浸润式电喷雾目前已被大量应用于制造纯离子源,特别是在离子液体电喷雾推力器中得到了广泛应用,本章的研究结果可为控制外部浸润式电喷雾的发射特性和获得最佳工作性能提供有益的指导。

参考文献

[1]　MUGELE F, BARET J. Electrowetting: From Basics to Applications [J]. Journal of Physics: Condensed Matter, 2005, 17(28): R705-R774.

[2]　LIPPMANN G. Relations entre les Phénomènes Électriques et Apillaires[J]. Annales de Chimie et de Physique，1875，5(11)：494-549.

[3]　BERGE B. Electrocapillarité et Mouillage de Films Isolants Par L'eau[J]. Comptes Rendus de L'Academie des Sciences Paris，Serie，II，1993，317：157-163.

[4]　QUILIET C，BERGE B. Electrowetting：a Recent Outbreak[J]. Current Opinion in Colloid & Interface Science，2001，6(1)：34-39.

[5]　LI J，KIM C. Current Commercialization Status of Electrowetting-on-dielectric （EWOD） Digital Microfluidics[J]. Lab on a Chip，2020，20(10)：1705-1712.

[6]　ZHOU K，VASU K，CHERIAN C，et al. Electrically Controlled Water Permeation Through Graphene Oxide Membranes[J]. Nature，2018，559(7713)：236-240.

[7]　MUKHOPADHYAY R. When Microfluidic Devices Go Bad[J]. Analytical Chemistry，2005，77(21)：429A-432A.

[8]　VEKARIYA R. A Review of Ionic Liquids：Applications towards Catalytic Organic Transformations [J]. Journal of Molecular Liquids，2017，227：44-60.

[9]　SHAIKH J，SHAIKH N，KHARADE R，et al. Symmetric Supercapacitor：Sulphurized Graphene and Ionic Liquid[J]. Journal of Colloid and Interface Science，2018，527：40-48.

[10]　GAO L，YANG X，SHU Y，et al. Ionic Liquid-based Slab Optical Waveguide Sensor for the Detection of Ammonia in Human Breath[J]. Journal of Colloid and Interface Science，2018，512：819-825.

[11]　BARBOSA C，CORREIA D，GONÇALVES R，et al. Enhanced Ionic Conductivity in Poly （vinylidene fluoride） Electrospun Separator Membranes Blended with Different Ionic Liquids for Lithium Ion Batteries[J]. Journal of Colloid and Interface Science，2021，582：376-386.

[12]　BLANCO D，RIVERA N，OULEGO P，et al. Novel Fatty Acid Anion-based Ionic Liquids：Contact Angle，Surface Tension，Polarity Fraction and Spreading Parameter[J]. Journal of Molecular Liquids，2019，288：110995.

[13]　ATKIN R，BORISENKO N，DRÜSCHLER M，et al. Structure and Dynamics of the Interfacial Layer Between Ionic Liquids and Electrode Materials[J]. Journal of Molecular Liquids，2014，192：44-54.

[14]　XI X，JIANG S，ZHANG W，et al. An Experimental Study on the Effect of Ionic Liquids on the Structure and Wetting Characteristics of Coal[J]. Fuel，2019，244：176-183.

[15]　MILLEFIORINI S，TKACZYK A，SEDEV R，et al. Electrowetting of Ionic Liquids[J]. Journal of the American Chemical Society，2006，128(9)：3098-3101.

[16]　CHATTERJEE D，HETAYOTHIN B，WHEELER A，et al. Droplet-based Microfluidics with Nonaqueous Solvents and Solutions[J]. Lab on a Chip，2006，6(2)：199-206.

[17]　DONG D，VATAMANU J，WEI X，et al. The 1-ethyl-3-methylimidazolium Bis （ Trifluoro-methylsulfonyl） -imide Ionic Liquid Nanodroplets on Solid Surfaces and in Electric Field：A Molecular Dynamics Simulation Study[J]. The Journal of Chemical Physics，2018，148(19)：193833.

[18]　SONG F，MA B，FAN J，et al. Molecular Dynamics Simulation on the Electrowetting Behaviors of the Ionic Liquid [BMIM][BF4] on a Solid Substrate[J]. Langmuir，2019，35(30)：9753-9760.

[19]　BURT R，BIRKETT G，SALANNE M，et al. Molecular Dynamics Simulations of the Influence of Drop Size and Surface Potential on the Contact Angle of Ionic-liquid Droplets[J]. The Journal of Physical Chemistry C，2016，120(28)：15244-15250.

[20]　CASTEJÓN H，WYNN T，MARCIN Z. Wetting and Tribological Properties of Ionic Liquids[J]. The Journal of Physical Chemistry B，2014，118(13)：3661-3668.

[21]　NANAYAKKARA Y，MOON H，PAYAGALA T，et al. A Fundamental Study on Electrowetting by

Traditional and Multifunctional Ionic Liquids: Possible Use in Electrowetting on Dielectric-based Microfluidic Applications[J]. Analytical Chemistry, 2008, 80(20): 7690-7698.

[22] TAHERIAN F, LEROY F, HEIM L, et al. Mechanism for Asymmetric Nanoscale Electrowetting of an Ionic Liquid on Graphene[J]. Langmuir, 2016, 32(1): 140-150.

[23] LIU Z, CUI T, LI G, et al. Interfacial Nanostructure and Asymmetric Electrowetting of Ionic Liquids [J]. Langmuir, 2017, 33(38): 9539-9547.

[24] RESTOLHO J, MATA J, SARAMAGO B. Electrowetting of Ionic Liquids: Contact Angle Saturation and Irreversibility[J]. The Journal of Physical Chemistry C, 2009, 113(21): 9321-9327.

[25] MACARTHUR J, KRISTINSSON B, FREEMAN D, et al. Microfluidic and Extractor Electrode Update in the Ion-electrospray Propulsion System [C] //36th International Electric Propulsion Conference. Austria: IEPC, 2019: 1-8.

[26] SUN W, WU Z, SUN Z, et al. Study on the Control of Propellant Flow by Electric Field in Ionic Liquid Electrospray Thruster [J]. International Journal of Heat and Mass Transfer, 2022, 183: 121926.

[27] SUN W, GUO Y, WU Z, et al. Design and Performance of an Electrowetting Ionic Liquid Electrospray Thruster Prototype[J]. Journal of Propulsion and Power, 2023: 1-8.

[28] PLIMPTON S. Fast Parallel Algorithms for Short-range Molecular Dynamics [J]. Journal of Computational Physics, 1995, 117(1): 1-19.

[29] SAMBASIVARAO S, ACEVEDO O. Development of OPLS-AA Potential Model Parameters for 68 Unique Ionic Liquids[J]. Journal of Chemical Theory and Computation, 2009, 5(4): 1038-1050.

[30] DOHERTY B, ZHONG X, GATHIAKA S, et al. Revisiting OPLS Potential Model Parameters for Ionic Liquid Simulations[J]. Journal of Chemical Theory and Computation, 2017, 13(12): 6131-6145.

[31] ZHANG B, WANG S, HE X, et al. Dynamic Spreading of a Water Nanodroplet on a Nanostructured Surface in the Presence of an Electric Field[J]. Journal of Molecular Liquids, 2021, 333: 116039.

[32] MARTINEZ L, ANDRADE R, BIRGIN E, et al. PACKMOL: A Package for Building Initial Configurations for Molecular Dynamics Simulations[J]. Journal of Computational Chemistry, 2009, 30 (13): 2157-2164.

[33] BECKERS J, LOWE C, DE LEEUW S. An Iterative PPPM Method for Simulating Coulombic Systems on Distributed Memory Parallel Computers[J]. Molecular simulation, 1998, 20(6): 369-383.

[34] PRINCE B, TIRUPPATHI P, BEMISH R, et al. Molecular Dynamics Simulations of 1-ethyl-3-methylimidazolium Bis [(Trifluoromethyl) Sulfonyl] Imide Clusters and Nanodrops[J]. The Journal of Physical Chemistry A, 2015, 119(2): 352-368.

[35] TAYLOR G. Disintegration of Water Drops in an Electric Field[J]. Proceedings of the Royal Society of London, Series A, Mathematical and Physical Sciences, 1964, 280(1382): 383-397.

[36] FENN J, MANN M, MENG C, et al. Electrospray Ionization for Mass Spectrometry of Large Biomolecules[J]. Science, 1989, 246(4926): 64-71.

[37] NGUYEN S, FENN J. Gas-phase Ions of Solute Species from Charged Droplets of Solutions[J]. Proceedings of the National Academy of Sciences, 2007, 104(4): 1111-1117.

[38] BHARDWAJ N, KUNDU S. Electrospinning: A Fascinating Fiber Fabrication Technique [J]. Biotechnology Advances, 2010, 28(3): 325-347.

[39] SI Y, YANG J, WANG D, et al. Bioinspired Hierarchical Multi-protective Membrane for Extreme Environments via Co-electrospinning-electrospray Strategy[J]. Small, 2023: 2304705.

[40] JAWOREK A. Electrospray Droplet Sources for Thin Film Deposition [J]. Journal of Materials

Science，2007，42(1)：266-297.

[41]　RAUSCHENBACH S, STADLER F, LUNEDEI E，et al. Electrospray Ion Beam Deposition of Clusters and Biomolecules[J]. Small, 2006, 2(4)：540-547.

[42]　LEVCHENKO I, XU S, TEEL G, et al. Recent Progress and Perspectives of Space Electric Propulsion Systems Based on Smart Nanomaterials[J]. Nature Communications, 2018, 9(1)：879-888.

[43]　LEMMER K. Propulsion for CubeSats[J]. Acta Astronaut, 2017, 134：231-243.

[44]　GAMERO-CASTANO M. Electric-field-induced Ion Evaporation from Dielectric Liquid[J]. Physical Review Letters, 2002, 89(14)：147602.

[45]　RINKE G, HARNAU L, RAUSCHENBACH S. Material and Charge Transport of Large Organic Salt Clusters and Nanoparticles in Electrospray Ion Beam Deposition[J]. Journal of the American Society for Mass Spectrometry, 2021, 32(7)：1648-1658.

[46]　LOZANO P, MARTÍNEZ-SÁNCHEZ M. Ionic Liquid Ion Sources：Suppression of Electrochemical Reactions Using Voltage Alternation[J]. Journal of Colloid and Interface Science, 2004, 280(1)：149-154.

[47]　ROMERO-SANZ I, BOCANEGRA R, DE LA MORA J, et al. Source of Heavy Molecular Ions Based on Taylor Cones of Ionic Liquids Operating in the Pure Ion Evaporation Regime[J]. Journal of Applied Physics, 2003, 94(5)：3599-3605.

[48]　MARSH K, BOXALL J, LICHTENTHALER A. Room Temperature Ionic Liquids and Their Mixtures—a Review[J]. Fluid Phase Equilibria, 2004, 219(1)：93-98.

[49]　HILL F, DE LEON P, VELÁSQUEZ-GARCÍA L. High-throughput Ionic Liquid Electrospray Sources Based on Dense Monolithic Arrays of Emitters with Integrated Extractor Grid and Carbon Nanotube Flow Control Structures [C] //2013 Transducers & Eurosensors XXVII：The 17th International Conference on Solid-State Sensors, Actuators and Microsystems (TRANSDUCERS & EUROSENSORS XXVII). Spain：IEEE, 2013：2644-2647.

[50]　ZHANG J, CAI G, SHAHZAD A, et al. Ionic Liquid Electrospray Behavior in a Hybrid Emitter Electrospray Thruster[J]. International Journal of Heat and Mass Transfer, 2021, 175：121369.

[51]　VILLEGAS-PRADOS D, CRUZ J, WIJNEN M, et al. Impact of Propellant Temperature on the Emission Regime of an Externally Wetted Electrospray System Using Time-of-flight Mass Spectrometry [J]. Acta Astronautica, 2023, 213：145-155.

[52]　LOZANO P, MARTINEZ-SANCHEZ M. Ionic Liquid Ion Sources：Characterization of Externally Wetted Emitters[J]. Journal of Colloid and Interface Science, 2005, 282(2)：415-421.

[53]　TICKNOR B, MILLER S, CHIU Y. Mass Spectrometric Analysis of the Electrospray Plume from an Externally Wetted Tungsten Ribbon Emitter[C] //45th AIAA/ASME/SAE/ASEE Joint Propulsion Conference & Exhibit. USA：AIAA, 2009：5088.

[54]　LEGGE JR R, LOZANO P. Electrospray Propulsion Based on Emitters Microfabricated in Porous Metals[J]. Journal of Propulsion and Power, 2011, 27(2)：485-495.

[55]　UCHIZONO N, WRIGHT P, COLLINS A, et al. Emission Spectra of Glows Produced by Ionic Liquid Ion Sources[J]. Applied Physics Letters, 2022, 121(15)：154101.

[56]　WRIGHT P, WIRZ R. Multiplexed Electrospray Emission on a Porous Wedge[J]. Physics of Fluids, 2021, 33(1)：012003.

[57]　HUANG C, LI J, LI M, et al. Experimental Investigation on Current Modes of Ionic Liquid Electrospray from a Coned Porous Emitter[J]. Acta Astronautica, 2021, 183：286-299.

[58]　GARZA T, LOZANO P, VELÁSQUEZ-GARCÍA L, et al. The Characterization of Silicon Wettability

and Properties of Externally Wetted Microfabricated Electrospray Thruster Arrays[C] //Proceedings of the 29th International Electric Propulsion Conference. USA: IEPC, 2005: 195.

[59] CASTRO S, LARRIBA C, DE LA MORA J, et al. Effect of Liquid Properties on Electrosprays from Externally Wetted Ionic Liquid Ion Sources[J]. Journal of Applied Physics, 2007, 102(9): 094310.

[60] GASSEND B, VELÁSQUEZ-GARCÍA L, Akinwande A, et al. A Fully Integrated Microfabricated Externally Wetted Electrospray Thruster [C] //43rd AIAA/ASME/SAE/ASEE Joint Propulsion Conference. USA: AIAA, 2007: 233.

[61] SMITH K, ALEXANDER M, STARK J. The Sensitivity of Volumetric Flow Rate to Applied Voltage in Cone-jet Mode Electrospray and the Influence of Solution Properties and Emitter Geometry[J]. Physics of Fluids, 2006, 18(9): 092104.

[62] BORNER A, ZHENG L, LEVIN D. Modeling of an Ionic Liquid Electrospray Using Molecular Dynamics with Constraints[J]. Journal of Chemical Physics, 2012, 136: 124507.

[63] BORNER A, ZHENG L, LEVIN D. Prediction of Fundamental Properties of Ionic Liquid Electrospray Thrusters Using Molecular Dynamics[J]. Journal of Chemical Physics B, 2013, 117(22): 6768-6781.

[64] MEHTA N, LEVIN D. Molecular Dynamics Electrospray Simulations of Coarse-grained Ethylammonium Nitrate (EAN) And 1-ethyl-3-methylimidazolium Tetrafluoroborate (EMIM-BF4)[J]. Aerospace, 2018, 5(1): 1-18.

[65] MEHTA N, LEVIN D. Sensitivityof Electrospray Molecular Dynamics Simulations to Long-range Coulomb Interaction Models[J]. Physical Review E, 2018, 97(3): 033306.

[66] ZHANG J, CAI G, LIU X, et al. Molecular Dynamics Simulation of Ionic Liquid Electrospray: Revealing the Effects of Interaction Potential Models[J]. Acta Astronautica, 2021, 179: 581-593.

[67] ZHENG W, LIU X, ZHANG J, et al. Molecular Dynamics Simulation of Ionic Liquid Electrospray: Microscopic Presentation of the Effects of Mixed Ionic Liquids[J]. International Journal of Heat and Mass Transfer, 2022, 182: 121983.

[68] TAKAHASHI N, LOZANO P. Computational Investigation of Molecular Ion Evaporation in Electrospray Thruster[C] //44th AIAA/ASME/SAE/ASEE Joint Propulsion Conference & Exhibit. USA: AIAA, 2008: 4533.

[69] TAKAHASHI N, LOZANO P. Atomistic Numerical Approach to Ion Evaporation From a Tungsten Surface for Electrospray Thrusters[C] //45th AIAA/ASME/SAE/ASEE Joint Propulsion Conference & Exhibit. USA: AIAA, 2009: 5089.

[70] TORFASON K, VALFELLS A, MANOLESCU A. Molecular Dynamics Simulations of Field Emission From a Prolate Spheroidal Tip[J]. Physics of Plasmas, 2016, 23(12): 123119.

[71] NUWAL N, AZEVEDO V, KLOSTERMAN M, et al. Multiscale Modeling of Fragmentation in an Electrospray Plume[J]. Journal of Applied Physics, 2021, 130(18): 184903.

[72] ENOMOTO T, PARMAR S, YAMADA R, et al. Molecular Dynamics Simulations of Ion Extraction from Nanodroplets for Ionic Liquid Electrospray Thrusters[J]. Journal of Electric Propulsion, 2022, 1(1): 13.

[73] BROWN W, WANG P, PLIMPTON S, et al. Implementing Molecular Dynamics on Hybrid High Performance Computers-short Range Forces[J]. Computer Physics Communications, 2011, 182(4): 898-911.

[74] DOHERTY B, ZHONG X, GATHIAKA S, et al. Revisiting OPLS Force Field Parameters for Ionic Liquid Simulations[J]. Journal of Chemical Theory and Computation, 2017, 13(12): 6131-6145.

[75] OKOTURO O, VANDERNOOT T. Temperature Dependence of Viscosity for Room Temperature

Ionic Liquids[J]. Journal of Electroanalytical Chemistry，2004，568：167-181.

[76] CHENG Y，ZHANG J，WANG W，et al. Stably Electrospraying Highly Conductive Sodium Chloride Aqueous Solution Coated with Outer Ionic Liquid Using Coaxial Capillary[J]. Physics of Fluids，2022，34(9)：093302.

[77] MORROW T，MAGINN E. Molecular dynamics study of the ionic liquid 1-n-butyl-3-methylimidazoliumhexafluorophosphate[J]. The Journal of Physical Chemistry B，2002，106(49)：12807-12813.

[78] BHAT M. Mechanistic，Kinetic and Electroanalytical Aspects of Quinone-hydroquinone Redox System in N-alkylimidazolium Based Room Temperature Ionic Liquids[J]. Electrochimica Acta，2012，81：275-282.

[79] GAMERO-CASTAÑO M，DE LA MORA J. Direct Measurement of Ion Evaporation Kinetics from Electrified Liquid Surfaces[J]. The Journal of Chemical Physics，2000，113(2)：815-832.

[80] RAYLEIGH L. On the Equilibrium of Liquid Conducting Masses Charged with Electricity[J]. The London，Edinburgh，and Dublin Philosophical Magazine and Journal of Science，1882，14(87)：184-186.

[81] SMITH J，FLAGAN R，BEAUCHAMP J. Droplet Evaporation and Discharge Dynamics in Electrospray Ionization[J]. The Journal of Physical Chemistry A，2002，106(42)：9957-9967.

[82] WRIGHT P，UCHIZONO N，Collins A，et al. Characterization of a Porous Tungsten Electrospray Emitter[C] //37th International Electric Propulsion Conference. USA：IEPC，2022：232.

[83] ZHANG J，ZHANG K，WANG W，et al. Permeation by Electrowetting Actuation：Revealing The Prospect of a Micro-valve Based on Ionic Liquid[J]. Journal of Colloid and Interface Science，2022，608：114-119.

[84] THUPPUL A，COLLINS A，WRIGHT P，et al. Mass Flux and Current Density Distributions of Electrospray Plumes[J]. Journal of Applied Physics，2021，130(10)：103301.

[85] GAÑÁN-CALVO A. Generation of Steady Liquid Microthreads and Micron-sized Monodisperse Sprays in Gas Streams[J]. Physical Review Letters，1998，80(2)：285-288.

第 5 章

复合发射极离子液体电喷雾模拟

5.1 概 论

离子液体电喷雾推力器的工作流量是影响其工作模式的核心因素,为匹配不同的流量范围,也可采用不同构型的发射极。常见的发射极构型有三种:毛细管型、外部浸润型和多孔介质型,如图 1.3 所示。

采用毛细管型发射极的离子液体电喷雾推力器流量高、推力大,而比冲较低;外部浸润型与多孔介质型的离子液体电喷雾推力器流量低、比冲高,但推力较小。发射极的构型限定了离子液体电喷雾推力器的工作模式,导致推力器的推力调节范围有限。然而,推力器的宽范围推力调节能力可以使航天器具备更高的任务灵活性,使航天器在发射入轨后也可应对空间任务的重大改变;此外,与单一推力模式相比,宽范围变推力飞行的航天器轨道机动效率更高[6]。因此,宽范围推力调节是未来离子液体电喷雾推力器发展的重点方向之一。

双模式推进系统被视为拓宽离子液体电喷雾推力器推力调节范围的一种可行方案,其本质是一种组合发动机方案,将离子液体电喷雾推力器与冷气推进系统[7]或单组元化学推进系统[6]组合,离子液体电喷雾推力器工作在高比冲低推力模式下,冷气推进系统或单组元化学推进系统则工作在低比冲高推力模式下。但这两种双模式推进方案不可避免地会增大推进系统结构质量,不适用于微小卫星。2019 年,UCLA 等离子体与空间推进实验室设计的复合发射极离子液体电喷雾推力器[8]能够在较宽的流量范围内工作,依靠跨模式工作为实现宽范围推力调节提供了新的思路。复合发射极离子液体电喷雾推力器的结构如图 1.13 所示,其显著特征是发射极由两部分组成:外部电极为毛细管型发射极,内部电极为外部浸润型发射极。当流量极低时,离子液体在毛细力与电场力共同作用下沿着内部电极表面输运至内部电极头部,并在内部电极顶端表面发射,复合发射极处于外部浸润式工作模式[8]。当流量较高时,离子液体液面能够漫过内部的外部浸润型发射极,在外部电极出口处有泰勒锥形成,复合发射极处于毛细管式工作模式[8]。此外,在两种工作模式之间存在不稳定的过渡模式[8]。在外部浸润式工作模式下,推力器比冲高而推力低;在毛细管式工作模式下,推力器比冲低而推力高;复合发射极离子液体电喷雾推力器跨模式工作可实现宽范围推力调节。

目前国际上对复合发射极离子液体电喷雾推力器的研究尚处于萌芽阶段,对不同工作模式下的工质流动状态、束流特性以及工作模式与操作工况之间的对应关系仍缺乏细致的研究，无法清晰地描述不同工作模式之间的转换机制。因此，深入研究复合发射极离子液体电喷雾推力器的工作机理，分析其在不同工况下的工作模式，获得不同工作模式的定量表征，揭示模式转换的内在机制，对于复合发射极离子液体电喷雾推力器的工程化应用具有重要意义。

5.2　模型与模拟方法

　　本章以 MD 模拟为手段，从微观层面进行复合发射极离子液体电喷雾推力器的仿真研究。由于势能函数模型决定了仿真结果的精度，本章采用第 3 章构建的高精度考虑极化效应的全原子势能函数模型研究，对比毛细管型发射极和复合发射极离子液体电喷雾推力器的工作模式与束流特性。

　　选定势能函数模型后，首先完善仿真中的相关设置，包括仿真域、电场边界条件及其他设置。三维仿真区域如图 5.1(a)所示，其长、宽、高分别为 1 000 Å、1 000 Å 与 1 480 Å，由一块虚拟的抽取极板隔开，分为上下两个区域。上区域为束流颗粒收集区域；下区域为电喷雾区域，由金属铂原子组成的发射极被置于该区域的底部中心处。

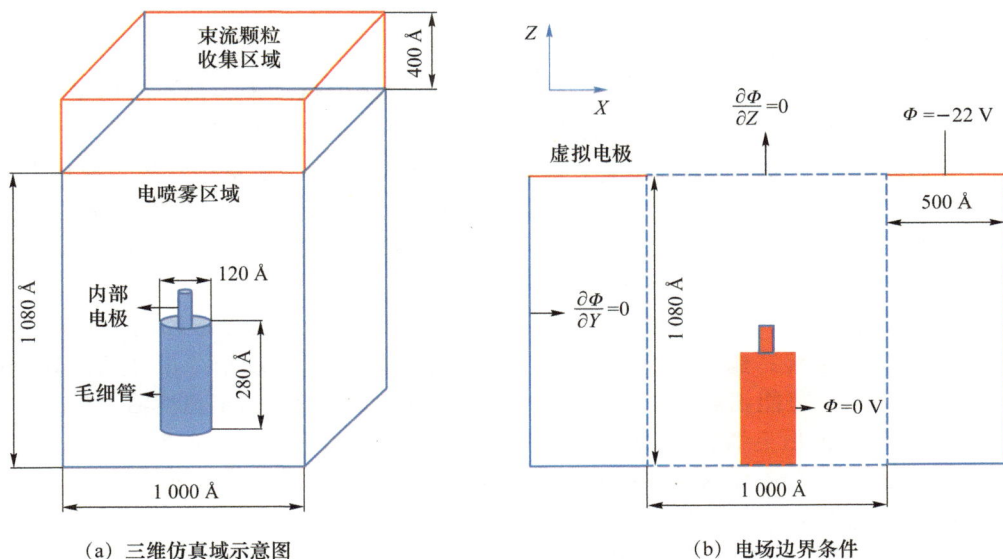

（a）三维仿真域示意图　　　　　　　（b）电场边界条件

图 5.1　复合发射极仿真域及其电场边界条件

　　毛细管型发射极的几何结构和电场边界条件与第 3 章中一致（见图 5.1）。复合发射极由一个毛细管和一个内部电极构成，毛细管的高度为 280 Å，内外径分别为 100 Å 与 120 Å，内部电极的高度与直径分别为 310 Å 与 20 Å。抽取极板与内部电极顶部相距 690 Å，其中心处的圆孔直径为 1 000 Å。在抽取极板上方是束流颗粒采集区域，由采集到的颗粒信息计算束流电流与其他束流特性。电场边界条件如图 5.1(b)所示，发射极表面电势为零，抽取极板电势为 −22 V，其他所有界面满足 Neumann 边界条件。

　　本章的研究内容，同时考虑了毛细管型发射极与新型复合发射极，基于以上的电场边界条件，通过求解 LAPLACE 方程得到两种发射极的轴向电场分布如图 5.2 所示。从图中可以看出,对于不同结构的发射极,发射极出口附近都是电场显著变化的区域,也是两种发射极中电场分布差异最显著的区域。对于毛细管型发射极,其电场在毛细管出口处最强,最高可达 0.22 V/Å;对于新型复合发射极,其电场在内部电极出口处最强,最高可达 0.27 V/Å;可见内部电极的加入,使得新型复合发射极出口附近的电场强于毛细管型发射极出口附近的电场,且二者的电场强度均已满足产生离子发射的条件[9]。

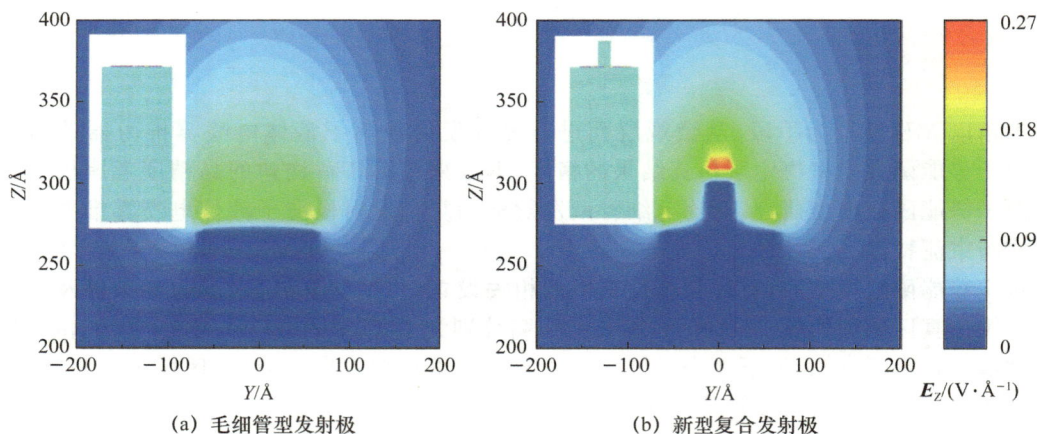

(a) 毛细管型发射极   (b) 新型复合发射极

图 5.2　轴向电场分布

由于 UCLA 等离子体与空间推进实验室的复合发射极电喷雾推力器[8]所用工质离子液体为 EMIM-Tf$_2$N,为与其相比较,本章的研究中也以离子液体 EMIM-Tf$_2$N 为工质。初始时,将一定数量的离子液体 EMIM-Tf$_2$N 分子随机置于发射极内,分子数量满足离子液体 EMIM-Tf$_2$N 的真实密度,分子的初始位置由软件包 PACKMOL[10]生成,初始速度满足温度为 295 K 时的高斯分布,初始加速度为 0。离子液体与毛细管之间的作用采用 12-6 Lennard-Jones 相互作用势能进行模拟。

仿真体系经过能量最小化处理后,令体系中的所有分子在温度为 295 K 的 NVT 系统内,充分弛豫 1 ns,以使系统总能量趋于稳定。随后,加入流动指令,流动指令由在毛细管入口处的 9-3 Lennard-Jones 势能函数形成的势能壁面完成,该势能壁面以指定速度沿着毛细管轴向运动,推动离子液体流出毛细管,离子液体的流速可通过势能壁面的移动速度调节。加入流动指令后,离子液体的系综由 NVT 改为 NVE,毛细管的系综也变更为 NVE,但仍然通过 Langevin 热浴对毛细管进行温度控制。

在整个仿真过程中,为避免周期性镜像对库仑势能的影响,系统的三个方向都为非周期性边界条件。此外,为了在保证仿真精度的同时将计算量控制在合理范围内,仿真的时间步长设定为 2 fs。

5.3　复合发射极电喷雾分子动力学研究

5.3.1　复合发射极与毛细管型发射极的工作模式比较

首先比较复合发射极与毛细管型发射极在相同操作工况下的工作模式。由 Wright P. 等人的研究可知,当流量较高时,复合发射极的工作模式与毛细管型发射极一致,当流量较低时,复合发射极的工作模式与外部浸润型发射极一致,为突出复合发射极的特性,下面将在低流量条件下对复合发射极与毛细管型发射极进行比较[8]。参照参考文献[11],将离子液体的流速设定为 2.269 m/s,得到两种构型发射极的电喷雾过程如图 5.3 所示。

（a）毛细管型发射极

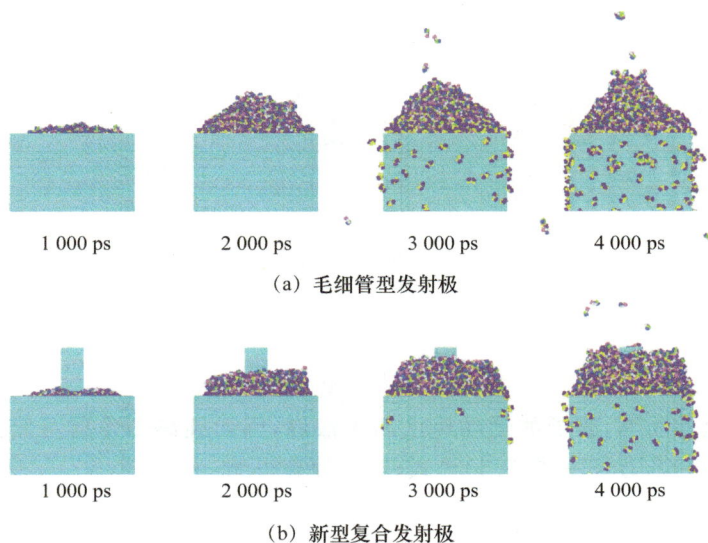

（b）新型复合发射极

图 5.3　两种构型发射极的电喷雾过程

如图 5.3(a)所示,对于毛细管型发射极,随着仿真的进行,离子液体逐渐流出毛细管,在外部电场的影响下,毛细管出口处的液面逐渐变形,由弧形变为锥状结构,直至形成稳定的泰勒锥,同时在泰勒锥顶不断地有束流颗粒发射。不过,由于流速较低,泰勒锥并没有进一步演化成锥射流结构。对于新型复合发射极,液面沿着内部电极缓慢上升,在外部电场的影响下,液面形状也逐渐向锥状转变,但是液面最终稳定在距内部电极顶端的一定位置处,无法完全浸没内部电极,束流颗粒从液面边缘处发射。此时,复合发射极的工作模式与外部浸润型发射极一致,这与以离子液体 EMIM-Tf$_2$N 为推进剂的复合发射极实验现象定性一致[8]。

与图 5.3 所示的电喷雾过程相对应,图 5.4 所示为不同构型发射极的束流电流在仿真过程中随时间的演化。计算表明,复合发射极的束流电流比毛细管型发射极高 23%,这与理论预期相悖。根据 De La Mora J.[12] 和 Gañán-Calvo A.[13] 的结论:电喷雾电流随着流量降低而降低。在相同流速的情况下,由于两种发射极的流道截面积不同,复合发射极的离子液体流量比毛细管型发射极低 4%,故复合发射极的束流电流应低于毛细管型发射极。实际上,复合发射极的束流电流高于毛细管型发射极有两方面原因,首先,复合发射极出口附近的电场强度高于毛细管型发射极,有利于带电颗粒的产生和加速;其次,如图 5.4(b)所示,毛细管型发射极的束流中含有液滴,而复合发射极的束流中无液滴,束流全由离子构成,意味着复合发射极离子液体电喷雾中离子液体的离子化效率更高,产生的离子更多,因而电流更大。

复合发射极的束流中无液滴也就意味着其实现了纯离子发射,然而毛细管型发射极通常难以实现纯离子发射。在相同的操作工况下,复合发射极能够实现纯离子发射同样有两方面原因:一方面,复合发射极出口附近的电场强度高于毛细管型发射极,更有利于离子液体的雾化;另一方面,复合发射极中的内部电极增大了通道流体阻力,也更有利于离子液体的雾化[3-4]。

(a) 总电流

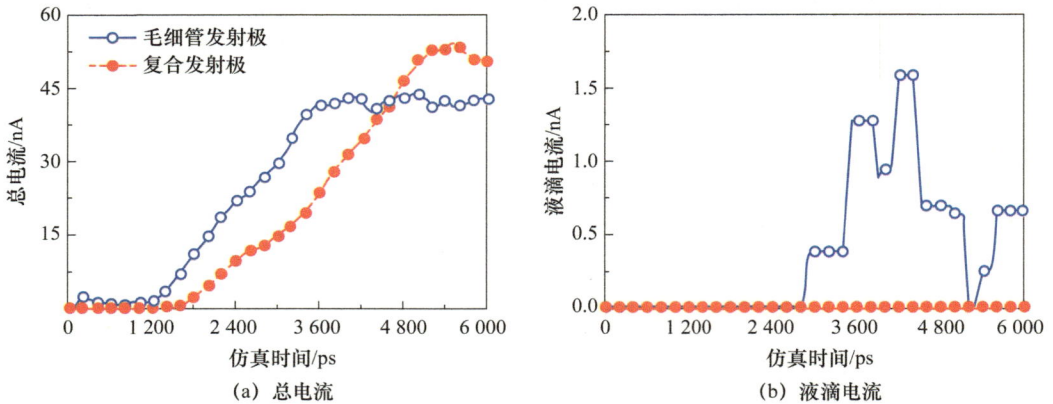

(b) 液滴电流

图 5.4　不同构型发射极的束流电流

在电场的加速作用下,离子的运动速度高于液滴,因而纯离子发射可以提升推力器的比冲。推力器的比冲和推力可由式(5.1)～式(5.3)计算得到

$$I_{sp} = \frac{u'}{g} \tag{5.1}$$

式中,g 是重力加速度;u' 是到达抽取极板处束流颗粒的平均速度。u' 由式(5.2)计算得到

$$\left(\sum_i m_i\right) u' = \sum_i m_i u_i \tag{5.2}$$

式中,m_i 是束流颗粒的质量;u_i 是束流颗粒的速度。推力则由式(5.3)确定

$$T = I_{sp} \dot{m} g \tag{5.3}$$

式中,$\dot{m}$ 是离子液体的质量流量。仿真得到不同构型发射极的推进性能结果如图 5.5 所示。

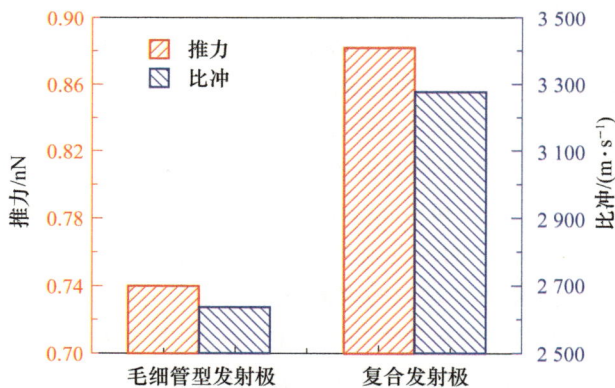

图 5.5　不同构型发射极的推进性能

从图 5.5 中可以看出,复合发射极的比冲比毛细管型发射极高 24%。由式(5.3)可知,比冲的提升也可以增大推力器的推力,因此尽管复合发射极的工作流量比毛细管型发射极低 4%,但是其推力仍比毛细管型发射极高 7%。可见,相比于毛细管型发射极,复合发射极结构

上的改变引起了空间电场的增强以及流体阻力的增大,更有利于离子液体的雾化和加速,最终提高了电喷雾推力器的推进性能。

5.3.2　复合发射极与毛细管型发射极的束流特性比较

由 5.3.1 节可知,毛细管型发射极的束流颗粒由离子和液滴构成,复合发射极的束流颗粒则完全由离子构成,下面将进一步讨论束流颗粒的粒径与荷质比分布。束流颗粒的直径可由其质量 m 与离子液体 EMIM-Tf$_2$N 的密度 ρ 计算得出

$$m = \frac{1}{6}\pi d^3 \rho \tag{5.4}$$

图 5.6 所示为束流颗粒的平均粒径与平均荷质比随极角的变化关系,其中极角由毛细管出口中心与毛细管轴线确定。从图 5.6(a)中可看出,总体上毛细管型发射极的束流颗粒的直径随着极角的增大而减小,由 0.79 nm 减小至 0.62 nm,Gamero-Castaño M 以离子液体 EMIM-Tf$_2$N 为推进剂,测量毛细管型发射极的束流特性时,也观察到这样的分布趋势[14]。实际上,束流颗粒粒径的分布趋势是由径向电场引起的,在径向电场的作用下,小粒径颗粒能获得比大粒径颗粒更大的径向速度,运动范围更远,分布于极角更大的区域。与毛细管型发射极相比,由于复合发射极的束流颗粒全为离子,其束流颗粒的粒径变化范围更窄,为 0.61～0.65 nm。此外,复合发射极的束流颗粒运动范围更远,分布区域的极角最大可到 32°,如图 5.6(a)中黑色线圈标注所示。这是由于复合发射极的径向电场更强,束流颗粒能获得更大的径向速度,因而运动距离更远。值得注意的是,对于两种发射极,在轴线附近区域都分布有少量小粒径颗粒,这些小粒径颗粒是由轴线附近的大粒径颗粒破碎造成的。

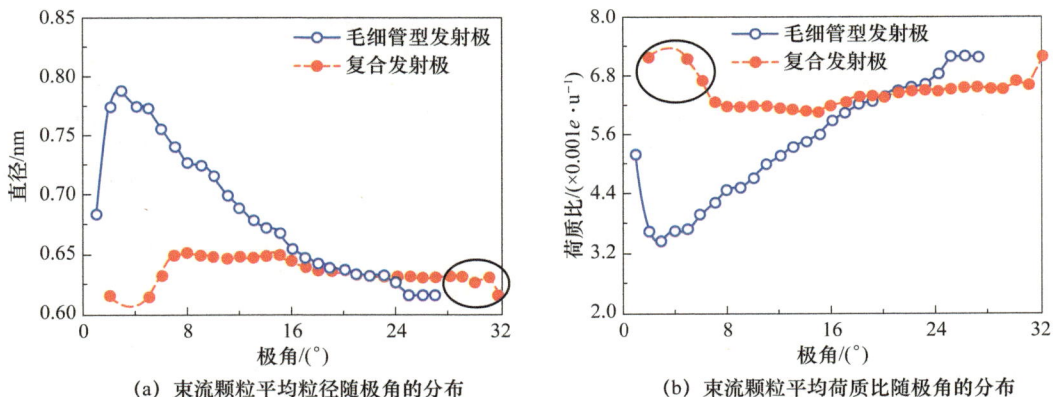

(a) 束流颗粒平均粒径随极角的分布　　　　(b) 束流颗粒平均荷质比随极角的分布

图 5.6　不同构型发射极的束流特性

一般地,束流颗粒的粒径越大,其荷质比越小,因而束流颗粒荷质比的分布趋势与粒径相反。如图 5.6(b)所示,毛细管型发射极的束流颗粒的荷质比随着极角增大而增大,与之相比,复合发射极的束流颗粒荷质比变化范围更窄。此外,与图 5.6(a)中轴线附近的少量小粒径束流颗粒相对应,图 5.6(b)中轴线附近出现了少量高荷质比束流颗粒(见图 5.6(b)中黑色线圈标注)。

电喷雾束流的产生是带电颗粒在电场中破碎、加速的结果,带电颗粒的破碎可用瑞利不稳

定性理论分析,即当带电颗粒的荷电量超出瑞利极限值(式(5.5))时,其将发生破碎。

$$q_R = (8\pi^2 \varepsilon_0 \gamma d^3)^{\frac{1}{2}} \qquad (5.5)$$

式中,ε_0 是真空介电系数;γ 是液体的表面张力系数;d 是带电颗粒的直径。下面将基于式(5.5)分析束流颗粒的荷电量与瑞利极限值的关系,并讨论二者与束流颗粒中液滴含量的关系。

图 5.7 所示为两种构型的发射极在不同流速下的束流颗粒的荷电量,图中红线代表由式(5.5)计算得出的束流颗粒的瑞利极限值。从图 5.7(a)可以看出,流速为 2.269 m/s 时,大部分毛细管型发射极的束流颗粒的荷电量都在瑞利极限值以上,粒径大于 0.8 nm 的小部分束流颗粒的荷电量接近瑞利极限值,只有极少数的束流颗粒的荷电量低于瑞利极限值,这些荷电量在瑞利极限值以下的束流颗粒不会发生破碎,将保持其固有形态继续在电场中运动。从图 5.7(a)中的小图还可以看出,此时的束流颗粒中含有液滴。当流速从 2.269 m/s 提高到 4.537 m/s 时,从图 5.7(c)中可看出,大部分的束流颗粒的荷电量与瑞利极限值接近,也有更多荷电量在瑞利极限值以下的束流颗粒。同时从图 5.7(a)中的小图可以看出,束流颗粒中的液滴含量大大增加。

对于复合发射极,从图 5.7(b)中可以看出,流速为 2.269 m/s 时,束流颗粒的荷电量分布较为集中,且都在瑞利极限值以上,当流速增大到 4.537 m/s 时,束流颗粒的荷电量分布更为分散,整体上也与瑞利极限值更为接近,但仍都在瑞利极限值以上。另外,从图 5.7(b)中的小图可以看出,在两种流速下,复合发射极的束流颗粒中都不含有液滴。

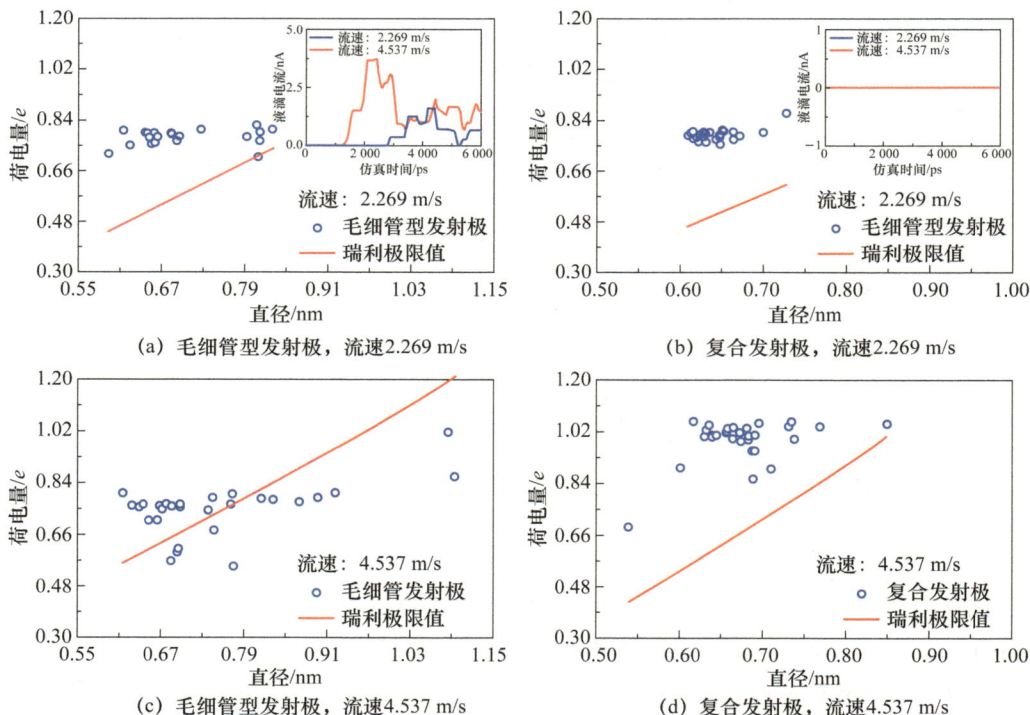

图 5.7　两种构型发射极的束流颗粒的荷电量

综上,当存在少量荷电量在瑞利极限值以下的束流颗粒时,束流颗粒中含有少量液滴,如

图 5.7(a)所示；当存在较多荷电量在瑞利极限值以下的束流颗粒时，束流颗粒中含有较多液滴，如图 5.7(c)所示；当不存在荷电量在瑞利极限值以下的束流颗粒时，束流颗粒中不含液滴，如图 5.7(b)和图 5.7(d)所示。可以看出，束流颗粒荷电量与瑞利极限值的关系，可以预测束流颗粒中是否含有液滴。

5.3.3　复合发射极在不同流量下的工作模式

在 5.3.1 节和 5.3.2 节中分析了复合发射极在低流量下的工作模式，本节将分析复合发射极在不同流量条件下的工作模式。图 5.8 所示为复合发射极在不同流量条件下的电喷雾过程，可以很明显地看出三种工作模式的不同之处。

由 5.3.1 节可知，当流速低至 2.269 m/s 时，液面无法完全浸没内部电极，无泰勒锥形成，复合发射极处于外部浸润式工作模式（见图 5.8(a)）。当流速提高到 4.537 m/s 时，液面间歇性浸没内部电极，复合发射极处于过渡工作模式，如图 5.8(b)所示。在仿真的初期，液面以较快的速度生长；当仿真进行到 2 000 ps 时，液面已经到达内部电极顶端，初步形成泰勒锥的结构；当仿真进行到 3 000 ps 时，液面完全覆盖内部电极，泰勒锥形成；当仿真继续进行至 4 000 ps 时，液面又回落至内部电极下方。

当流速高至 18.155 m/s 时，泰勒锥覆盖了内部电极，液面呈现锥射流的结构，此时的复合发射极处于毛细管式工作模式。由于流速高，毛细管式工作模式产生电喷雾的过程明显快于外部浸润式工作模式，如图 5.8(c)所示，仿真进行至 300 ps 时，已经产生少量的离子发射；仿真进行至 500 ps 时，液面漫过内部电极，初步形成泰勒锥的结构，离子发射的数量增多；仿真进行至 700 ps 时，液面形成锥射流的结构，射流末端破碎产生大量离子和液滴。随着流速的提高，复合发射极由高比冲低推力的外部浸润式工作模式，切换到高推力低比冲的毛细管式工作模式，UCLA 等离子体与空间推进实验室进行的复合发射极实验中也观测到这种模式转换现象[8]。

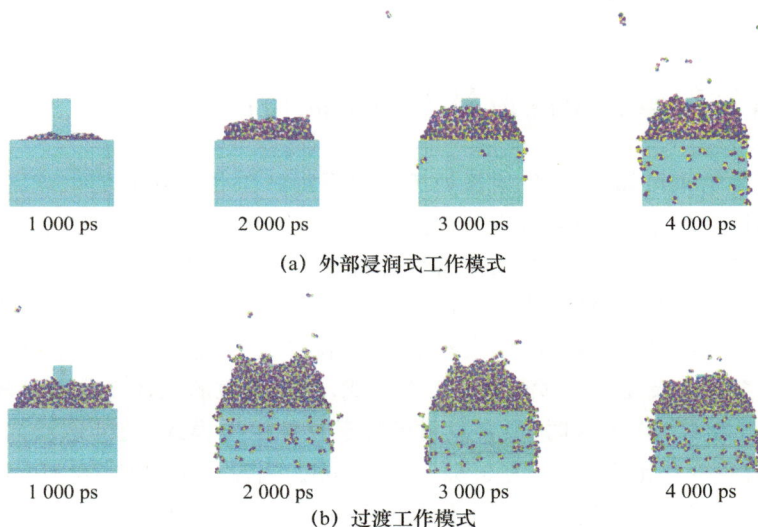

1 000 ps　　2 000 ps　　3 000 ps　　4 000 ps

(a) 外部浸润式工作模式

1 000 ps　　2 000 ps　　3 000 ps　　4 000 ps

(b) 过渡工作模式

图 5.8　复合发射极在不同流量条件下的电喷雾过程

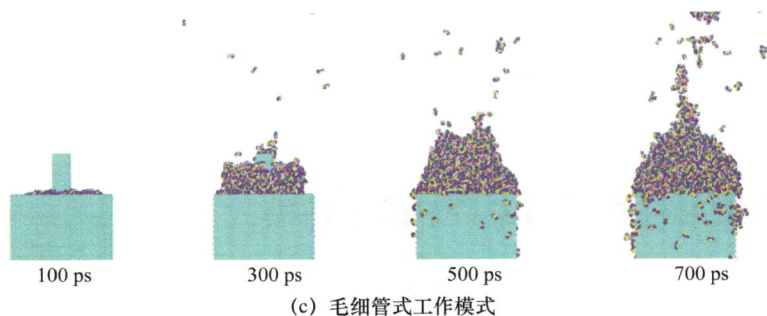

(c) 毛细管式工作模式

图 5.8   复合发射极在不同流量条件下的电喷雾过程(续)

不同的工作模式对应着不同的推进性能,图 5.9 所示为复合发射极在外部浸润式工作模式和毛细管式工作模式下的推力和比冲(由式(5.1)～式(5.3)计算得到)。从图中可以看出,外部浸润式工作模式对应着较高的比冲,但极低的工作流量也导致其推力偏低。当转换为毛细管式工作模式时,比冲下降约 11%,推力则大幅度提升 713%。

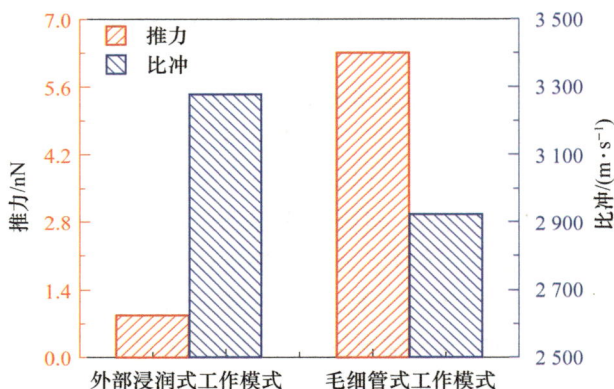

图 5.9   复合发射极在不同工作模式下的推进性能

5.3.4   复合发射极在不同流量下的束流特性

由 5.3.2 节的结果可知,复合发射极处于外部浸润式工作模式时的束流特性与毛细管型发射极的束流特性截然不同,当复合发射极的工作模式发生转变时,特别是由外部浸润式工作模式转变为毛细管式工作模式时,其束流特性也将发生显著变化。

图 5.10 所示为不同流速情况下,复合发射极的束流颗粒的平均粒径与平均荷质比随极角的分布。如图 5.10(a)所示,整体上,束流颗粒的粒径随着流速的增大而增大。当流速为 2.269 m/s 时,复合发射极处于外部浸润式工作模式,束流颗粒的粒径变化范围较小,为 0.61～0.65 nm。当流速为 4.537 m/s 时,复合发射极处于过渡工作模式,与外部浸润式工作模式相比,束流颗粒的粒径变化范围增大,为 0.52～0.72 nm。当流速增大到 18.155 m/s 时,复合发射极处于毛细管式工作模式,与前两种工作模式相比,一方面束流颗粒的粒径变化范围明显增大,为 0.60～1.21 nm;另一方面束流颗粒的粒径分布趋势也发生了显著改变,除了在轴线附

近区域存在少量小粒径颗粒外,整体上束流颗粒的粒径随着极角增大而减小。

束流颗粒的粒径越大,荷质比则越小,因而束流颗粒荷质比随极角的分布特性与粒径相反。如图 5.10(b)所示,束流颗粒的荷质比随着流速的增大而减小,束流颗粒的荷质比变化范围则随着流速的增大而增大。同样地,当流速增大到 18.15 m/s,复合发射极处于毛细管式工作模式时,不仅束流颗粒的荷质比变化范围明显增大,束流颗粒的荷质比分布趋势也发生了显著改变。

复合发射极的束流特性随着工作模式的改变而改变,处于毛细管式工作模式时,其束流特性与毛细管型发射极基本一致(结合图 5.6 可知)。

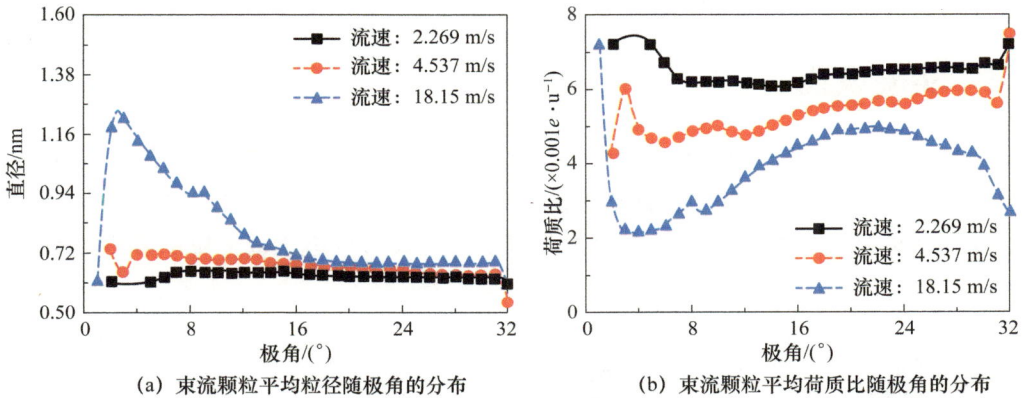

(a) 束流颗粒平均粒径随极角的分布　　　　　(b) 束流颗粒平均荷质比随极角的分布

图 5.10　复合发射极在不同流速下的束流特性

最后,分析复合发射极束流颗粒的荷电量与瑞利极限值的关系(见图 5.11)。如图 5.11(a)所示,在低流速下,复合发射极处于外部浸润式工作模式时,束流颗粒荷电量的分布较为集中,且所有束流颗粒的荷电量都在瑞利极限值以上。另外,从图 5.11(a)的小图可以看出,此时的束流颗粒中不含液滴。在高流速下,复合发射极处于毛细管式工作模式时,许多粒径大于 0.8 nm 的束流颗粒的荷电量在瑞利极限值以下,此时的束流颗粒中也含有液滴,从图 5.11(b)的小图可以看出,液滴电流最高可达 8 nA。可见,复合发射极束流颗粒的荷电量与瑞利极限值的关系也可预测束流颗粒中是否含有液滴。

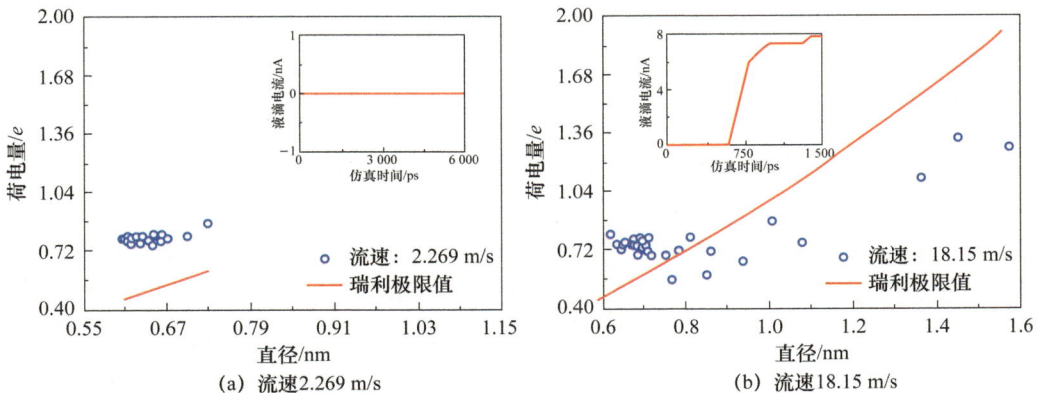

(a) 流速 2.269 m/s　　　　　　　　　　　(b) 流速 18.15 m/s

图 5.11　不同流速下复合发射极束流颗粒的荷电量

5.4 复合发射极电喷雾实验和仿真的比较分析

5.3 节通过仿真研究了复合发射极离子液体电喷雾推力器的不同工作模式,即低流量条件下的外部浸润式工作模式与高流量条件下的毛细管式工作模式。在仿真中可以对束流特性进行细致分析,而这通常难以使用实验手段进行观测,但受限于运算量,仿真中所研究的工况数量有限,而在实验中可以方便地调节流量、电压等操作参数。因此,接下来将通过实验对复合发射极离子液体电喷雾推力器在各工况下的工作模式展开详尽研究。

5.4.1 实验设置

离子液体电喷雾实验系统如图 5.12(a)所示,由流量控制模块、高压电源模块、推力器模块以及数据采集模块组成。为消除地面振动带来的干扰,整个实验系统搭建在一个光学平台上。通过计算机协调各模块,可在大气环境下完成复合发射极离子液体电喷雾推力器的实验研究。

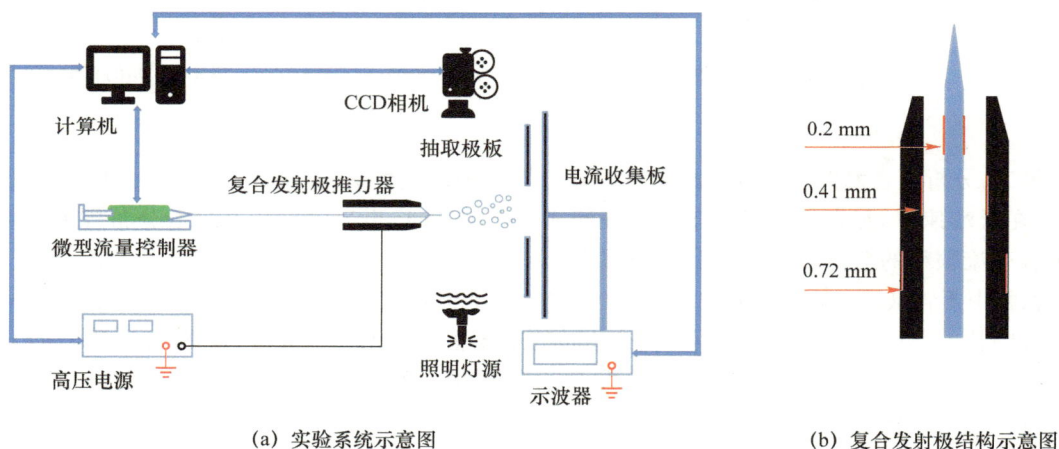

(a) 实验系统示意图   (b) 复合发射极结构示意图

图 5.12 离子液体电喷雾实验系统

5.4.1.1 流量控制模块

流量控制模块的主体是一个微型流量控制器(见图 5.13),采用德国 CETONI 公司制造的低压注射泵(low pressure syringe pumps)neMESYS 290N,其由注射器的主体(图 5.13 中标号③)与注射器的控制基座(图 5.13 中标号④)构成。在注射器上安装微量进样器(图 5.13 中标号①)用于储存离子液体,进样器出口通过 PEEK 管路(图 5.13 中标号②)与推力器发射极入口相连。推进剂的流量调节由注射器的转速与进样器的容积决定,流量调节精度可达 0.1 nL/s。需要指出的是,当流量低至 0.1 nL/s 时,为保证液体管路中的流速稳定,实验操作前应先打开微流泵,使其预热 30 min 以上,流量越低,预热时间越久。

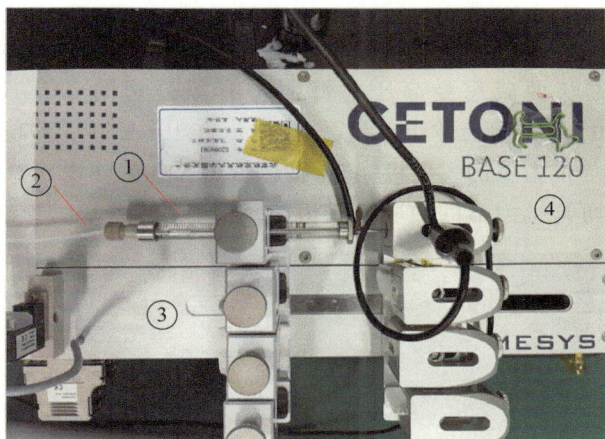

图 5.13　微型流量控制器

5.4.1.2　推力器模块

推力器模块如图 5.14 所示,其中发射极(图 5.14 中标号①)为不锈钢毛细管,毛细管的内径为 0.41 mm,外径为 0.72 mm,内部针头直径为 0.2 mm,伸出长度为 0.6 mm(其结构如图 5.12(b)所示)。

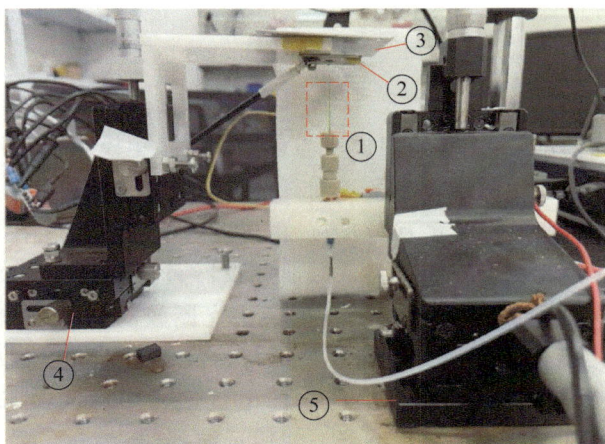

图 5.14　推力器模块

为避免液路连接处发生液体泄漏,发射极与 PEEK 管之间用标准鲁尔接头转接。在发射极上方是抽取极板,抽取极板(图 5.14 中标号②)是一块中间开孔的不锈钢平板,孔的直径为 4 mm,极板厚度为 1 mm,极板与发射极尖端的距离为 3.5 mm。为方便调节发射极与抽取极板的相对位置,将发射极与抽取极板分别安装在两个三维移动平台(图 5.14 中标号④、⑤)上。另外,在抽取极板上方有一块不锈钢材质的电流采集板(图 5.14 中标号③),用以收集穿过抽取极板的束流电流。

5.4.1.3　高压电源模块

高压电源模块采用陕西威思曼高压电源股份有限公司的 DEL10 * 10 高压电源（见图 5.15），可提供 0～10 kV 的直流输出电压，输出电流在 1 mA 以下。高压电源的指令信号受计算机调节，其输出端与推力器的发射极相连，提供推力器的工作电压。若推力器切换工作极性，高压电源的输出端可与推力器的抽取极板相连。

图 5.15　高压电源

5.4.1.4　数据采集模块

数据采集模块分为两部分：图片采集模块与束流电流采集模块，如图 5.16 所示。其中，图像采集由 CCD 相机完成，使用深圳市中微科创科技有限公司的 ZWSP-4KCH 型相机，其像元尺寸为 1.85 μm×1.85 μm，靶向尺寸为 1/1.7。由于发射极的尺寸过小，为清晰记录发射极出口处的液面形貌，在 CCD 相机上安装有北京派迪威仪器有限公司的 TD-IIS 型单简视频显微镜，最高放大倍数为 10。同时，为解决长距显微镜头光圈较小的问题，在图像采集时使用了 LED 照明灯源。束流电流采集模块由电流收集板与示波器组成，电流收集板为不锈钢平板，用于接收透过抽取极板的束流颗粒，其上产生的电流信号由示波器采集显示，示波器采用 Tektronix 公司生产的 TDS 2024C 型示波器。使用示波器时，为避免噪声信号对微弱的电流信号产生较大影响，使用同轴电缆作为电流传输线。

5.4.2　实验仿真对比

实验中的流量范围分为 3 个区间，分别为低流量（0.1 nL/s，0.5 nL/s）、过渡流量（5 nL/s，10 nL/s）与高流量区间（15 nL/s，20 nL/s），在每个流量区间中选取两个典型流量值下的实验结果进行分析，最后对不同工况下复合发射极的工作模式进行总结。需要指出的是，在复合发射极的仿真中所用离子液体为 EMIM-Tf$_2$N，该离子液体需在小口径（0.1 mm）毛细管中实现稳定工作[15]。而受限于加工精度，本章所用毛细管的口径较大（0.2 mm），为保证稳定工作，本节的实验研究选用了另一种离子液体 BMIM-PF$_6$。此外,由于 MD 模拟的体系局限于纳米尺度,与宏观尺度相距甚远,无法和实验进行定量比较,因此本节将对仿真结果与实验结果进行定性比较,在一定程度上对仿真结果进行验证。

(a) 图像采集模块

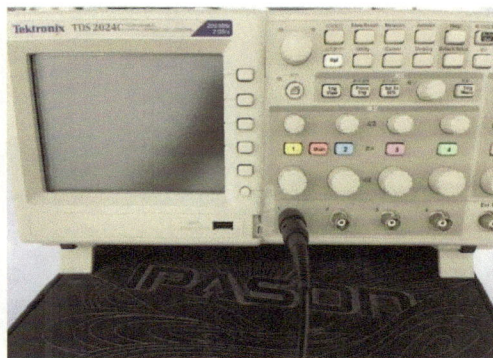

(b) 电流采集模块

图 5.16 数据采集模块

当液体流量极低时,发射极处于外部浸润式工作模式,出口处的液面始终位于内部电极顶端之下,无法覆盖内部电极(见图 5.17(a))。在本章的实验研究中,也验证了仿真中预示的低流量条件下发射极出口处的液面形貌(见图 5.17(b))。另外,在仿真中,可以看到复合发射极处于外部浸润式工作模式时,离子液体分子沿着内部电极表面运动至顶端后发射,形成的束流全由离子构成,而离子具有更大的荷质比与更高的运动速度,能够提升束流电流。本章的实验中测得的束流电流值也体现了这一结果,外部浸润式模式时(流量为 0.1 nL/s)的束流电流显著高于其他模式,这主要是因为在低流量外部浸润式模式时,束流颗粒中离子或高比荷颗粒占主导,在高流量毛细管式模式时,电场难以雾化离子液体,束流颗粒主要为低比荷的液滴。

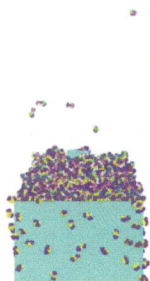

(a) 仿真现象

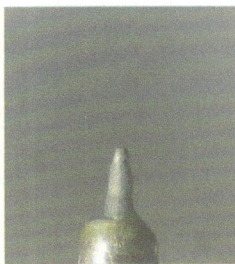

(b) 实验现象

图 5.17 外部浸润式工作模式

本章的仿真工作进一步研究了流量对工作模式的影响,研究表明流量升高后,发射极出口处的液面随之上升,复合发射极处于不稳定的外部浸润式模式(见图 5.18(a))。该模式下,当液面位于内部电极顶端之下时,由于液体的发射量低于供给量,一段时间后,液面将漫过内部电极。一旦液面漫过内部电极,由于内部电极顶端处的强电场显著提升了该处的发射量,会导致液面迅速下降至顶端之下。同样地,在本章的实验研究中,也观测到了液面的这种动态变化过程(见图 5.18(b))。而且,此时实验中测得的束流电流特性也能够反映出液面的这一动态变化过程,随着液面的周期性上升与下降,束流电流也发生周期性起伏(见图 5.18(c))。

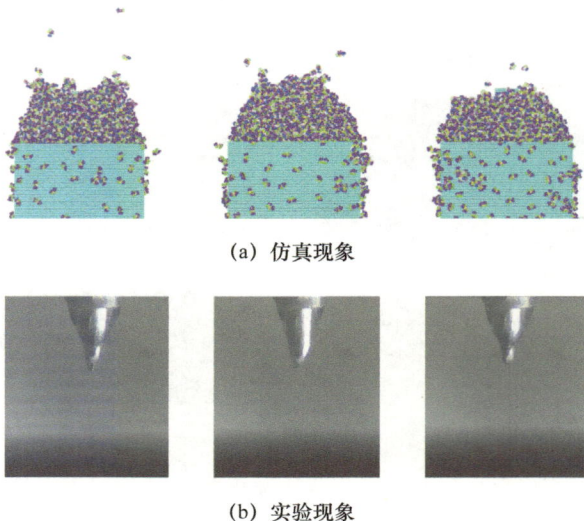

(a) 仿真现象

(b) 实验现象

(c) 束流电流

图 5.18　不稳定的外部浸润式工作模式

　　在本章的仿真研究中还发现,随着流量的进一步升高,复合发射极转换为毛细管式工作模式,内部电极完全被液体包覆,在发射极出口处形成完整的泰勒锥(见图 5.19(a)),该结论与高流量条件下的实验结果一致(见图 5.19(b))。

　　通过仿真可以清楚地看到,处于毛细管式工作模式下,泰勒锥顶端有一小股射流形成,射流破碎后产生大量液滴,而液滴的荷电量较低,对束流电流的提升效果有限。这一点也与实验中测得的束流电流特性相呼应,从本章的实验结果可以看出,复合发射极处于毛细管式工作模式时,即使升高工作电压,束流电流的变化幅度也极为有限。如图 5.19(c)所示,流量为 15 nL/s,电压为 3.2～3.8 kV 时(毛细管式工作模式对应的电压),束流电流几乎没有变化,而在电压大于 4.1 kV 后,束流电流出现剧烈跃升,这主要是由于强电场触发了空气放电,测得的电流绝大部分为放电电流[16]。

(a) 仿真现象　　　　　　　　(b) 实验现象

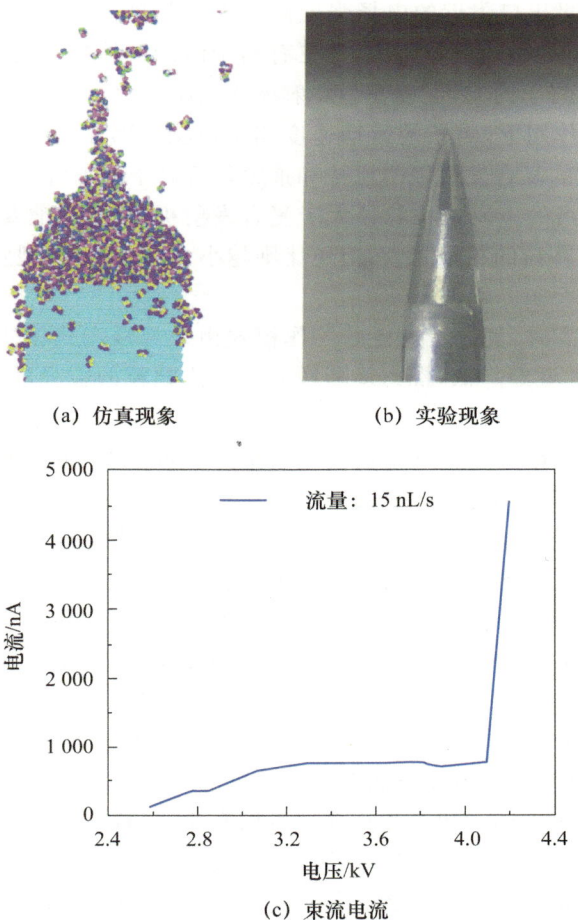

(c) 束流电流

图 5.19　毛细管式工作模式

　　本节将仿真结果与实验结果进行比较分析,发现仿真中预示的复合发射极在不同流量条件下的工作模式,以及发射极出口液面形态的变化,都在实验研究中得到验证。另外,通过仿真可以观察到难以通过实验测量的束流颗粒的运动,束流颗粒对束流电流的影响也在实验中得到验证。

5.5　本章总结

　　本章采用 MD 方法从微观分子层面对复合发射极离子液体电喷雾推力器进行仿真研究。以高精度的考虑极化效应的全原子势能函数模型为基础,比较研究了相同的低流量工况下,复合发射极和毛细管型发射极的工作模式及束流特性,并进一步研究了不同流量对复合发射极工作模式与束流特性的影响。研究得到的主要结论如下。

　　(1) 在较低的流量下,毛细管型发射极的出口处有泰勒锥形成,复合发射极则处于外部浸润式工作模式。

（2）由于复合发射极出口附近的电场强度高于毛细管型发射极，更有利于离子液体的雾化，而且内部电极增大了通道的流体阻力，也更有利于离子液体的雾化，故在较低的流量下复合发射极的束流完全由离子构成，毛细管型发射极的束流则含有液滴。

（3）在电场的加速作用下，离子的运动速度高于液滴。因此，在相同的低流量条件下，处于外部浸润式工作模式的复合发射极的比冲和推力显著高于毛细管型发射极。

（4）毛细管型发射极的束流颗粒粒径大于复合发射极，且毛细管型发射极的束流颗粒粒径变化范围更广。由于颗粒的粒径越大，荷质比则越小，因此两种构型发射极的束流颗粒荷质比的分布特性与粒径相反。

（5）当流量逐步升高时，复合发射极的工作模式由外部浸润式模式切换至过渡模式再到毛细管式工作模式，比冲逐渐降低，推力逐渐增大。束流颗粒的粒径随着流量的增大而增大，荷质比随着流量的增大而减小。

（6）对离子液体电喷雾推力器束流颗粒荷电量的分析表明，束流颗粒荷电量与瑞利极限值的关系可以预测束流颗粒中是否含有液滴。

将实验结果与仿真结果进行定性比较，研究得到的主要结论如下。

（1）如仿真结果所预示的一样，极低的流量（0.1 nL/s 左右）下，复合发射极处于外部浸润式工作模式。流量升高后（0.5～10 nL/s），随着电压的升高，复合发射极依次处于不稳定的毛细管式工作模式、稳定的毛细管式工作模式与不稳定的外部浸润式工作模式，无法实现稳定的外部浸润式工作模式。

（2）束流电流随着电压的增大而增大，但当液体无法包覆内部电极时，进一步增大电压极易引起内部电极放电，导致束流电流骤然上升。一般情况下，液体流量的增大也会引起束流电流上升，但流量过高（约 10 nL/s）也会使得液体难以雾化，导致束流电流下降。

（3）本章的仿真研究与实验研究取得了定性一致，仿真中预示的复合发射极在不同流量条件下的工作模式以及发射极出口液面形态的变化，都在实验研究中得到了验证。

参考文献

[1] ZIEMER J, MARRESE-READING C, DUNN C, et al. Colloid Microthruster Flight Performance Results from Space Technology 7 Disturbance Reduction System［C］//The 35th International Electric Propulsion Conference. USA：AIAA, 2017：578.

[2] LOZANO P. Energy Properties of an EMIM-Im Ionic Liquid Ion Source［J］. Journal of Physics D：Applied Physics, 2005, 39(1)：126-134.

[3] MÁXIMO D, VELÁSQUEZ-GARCÍA L. Additively Manufactured Electrohydrodynamic Ionic Liquid Pure-ion Sources for Nanosatellite Propulsion［J］. Additive Manufacturing, 2020, 36：101719.

[4] HILL F, HEUBEL E, DE LEON P, et al. High-throughput Ionic Liquid Ion Sources Using Arrays of Microfabricated Electrospray Emitters with Integrated Extractor Grid and Carbon Nanotube Flow Control Structures［J］. Journal of Microelectromechanical Systems, 2014, 23(5)：1237-1248.

[5] LEGGE R, LOZANO P. Performance of Heavy Ionic Liquids with Porous Metal Electrospray Emitters ［C］//The 44th AIAA/ASME/SAE/ASEE Joint Propulsion Conference & Exhibit. USA：AIAA, 2008：5002.

［6］　BERG S，ROVEY J. Assessment of Multimode Spacecraft Micropropulsion Systems［J］. Journal of Spacecraft and Rockets，2017，54(3)：592-601.

［7］　LITTLE B，JUGROOT M. Investigation of an Electrospray within a Cold Gas Nozzle for a Dual-mode Thruster［C］//The 53rd AIAA/SAE/ASEE Joint Propulsion Conference. USA：AIAA，2017：5038.

［8］　WRIGHT P，HUH H，UCHIZONO N，et al. A Novel Variable Mode Emitter for Electrospray Thrusters［C］// The 35th International Electric Propulsion Conference. USA：AIAA，2017：650.

［9］　PRINCE B，TIRUPPATHI P，BEMISH R，et al. Molecular Dynamics Simulations of 1-ethyl-3-methylimidazolium bis［(trifluoromethyl) sulfonyl］ Imide Clusters and Nanodrops［J］. The Journal of Physical Chemistry A，2015，119(2)：352-368.

［10］　MARTÍNEZ L，ANDRADE R，BIRGIN E，et al. PACKMOL：A Package for Building Initial Configurations for Molecular Dynamics Simulations［J］. Journal of Computational Chemistry，2009，30(13)：2157-2164.

［11］　ROMERO-SANZ I，BOCANEGRA R，DE LA MORA J，et al. Source of Heavy Molecular Ions Based on Taylor Cones of Ionic Liquids Operating in the Pure Ion Evaporation Regime［J］. Journal of Applied Physics，2003，94(5)：3599-3605.

［12］　DE LA MORA J，LOSCERTALES I. The Current Emitted by Highly Conducting Taylor Cones［J］. Journal of Fluid Mechanics，1994，260：155-184.

［13］　GAÑÁN-CALVO A，DAVILA J，BARRERO A. Current and Droplet Size in the Electrospraying of Liquids，Scaling Laws［J］. Journal of Aerosol Science，1997，28(2)：249-275.

［14］　GAMERO-CASTAÑO M. The Structure of Electrospray Beams in Vacuum［J］. Journal of Fluid Mechanics，2008，604：339-368.

［15］　GAMERO-CASTAÑO M，MAGNANI M. The Minimum Flow Rate of Electrosprays in the Cone-jet Mode［J］. Journal of Fluid Mechanics，2019，876：553-572.

［16］　CHENG Y，WANG W，YAN J，et al. Discharge in Electrospraying of Highly Conductive Aqueous Solution Coated with Outer Ionic Liquid［J］. Physica Scripta，2023，98(11)：115307.

第 6 章

混合离子液体电喷雾模拟

6.1 概 论

为满足高精度、无拖曳控制对连续可调的微牛级推进能力的迫切需求,以及适应微小卫星日益多元化高精度的任务背景,离子液体电喷雾推力器的发展定位不仅仅是对高比冲(>1 000 s)的追求,对推力范围也提出了更高的需求(1~100 μN)。这主要是因为离子液体电喷雾推力器一般是通过抽取电压和流量来调控推力比冲,对于选定的发射极口径和推进剂,稳定锥射流模式的电压区间和流量区间都将受到限制,因此,推力和比冲的调节范围自然也受到限制。

除了电压和流量,不同的离子液体也会影响电喷雾推力器的推力比冲范围[1],作为电喷雾工质,其最理想的状态就是在较低外加电压下产生高比冲、高束流电流和高推力水平[2]。然而,在庞大的离子液体家族中,电喷雾推力器最优离子液体的选择和设计一直是待解决的问题,怎样糅合不同性质离子液体的优势并在电喷雾推力器应用中根据不同发射需求灵活匹配推进剂,是一个值得思考的问题。目前大部分的研究是针对单一离子液体在毛细管中的流动及喷射过程,来分析抽取电压和流量对射流特性及推力性能的影响,关于不同离子液体的对比以及混合离子液体对电喷雾推力器影响的研究相对较少。

离子液体的混合,在化学领域应用比较成熟,单一离子液体常用来设计溶剂,可以通过独立选择阳离子和阴离子进行调配,使它们成为特定应用的最佳溶剂。Niedermeyer H. 等人提出了 4 种不同的离子液体混合规则,根据混合组分的命名方式可分为二元、互易二元、互易三元和三元离子液体[3]。一些离子液体混合物可表现出理想的性质,即混合溶液的物理性质服从摩尔或质量平均混合定律,此外还有一些离子液体混合溶液的物理性质随组分的相对数量呈非线性变化[4]。离子液体的混合在化学工业中得到了广泛研究和应用,离子液体在电喷雾推力器领域的影响却被低估了。一方面原因是,目前对电喷雾最优推进剂的选择和设计的研究有限;另一方面,混合离子液体在电喷雾中的应用较少,相关研究也不充分。

Wainwright M. 等人研究了适用于双模式(化学推进和电喷雾推进)微推进系统的混合离子液体设计,并揭示了质子型和非质子型离子液体混合发射的重要性,其目的是找到与化学推进和电喷雾推进兼容的推进剂[5]。基于 Wainwright M. 的工作，Mehta N. 等人针对 EMIM-EtSO_4 和 EAN 混合而成的离子液体液滴，利用 MD 方法研究轴向电场下液滴发射离子的微观物理过程[6]。此后，Wainwright M. 等人将离子液体按不同比例混合，发现其物理性质（密度、表面张力系数、电导率等）呈非线性变化，并进一步提出通过按比例混合离子液体得到的工质，可能使电喷雾推力器的推进性能超出使用混合前的两种离子液体带来的推进性能[7]。可见混合离子液体能够拓宽单一离子液体的性质，有望对推进剂性能进行优化，从而在选择推进剂时，能够向推进性能最优化靠拢，进而改善推力器推进性能，扩宽推力器推力调节范围。

　　然而上述关于混合离子液体的研究中都未涉及混合离子液体对电喷雾发射模式影响的机制，无法确定混合离子液体对电喷雾推力器推力调节范围的影响，同时相关的实验研究也缺乏发射模式转变的机理细节。因此本章工作将基于 MD 模拟，从微观角度出发，对不同离子液体进行分析选择、混合、变配比，研究混合离子液体对发射模式影响的微观机制，并通过实验方法对仿真结果进行验证，最终寻求拓宽稳定锥射流电压范围的方法，为进一步实现电喷雾推力器宽范围推力调节目标铺垫道路。

6.2　模型与模拟方法

　　离子液体电喷雾仿真的尺度极小且运算量巨大，目前国际上相关学者提出离子液体的粗粒度模型，能够针对单一离子液体进行电喷雾仿真并降低仿真运算量。然而粗粒度模型忽略了液体分子的具体原子结构信息，对混合离子液体进行仿真时存在仿真精度不足，无法反映出混合离子液体电喷雾特性的缺陷。因此，本章同样采用考虑极化效应的全原子模型[8-9]，针对离子液体 EMIM-DCA、BMIM-PF_6 和二者的混合离子液体的电喷雾过程开展仿真研究，EMIM-DCA 和 BMIM-PF_6 的全原子模型如图 6.1 所示，分别由 24 个和 32 个原子组成。

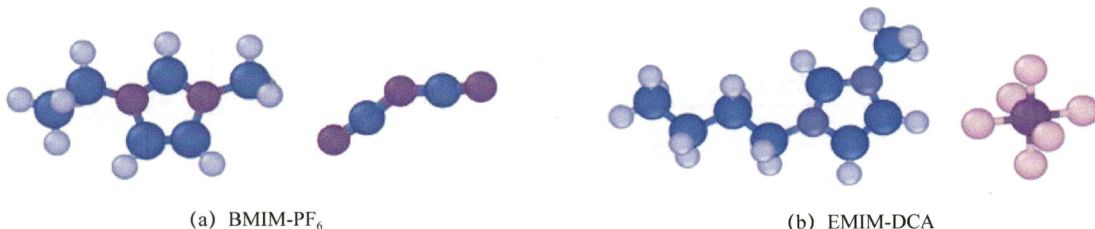

(a) BMIM-PF_6　　　　　　　　　　　(b) EMIM-DCA

图 6.1　全原子模型结构示意图

6.2.1　仿真区域模型

　　本章使用的几何模型包括离子液体性质计算模型和毛细管电喷雾仿真模型。其中离子液体性质计算模型为 128 个分子组成的 40 Å×40 Å×40 Å 的立方体，如图 6.2(a)所示；毛细管电喷雾仿真模型，根据毛细管体积和离子液体密度计算出合理的离子液体分子个数，本工作中用到的不同离子液体分子个数在 10 000 个左右，如图 6.2(b)所示。除了对 EMIM-DCA 和 BMIM-PF_6 单独建立了离子液体性质计算模型和毛细管电喷雾仿真模型以外，将两种离子液体按照混合比例计算出相应的分子个数占比，建立了质量混合配比为 $1:3$、$1:1$ 和 $3:1$ 的混合离子液体性质计算模型和毛细管型电喷雾仿真模型。

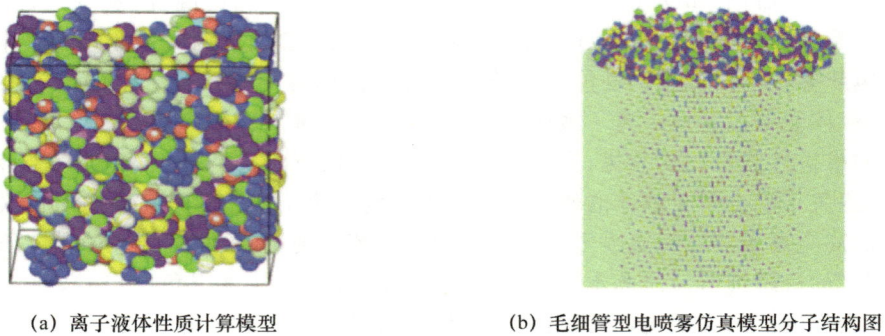

(a) 离子液体性质计算模型　　　　　　(b) 毛细管型电喷雾仿真模型分子结构图

图 6.2　仿真模型示意图

考虑到分子模拟计算量的巨大以及毛细管电喷雾形态的保持，根据已有研究经验[10]将毛细管长度取为 280 Å，半径取为 56 Å。电喷雾模型原理图、三维仿真域和电场边界条件如图 6.3 所示。除轴向电场外，在模拟区域还施加了对泰勒锥的形成有关键影响的径向电场。

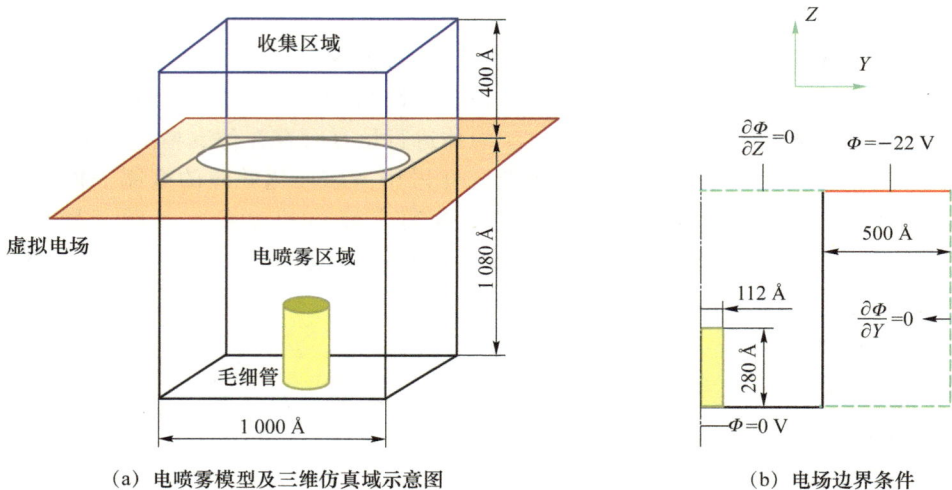

(a) 电喷雾模型及三维仿真域示意图　　　　(b) 电场边界条件

图 6.3　毛细管型电喷雾

电场的边界条件如图 6.3(b)所示，整个发射极表面电势为零，抽取极电势为负值，其他虚线对应的面应用 Neumann 边界条件，在这些边界条件下，采用有限差分法求解拉普拉斯方程得到空间电场分布[11]，表达式为

$$\nabla^2 \varphi = 0 \tag{6.1}$$

毛细管管壁选用金属铂原子，铂原子与液体之间的相互作用按照 Lorentz-Berthelot 混合法则计算。在进行仿真前液体在毛细管内充分平衡 1.5 ns 后，通过施加流场和电场以模拟泰勒锥的形成发展过程及射流发射。为了在毛细管内产生稳定质量流动，利用 9-3 Lennard-Jones(式(6.2))势能函数制造了一堵移动的势壁，靠近势壁的粒子会受到强烈的斥力作用而被排斥开来，势壁沿着管道底部向上移动，推动液体流动。

$$\varphi_{wall}(z) = \varepsilon \left[\frac{2}{15} \left(\frac{\sigma}{r} \right)^9 - \left(\frac{\sigma}{r} \right)^3 \right], r < r_e \qquad (6.2)$$

$$v_{wall} = \frac{\dot{m}}{\rho \pi r_{tube}^2} \qquad (6.3)$$

式(6.3)中，$\dot{m}$ 表示质量流率；r_{tube} 表示毛细管内径；ρ 表示密度；v_{wall} 表示势壁移动的速度。

6.2.2　平衡态属性计算

离子液体 EMIM-DCA 和 BMIM-PF$_6$ 的势能函数模型均采用 OPLS-AA 模型，该势能函数来自 Doherty B. 等人的工作[8]。其中 EMIM-DCA 的阴离子 DCA，当其键合原子之间的原子长度不保持刚性时，会导致仿真过程中出现收敛问题，Prince B. 等人的工作中也出现过类似问题[12]。故本研究通过对 DCA 的键合原子增加 rigid 命令进行刚体处理，处理前后分子的径向分布函数(radial distribution function，RDF)图几乎没有变化，如图 6.4 所示。RDF 图是系统的区域密度与平均密度的比值，它反映了液体的微观结构信息和分子间力的强度，也表征了液体的结构。由此可知，将 DCA 的键合原子做刚体处理后，可避免仿真中出现的收敛性问题，同时 EMIM-DCA 液体分子性质保持稳定，对仿真结果影响不大。

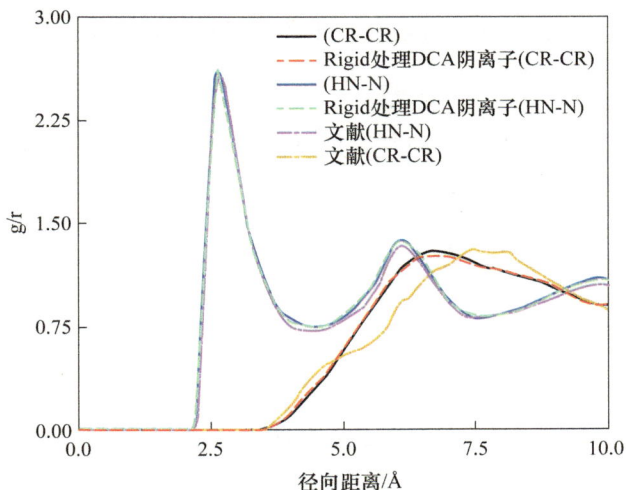

图 6.4　对 DCA 阴离子进行 rigid 约束前后 RDF 对比

为了验证模型计算的准确性，对离子液体 EMIM-DCA、BMIM-PF$_6$ 及二者的混合物(mixture)(各 50％质量分数)进行平衡态仿真，计算获得平衡态属性(包括扩散率、黏性及离子电导率等输运性质)，并与实验测量值及现有参考文献[15-21]数据进行对比。为了计算离子液体的扩散率、黏性及离子电导率等输运性质，3 种离子液体仿真分别选取 128 个离子对模型，首先在 NVT 系综下进行预热，采用 Nose-Hoover 恒温热浴，在 295 K 温度下弛豫 400 ps。而后在 NPT 系综下充分平衡 10 ns，观察系统密度的变化趋势，如图 6.5 所示。3 种离子液体的密度都在一定值附近波动，而且混合物的密度始终在 EMIM-DCA 和 BMIM-PF$_6$ 之间，这与实际是相符的。随着仿真进行，EMIM-DCA 的密度趋于 1.068 g/cm^3，与实际值误差约为 1％；BMIM-PF$_6$ 的密度趋于 1.457 g/cm^3，与实际值误差约为 2％。另外，对两种离子液体按照质量分数 50% 比例混合的混合物进行性质计算,其密度约为 1.212 g/cm³,在 EMIM-DCA 和 BMIM-PF$_6$ 之间。

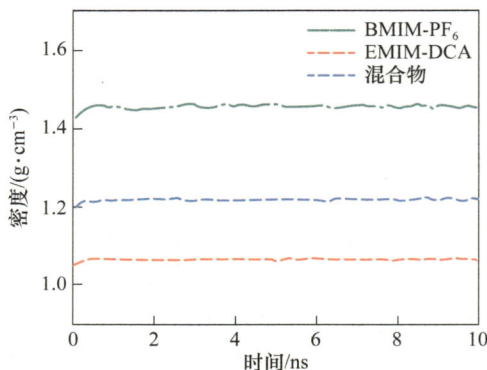

图 6.5　离子液体密度对比

随后在 NVT 系综下仿真进行输运性质分析,恒温充分平衡 6 ns,获得分子轨迹等信息。为了增加计算性质的准确性和可重复性,采用与 LAMMPS 兼容的基于 Python 语言的开源后处理程序 PyLAT[13]进行数据处理。自扩散系数根据 Einstein 表达式(式(6.4))计算,为了增加结果的可靠性,采取 3 条独立轨迹分析获得平均自扩散率和标准偏差。

$$D_S = \frac{1}{6} \lim_{t \to \infty} \frac{d}{dt} \langle [r(t) - r(0)]^2 \rangle \tag{6.4}$$

黏滞系数采用应力张量自相关函数计算(式(6.5)),由于自相关函数在较长时间内存在大量噪声,因此同样采用 3 条独立轨迹进行计算。

$$\eta = \frac{V}{k_B T} \int_0^\infty \langle \tau_{\alpha\beta}(t) \times \tau_{\alpha\beta}(0) \rangle \, dt \tag{6.5}$$

计算离子电导率时,采用 Nernst-Einstein 方程从自扩散率估计离子电导率,用 Green-Kubo 关系式(6.6)来确定高浓度下离子运动的相关性[14]。取 3 个独立轨迹得到离子电导率的平均值和标准差。

$$\begin{cases} \sigma = \dfrac{e^2}{k_B T V} \sum_i N_i q_i^2 D_i \\ \sigma = \dfrac{1}{3 k_B T V} \int_0^\infty \langle J(t) \times J(0) \rangle dt \end{cases} \tag{6.6}$$

混合前后自扩散系数、黏性及离子电导率的对比以及仿真结果与实验结果对比如表 6.1 所示,其中混合前的离子液体仿真计算值和参考文献[15-21]有较好的吻合度,误差在合理范围之内,验证了仿真模型的准确度。根据混合结果的对比,初步认定所选取的两种非质子型离子液体混合物的物理性质服从摩尔或质量平均混合定律。

表 6.1　离子液体混合前后性质对比

离子液体	EMIM-DCA		BMIM-PF$_6$		混合物
	实验值	仿真值	实验值	仿真值	仿真值
密度/g·cm^{-3}	1.08[15]	1.068	1.42[16]	1.457	1.212

离子液体	EMIM-DCA		BMIM-PF$_6$		混合物
阳离子扩散系数/（×10^{-12} m²s^{-1}）		38.11	9.70[17]	10.43	35.39
阴离子扩散系数/（×10^{-12} m²s^{-1}）		59.22	8.82[17]	8.96	38.37
黏滞系数/(mPa·S)	22.0[18]	22.4	173[19]	175.9	59.7
电导率/(S·m^{-1})	1.8[20]	1.81	0.163[21]	0.215	1.038

6.3　混合离子液体电喷雾微观工作机制研究

6.3.1　三种离子液体电喷雾的锥射流形成演化

首先通过 PACKMOL 分子建模将离子液体 EMIM-DCA 和 BMIM-PF$_6$ 按各 50％质量分数混合，得到混合物。然后对其进行电喷雾发射过程的模拟，设置仿真工况为抽取电压 24 V，体积流量 $1.91×10^{-15}$ m³/s。混合离子液体的发射模式为离子-液滴混合模式，在仿真物理时间为 600 ps 时，离子液体形成锥射流并进一步破碎为液滴；在仿真时间为 1 400 ps 时，形成稳定的锥射流模式，并在射流末端或泰勒锥尖端发射液滴或离子。

毛细管电喷雾发射过程的分子模拟结果如图 6.6 所示。仿真开始前毛细管内液面与毛细管出口平行，当施加一定的抽取电压后，液面开始沿轴向移动，逐渐形成稳定的泰勒锥，并有离子从泰勒锥表面发射出（见图 6.6(a)），或者液体从毛细管发射形成锥射流，进而射流破碎为液滴（见图 6.6(b)）。图 6.6 中还能观察到羽流粒子分布，EMIM-DCA 发射的粒子分布角度较广，BMIM-PF$_6$ 发射的液滴主要沿轴向分布。除了从原子层面观察到电喷雾发射的动态过程以及羽流粒子分布情况以外，仿真结果还表明了不同性质的离子液体在相同的工况下（抽取电压为 -22 V，体积流量为 $1.91×10^{-15}$ m³/s），发射模式不一样，即离子液体 EMIM-DCA 为离子发射模式，BMIM-PF$_6$ 为液滴发射模式。两种离子液体的电喷雾发射模式的仿真结果与现有实验一致，验证了仿真手段及模型的合理性。

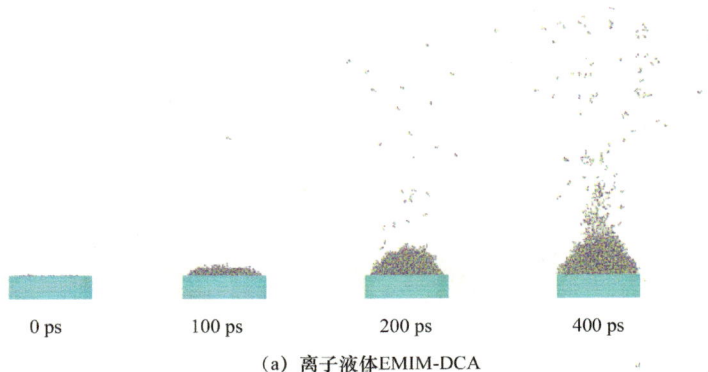

0 ps　　　100 ps　　　200 ps　　　400 ps

(a) 离子液体EMIM-DCA

图 6.6　电喷雾发射过程的分子模拟结果

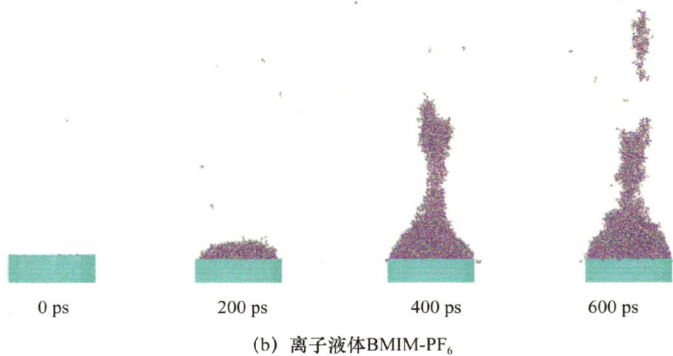

| 0 ps | 200 ps | 400 ps | 600 ps |

(b) 离子液体BMIM-PF$_6$

图 6.6   电喷雾发射过程的分子模拟结果(续)

　　两种离子液体混合后,电喷雾的发射模式转变为离子-液滴混合模式(见图 6.7),这种模式转变是通过将不同离子液体混合改变其物理性质实现的,而非通过传统的流量电压调节。

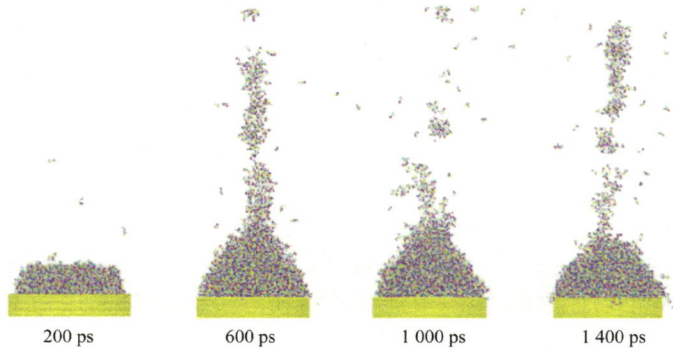

| 200 ps | 600 ps | 1 000 ps | 1 400 ps |

图 6.7   混合离子液体的离子-液滴混合发射模式

　　离子液体混合后,泰勒锥形成时间变化如图 6.8 所示。EMIM-DCA 的泰勒锥形成速度最快,BMIM-PF$_6$ 的泰勒锥形成速度较慢,混合物的泰勒锥形成速度介于二者之间。在 3 种离子液体中,EMIM-DCA 的电导率最高,黏滞系数最低,BMIM-PF$_6$ 具有最低的电导率和最高的黏滞系数。由此可以看出,离子液体的高电导率和低黏滞系数加速了泰勒锥的形成。

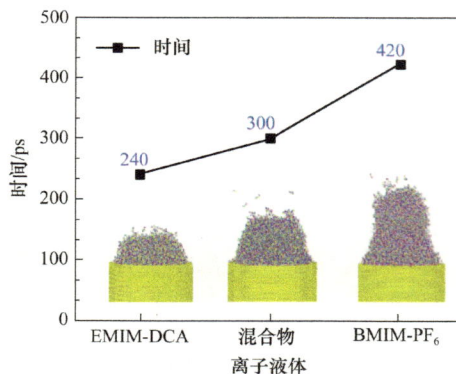

图 6.8   离子液体形成稳定泰勒锥所需时间的比较

离子液体混合后，发射电流受到了影响，如图 6.9 所示。三者比较，EMIM-DCA 的发射的离子最先到达极板，并且发射电流最大，此外根据曲线发展趋势判断其达到稳定电流的时间最短。BMIM-PF$_6$ 离子到达极板速度最慢，发射电流最小，达到稳定电流的时间最长。获得的混合物的电流数据均在 EMIM-DCA 和 BMIM-PF$_6$ 之间。由此可知，启动电流时间、发射电流的大小和稳定时间与泰勒锥形成的速度和稳定时间有着密切的关系，而离子液体的性质会对这些性质产生直接影响。

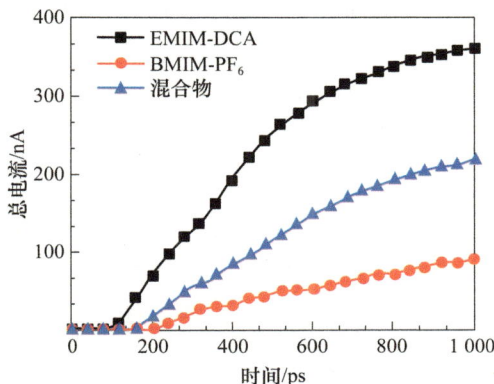

图 6.9　总发射电流与启动时间的比较

6.3.2　混合离子液体电喷雾发射特性研究

6.3.2.1　离子液体混合对发射模式的影响

Nabity J. 等人[1]和 Cook R. 等人[2]对离子液体 EMIM-DCA 和 BMIM-PF$_6$ 的电喷雾发射特性分别开展了实验研究，研究表明前者倾向于离子发射，后者倾向于液滴发射，两者按各自 50% 的质量比混合后，在相同操作条件[1]下形成离子-液滴混合模式。为了探究离子液体电喷雾锥射流发射过程的微观细节以及发射粒子的组成和分布，本研究分别对 3 种离子液体电喷雾发射模式进行了 MD 模拟。在体积流量恒定为 1.91×10^{-15} m^3/s，抽取电位为 -22 V 的条件下，得到的电喷雾发射过程如图 6.10 所示。

对于电喷雾束流中的粒子，将中性分子数 $n\leqslant6$ 的团簇定义为离子，包括单体($n=0$)、二聚体($n=1$)、三聚体($n=2$)等；中性分子数目为 $n>6$ 的团簇被定义为液滴。仿真结果表明，在 EMIM-DCA 电喷雾射流形成初期(见图 6.10(a)中 $t=600$ ps 时)存在少量液滴，随着电喷雾锥射流的发展，逐渐稳定为离子发射模式，虽然在初始时刻存在较大的液滴，但仍可认为 EMIM-DCA 电喷雾的稳定发射模式为纯离子模式。BMIM-PF$_6$ 电喷雾的稳定锥射流主要破碎成液滴并伴随着少量不可避免的离子，电喷雾发射模式为液滴模式。而混合离子液体的锥射流中含有大量液滴以及离子，电喷雾发射模式为离子-液滴混合模式。毫无疑问，混合后离子液体的电喷雾发射模式发生了变化，这与参考文献[1]、[2]中的实验结果一致。

混合物电喷雾束流粒子成分如图 6.11 所示。较大的液滴由阳离子 EMIM$^+$ 和 BMIM$^+$ 组成，主要分布在轴线处。单体离子主要分布在轴线两侧，绝大部分是 EMIM$^+$。此外，由

图 6.11 可知，单体离子来源主要有两点，一是直接从泰勒锥表面发射，二是随着射流发展液滴破碎产生或是直接从液滴表面发射。这种混合离子液体电喷雾的束流粒子分布现象，和现有质谱诊断的研究结果一致[22]，从原子层面揭示了束流的分布和发展特征。离子或小液滴倾向于占据较大的羽流角，而质量更重的大液滴倾向于保持在轴线附近，粒子质量和电荷随羽流角的分布如图 6.11(b)和图 6.11(c)所示。随着射流的发展和破碎，仿真中也观察到了液滴二次离子发射的现象。二次离子发射是指在外加电场作用下，射流中的液滴进一步释放离子。Mehta N.等人的工作详细描述了单个液滴在均匀电场下的动力学行为，也观察到了类似的液滴二次离子发射现象[6]。

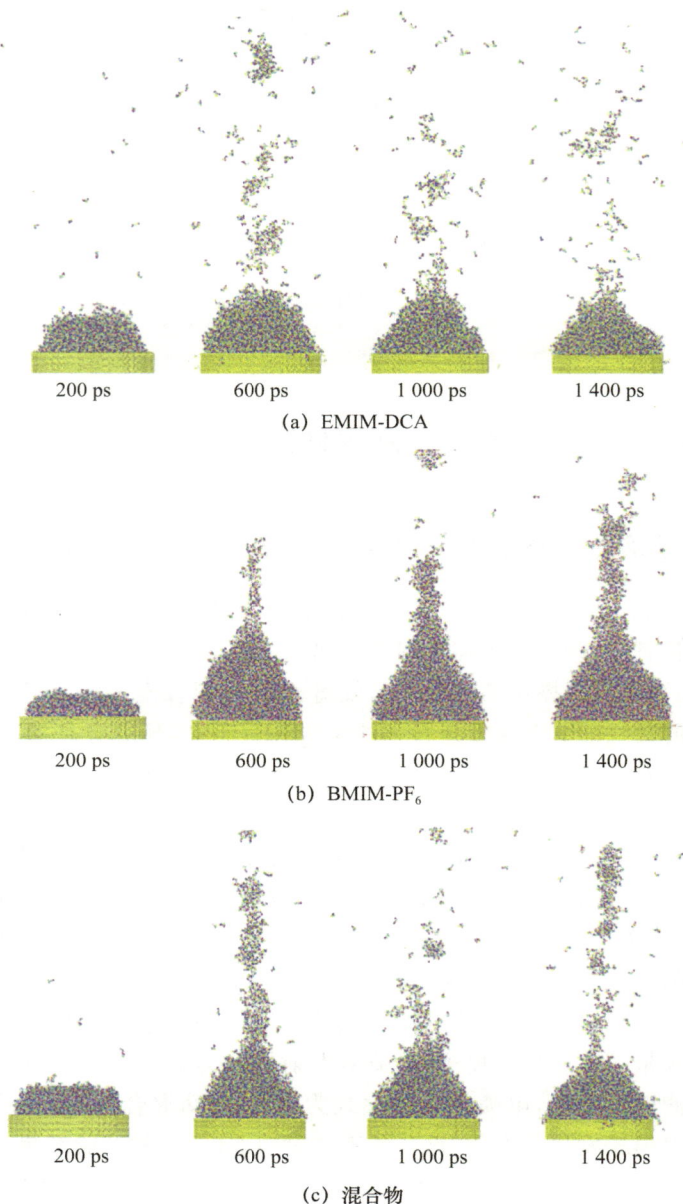

(a) EMIM-DCA

200 ps   600 ps   1 000 ps   1 400 ps

(b) BMIM-PF$_6$

200 ps   600 ps   1 000 ps   1 400 ps

(c) 混合物

200 ps   600 ps   1 000 ps   1 400 ps

图 6.10　不同离子液体在不同时刻的电喷雾过程比较

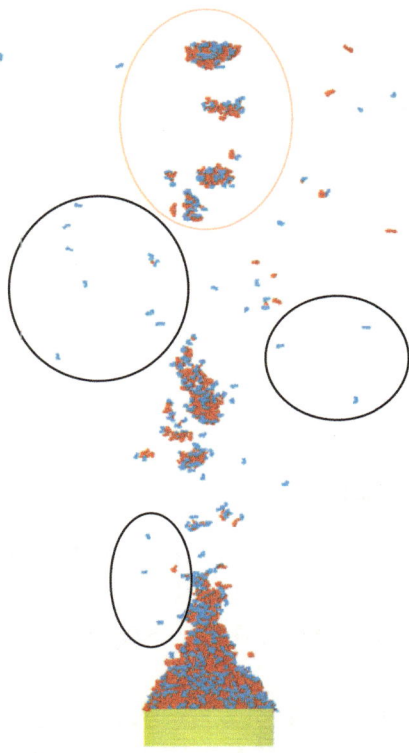

(a) EMIM-DCA和BMIM-PF₆
混合物的电喷雾射流细节

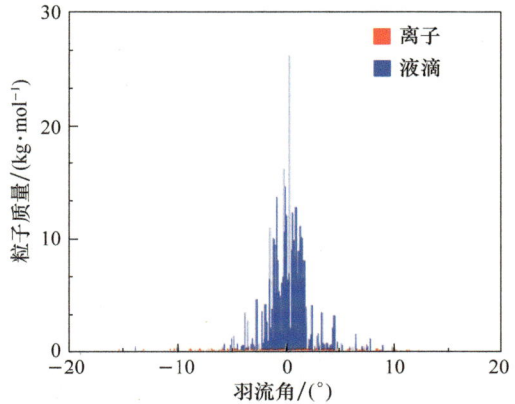

（b）粒子质量分布随羽流角的变化

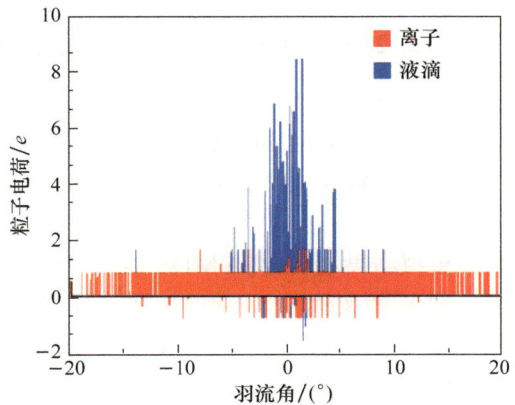

（c）粒子电荷分布随羽流角的变化

图 6.11　混合物电喷雾束流粒子成分

6.3.2.2　离子液体混合对库仑势能的影响

为了进一步探索离子液体混合的影响,本节选择了 5 种不同比例混合的离子液体,模拟其电喷雾发射过程。从库仑势能的角度分析发射模式的转变,如图 6.12 所示,混合离子液体的库仑势能与混合比例相关。随着 EMIM-DCA 质量分数的增加,混合物的库仑势能绝对值增大。结合离子液体的库仑势能对 6.3.2.1 节所得到的离子液体的发射模式进行分析,在目前考虑的工作条件下(体积流量 1.91×10^{-15} m³/s,抽取电压 -22 V),具有最大负库仑势能的纯 BMIM-PF₆ 电喷雾产生液滴发射模式,具有最小负库仑势能的纯 EMIM-DCA 电喷雾产生离子发射模式,混合离子液体的库仑势能大小介于 EMIM-DCA 和 BMIM-PF₆ 之间,因此其发射模式为离子-液滴混合模式。库仑势能反映了液体分子的内聚力,它的绝对值越高,粒子间的内聚力越强,因此粒子间的相互作用越强,越容易发射出液滴,反之则相对容易发射出离子。此外,随着模拟时间的延长,库仑势能的绝对值逐渐减小,表明液体分子的内聚力逐渐减小,反映了电喷雾锥射流破碎为液滴和离子的过渡过程(见图 6.12)。

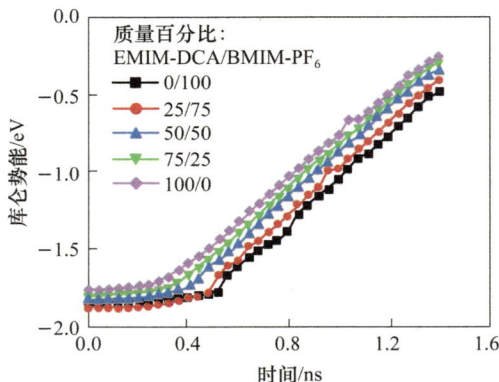

图 6.12　不同混合比下的库仑势能

6.3.2.3　离子液体混合对离子液体物理性质的影响

本节计算并比较了不同混合比离子液体混合物的密度、黏性和电导率,并分析不同离子液体性质对发射模式的影响。如图 6.13 所示,混合物的密度和电导率几乎与混合比呈线性变化。随着 EMIM-DCA 比例的增加,黏性呈下降趋势,且 MD 模拟黏性计算值呈下降趋势在合理范围内。

模拟结果表明,纯 EMIM-DCA 和 BMIM-PF$_6$ 在体积流量为 1.91×10^{-15} m³/s、抽取电压为 -22 V 的条件下,分别产生离子发射模式和液滴模式。当 EMIM-DCA 质量分数为 25%、50% 和 75% 时,混合物均为离子-液滴模式,离子比例依次增加,液滴比例逐渐减少。在相同的电压和供给流量下,不同离子液体的电喷雾发射模式不同,其本质上是受离子液体性质的影响。因此,结合离子液体的发射模式及其基本性质,不难发现低黏性、高电导率的离子液体更倾向于离子发射。事实上,阴离子与阳离子间的相互作用能越强,离子液体的黏性越高,而离子液体的电导率越高,离子在电场作用下越容易被抽取出来。

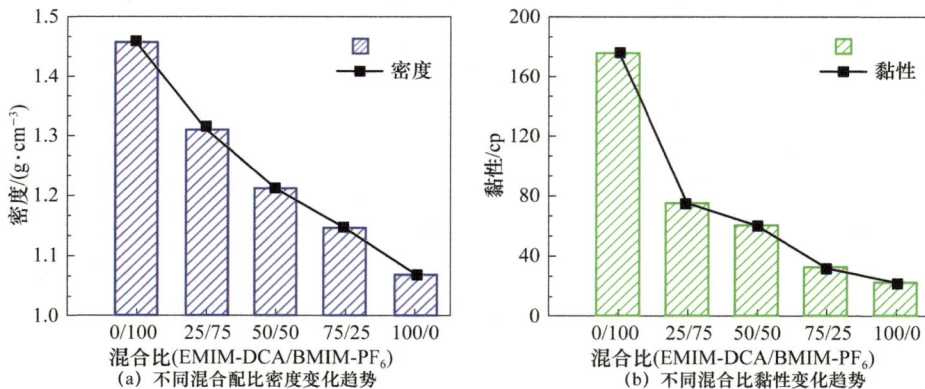

图 6.13　不同混合比下混合离子液体的物理性质

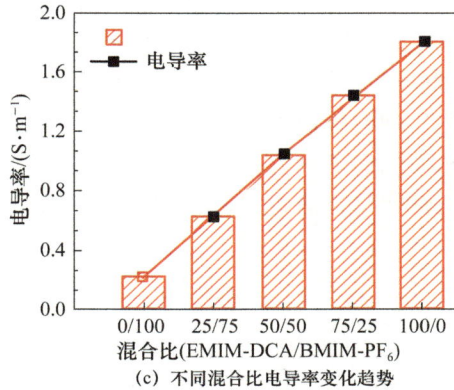

（c）不同混合比电导率变化趋势

图 6.13　不同混合比下混合离子液体的物理性质（续）

6.3.3　混合离子液体电喷雾推进性能研究

比冲和推力是评价推力器推进性能的主要参数。分析 EMIM-DCA、BMIM-PF$_6$ 及其混合物（各 50％质量分数）的比冲随抽取电压的变化情况，如图 6.14 所示。随着抽取电压的增加，锥射流中的离子数和液滴数分别增加和减少，比冲和推力增加。EMIM-DCA 电喷雾释放的离子较多，比冲最高，混合离子液体液次之，BMIM-PF$_6$ 电喷雾发射产物以液滴为主，比冲最低。与 BMIM-PF$_6$ 相比，EMIM-DCA 混合物的比冲增加了 50％以上。推力和比冲情况相似。由于 EMIM-DCA、BMIM-PF$_6$ 及其混合物在模拟中的体积流量相同，EMIM-DCA 的推力由式 $T = I_{sp} \dot{m} g$ 计算得出（$\dot{m}$ 和 g 分别为离子液体的质量流量和重力加速度），其比冲优势更大，因此推力仍然是最大的。与 BMIM-PF$_6$ 相比，混合离子液体的推力增量大于 EMIM-DCA 与 BMIM-PF$_6$ 差值的 50％。

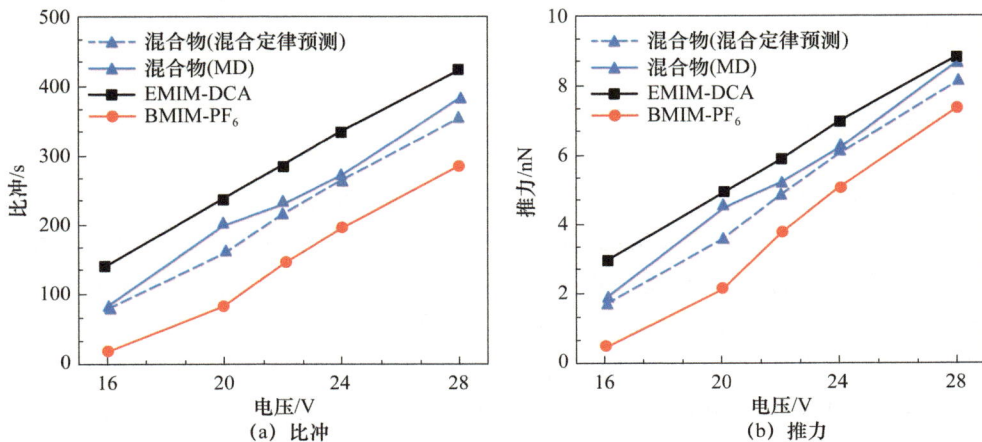

图 6.14　不同抽取电压下的比冲和推力

进一步分析质量混合比对电喷雾比冲和推力的影响，如图 6.15 所示。随着 EMIM-DCA 质量占比的增加，比冲和推力均增大，且当 EMIM-DCA 质量占比为 25％时增加幅度最大。此外,值得注意的是,混合离子液体比冲的增加总是大于推力的增加,这是因为 EMIM-DCA 在相同体积流量下的质量流量较小,影响了推力的增量。推力的大小同时受到比冲和质量流量的影响。因此,在一定的抽取电压下,纯离子模式是通过降低流量来实现的(低流量下更容易出现纯离子模式),追求更高的比冲会降低推力。在实际应用中也是如此,比冲更高的纯离子发射,通常需要较小的流量,从而限制了推力范围。总的来说,本研究的 MD 模拟提供了一种评估混合离子液体电喷雾推进性能的方法,并且发现简单的质量比经验法预测低估了混合离子液体电喷雾的比冲和推力。

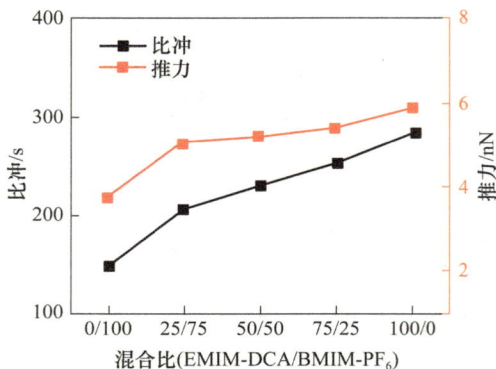

图 6.15　不同混合比下的比冲和推力

6.4　混合离子液体电喷雾实验和仿真的比较分析

电压和流量会对电喷雾的发射模式产生直接影响,而不同性质的离子液体对发射模式的影响也不容忽视。本节主要通过实验手段研究混合离子液体的电喷雾发射特性,并与 6.3 节的仿真结果进行比较分析。

6.4.1　实验设置

本章的实验研究依托于大气环境离子液体电喷雾地面实验平台(见图 6.16)。实验系统搭建在光学隔振平台上,由 4 部分组成,分别是流量供给模块、推力器模块、高压电源模块和信号采集模块。通过计算机对各个模块的协调控制,可完成相应的电喷雾发射实验。本研究的实验系统与 5.4.1 节中介绍的实验系统基本一致,实验中使用的离子液体 EMIM-DCA 和 BMIM-DCA 的电导率高、黏度较低,使用内径较大(>100 μm)的金属毛细管难以实现稳定的锥射流发射模式,因此本章的推力器模块中采用内径更小且不易造成空气放电的玻璃毛细管作为发射极。

单发射极电喷雾发射模块以发射极和抽取极为主体构建,发射极采用美国 New Objective 公司的 SilicaTip 纳喷雾针(型号为 FS360-75-30),长度为 5 cm,外径为 360 μm,内径为 75 μm,在针尖处收缩至 30 μm,如图 6.17 所示,右侧为显微放大图像。4 cm × 4 cm ×

0.1 cm的不锈钢抽取极板固定于发射针尖正下方 2 mm 处,极板孔径为 2 mm,下方另外安置一片不锈钢板收集从极板孔径中漏下的束流电流,如图 6.18 所示。为了保证玻璃毛细管上端与供液路的连接紧密性,采用了内径为 360 μm 的套管进行变径,变径后可通过 Peek 接头与 1/16 in[①] 的二通紧密相连。另外,为顺利给玻璃毛细管端的液体加高电压,采用了 Peek 接头-金属二通-Peek 接头的连接方式,电路高压端连接金属二通。这种连接方式相比用金属鲁尔接头做转接,不但密封性好,转接处二通内径小不额外存液,有效避免了小流量供液慢和气泡的问题。除此之外,发射极和抽取极板分别通过 PTFE 材质加工的固定板与 2 个三维移动平台相连,能够分别调节 3 个维度的位置,而 PTFE 板作为支撑可减少实验中不必要的放电可能。

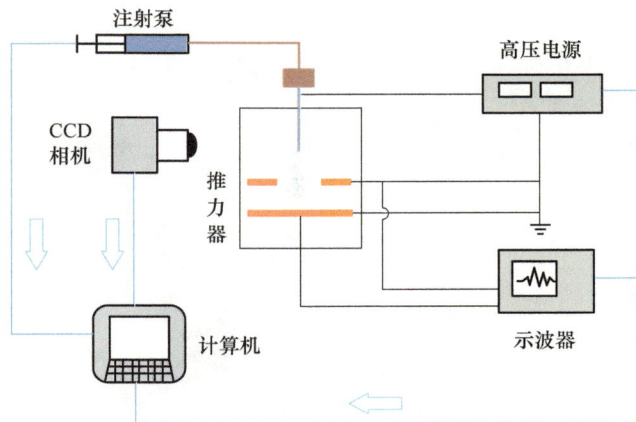

(a) 离子液体电喷雾实验系统简图

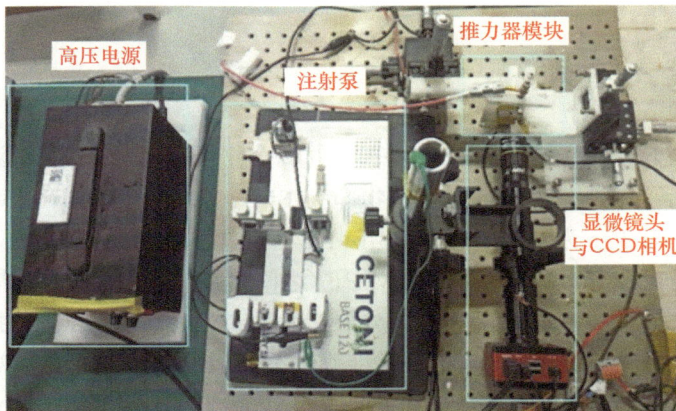

(b) 地面实验平台

图 6.16　实验平台

---

① 　1 in＝25.4 mm。

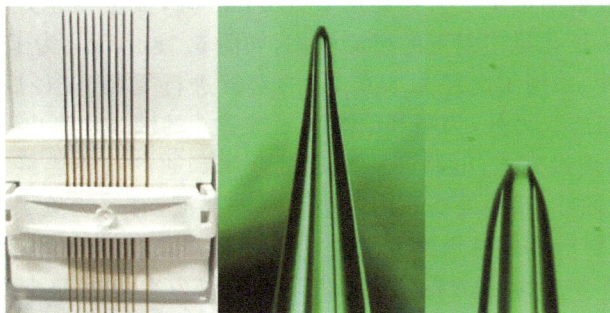

图 6.17　SilicaTip 纳喷雾针-针尖处收缩至 30 μm

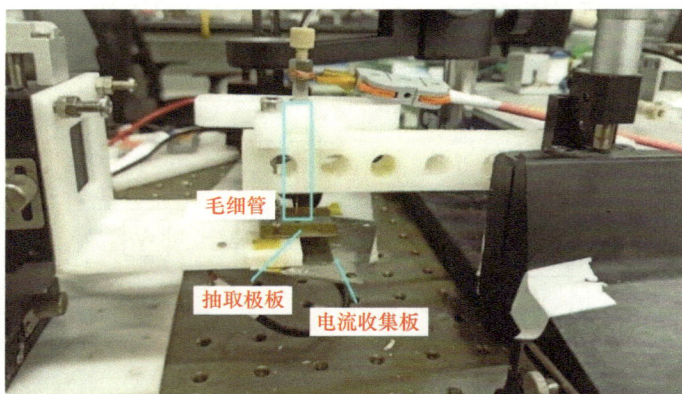

毛细管

抽取极板　　电流收集板

图 6.18　单发射极电喷雾发射模块

6.4.2　发射模式转换比较

BMIM-DCA 是 EMIM-DCA 和 BMIM-PF$_6$ 的混合物可能组分之一,室温条件下二者等比例充分理想的混合后,理论上的液态混合产物即为 BMIM-DCA,因为 EMIM-PF$_6$ 熔点比室温稍高为 332.15 K[23],常温下为白色固体。BMIM-DCA 的电导率为 1.052 S/m,黏性为 37 mPa·S(见表 6.2),大小介于 EMIM-DCA 和 BMIM-PF$_6$ 之间,各种物化性质基本都符合前两者混合物的特点。实际的实验中,室温下混合物会分层产生白色固体沉淀,若只选择混合物的液态部分,具体组分占比不明晰,难以对实验结果做准确的分析,而给实验环境升温来溶解固体增大了实验成本和难度,因此本次实验选择了物化参数合适的 BMIM-DCA 来代替混合物。EMIM-DCA 与 BMIM-PF$_6$ 混合物的物性参数的实验值和仿真值如表 6.2 所示,可以看出离子液体 BMIM-DCA 的物性参数与混合离子液体 Mixture 的参数均介于离子液体 EMIM-DCA 与 BMIM-PF$_6$ 之间,因此选择离子液体 BMIM-DCA 进行电喷雾实验,替代混合离子液体 Mixture。

首先分析离子液体 EMIM-DCA 的电喷雾发射模式,离子液体 EMIM-DCA 的物化性质特点是电导率高,黏性低(见表 6.2)。图 6.19 是离子液体 EMIM-DCA 在不同电压下的电喷雾发射模式形貌图以及对应的电流波形图,选取 1 440 V、1 600 V、2 000 V、2 600 V、3 000 V 5 个发射模式典型的电压工况,观察到了 3 种发射模式:电液滴模式、纺锤体模式和稳定锥射流模式。实际上,随着电压的继续增大,稳定锥射流模式之后会出现偏锥模式和多锥模式,但由于放电剧烈和不稳定性导致电流波形复杂多变,在此不具备可对比性,因此不过多分析。

表 6.2　离子液体基本性质的实验值和仿真值

性质	离子液体					
	EMIM-DCA		BMIM-PF$_6$		BMIM-DCA	
	实验值	仿真值	实验值	仿真值	实验值	仿真值
密度/(g·cm^{-3})	1.08[15]	1.068	1.42[16]	1.457	1.061[24]	1.212
黏性/(mPa·S)	22.0[18]	22.4	173[19]	175.9	37[25]	59.7
电导率/(S·m^{-1})	1.8[19]	1.81	0.163[21]	0.215	1.052[26]	1.038
表面张力/(mN·m^{-1})	60.00[6]	—	48.8[27]	—	45.81[6]	—

当电压为 1 440 V 时,如图 6.19(a),电喷雾为电液滴发射模式。此时毛细管口的液面在流量供给以及电场力的作用下逐渐形成液滴,由于液滴尺寸较大、荷质比低、速度慢,因此滴落后电流出现微小的峰值。随着电压的增大,液滴滴落频率增大,电流增大,滴落瞬间产生的电流波形尖峰逐渐显现。如图 6.19(b)、图 6.19(c)、图 6.19(d)所示,当电压分别为 1 600 V、2 000 V、2 600 V 时,电喷雾处于纺锤体发射模式。纺锤体模式与液滴模式最大的区别在于毛细管口的液面尖端会形成不稳定的泰勒锥,最开始电压较低,锥液面粒子蒸发速度小于流量向液面传输的速度,因此泰勒锥逐渐拉长最终发射出纺锤状的液滴,与此同时泰勒锥尖回缩开启下一个纺锤体发射周期。对于离子液体 EMIM-DCA 来说,随着电压的增大,纺锤体滴落模式一直持续到稳定锥射流之前,在此过程中电压越大,泰勒锥拉伸距离越短,对应的电流波形越平缓直至电流尖峰完全平缓如 2 000 V 时(见图 6.19(c))。随着电压继续增大,如 2 600 V 时,电流波形开始出现新的尖峰,此时泰勒锥上下振荡幅度变小,随着电压增加,发射液滴尺寸变小、荷质比变大,抽取极板收集到的电流变大。当电压增至 3 000 V 时,泰勒锥粒子发射量与毛细管向泰勒锥的供给量达到平衡,此时泰勒锥稳定,不再向下拉伸和发射纺锤体液滴,电喷雾发射达到稳定锥射流模式,电流波形稳定且平滑。

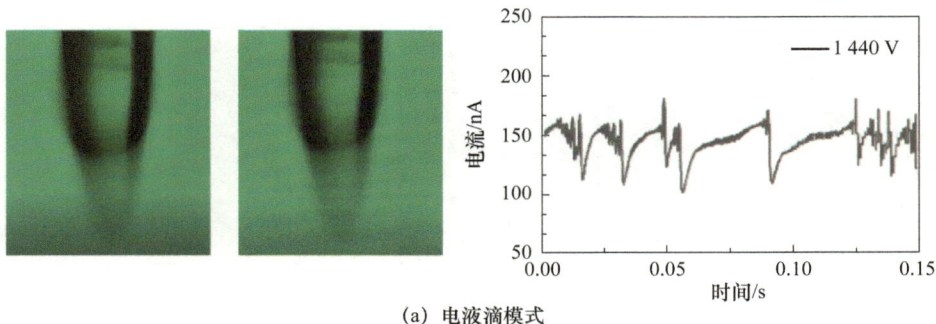

(a) 电液滴模式

图 6.19　离子液体 EMIM-DCA 的不同发射模式

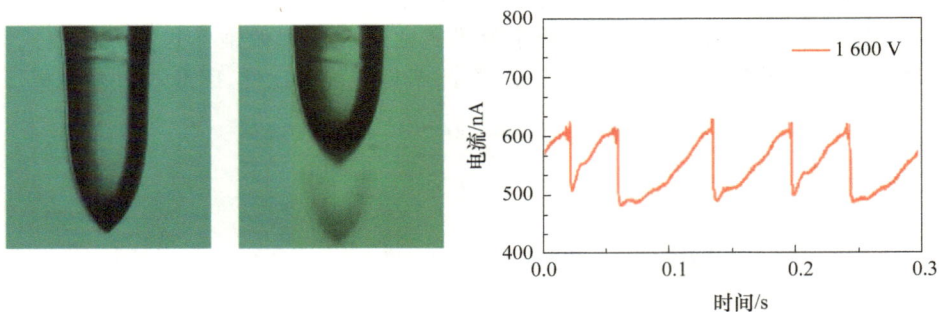

(b) 纺锤体模式

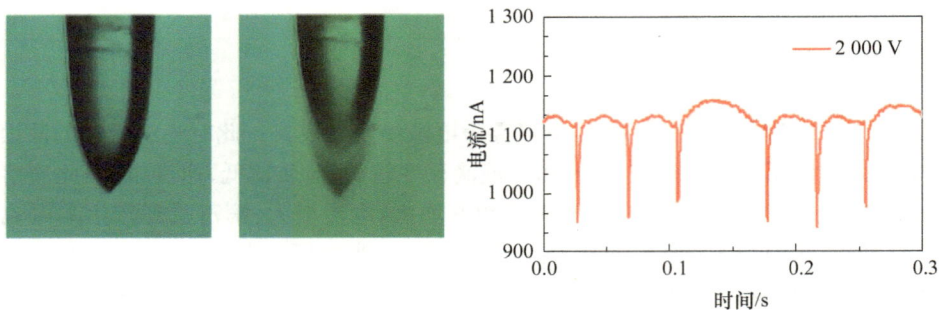

(c) 纺锤体模式

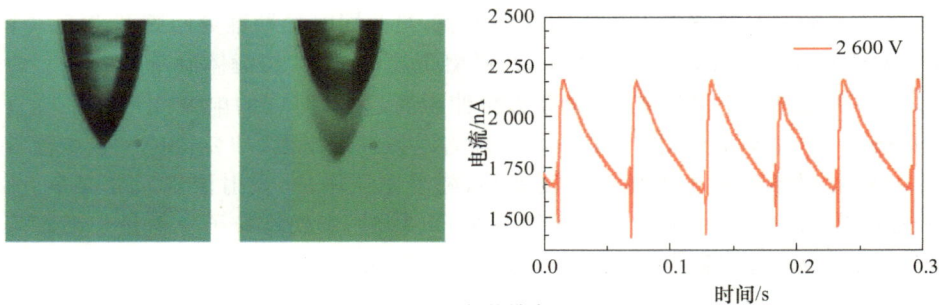

(d) 纺锤体模式

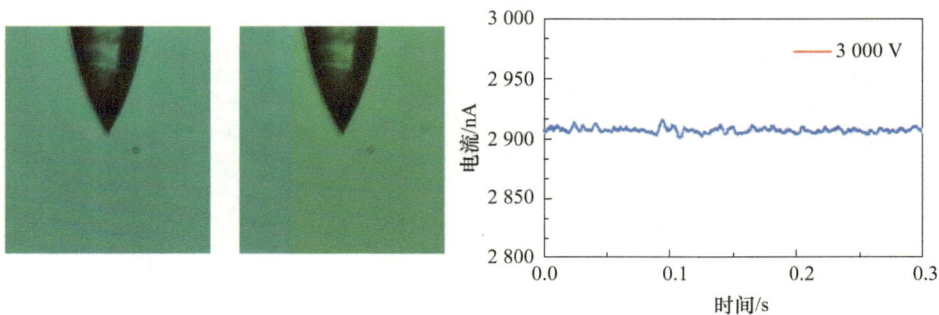

(e) 稳定锥射流模式

图 6.19　离子液体 EMIM-DCA 的不同发射模式(续)

图 6.20 是离子液体 BMIM-PF$_6$ 在不同电压下的电喷雾发射模式形貌图以及对应的电流

波形图,BMIM-PF$_6$的物化性质特点是电导率低、黏性高(见表 6.2)。为便于对比,与 EMIM-DCA 一致,选取了 1 000 V、1 160 V、1 290 V、1 400 V、1 580 V 五个典型发射模式对应的电压工况,当电压为 1 000 V 时电喷雾为液滴发射模式(见图 6.20(a)),当电压为 1 160 V、1 290 V、1 400 V 时电喷雾为纺锤体发射模式(见图 6.20(b)～图 6.20(d)),3 种发射模式形态及电流波形的演化与 EMIM-DCA 相似。当电压增大到 1 400 V 时,电流尖峰前移,但峰值逐渐回落,电流波形逐渐趋于平稳,如图 6.20(d)所示,与 EMIM-DCA 的高电流尖峰不同,主要是由于 BMIM-PF$_6$电导率低,导致液体离子化效率低的缘故。最后,当电压为 1 580 V 时,电喷雾发射达到稳定锥射流模式,发射电流远小于 EMIM-DCA,且射流相比 EMIM-DCA 更明显且更长,与仿真结果(见图 6.9 和图 6.10)一致。

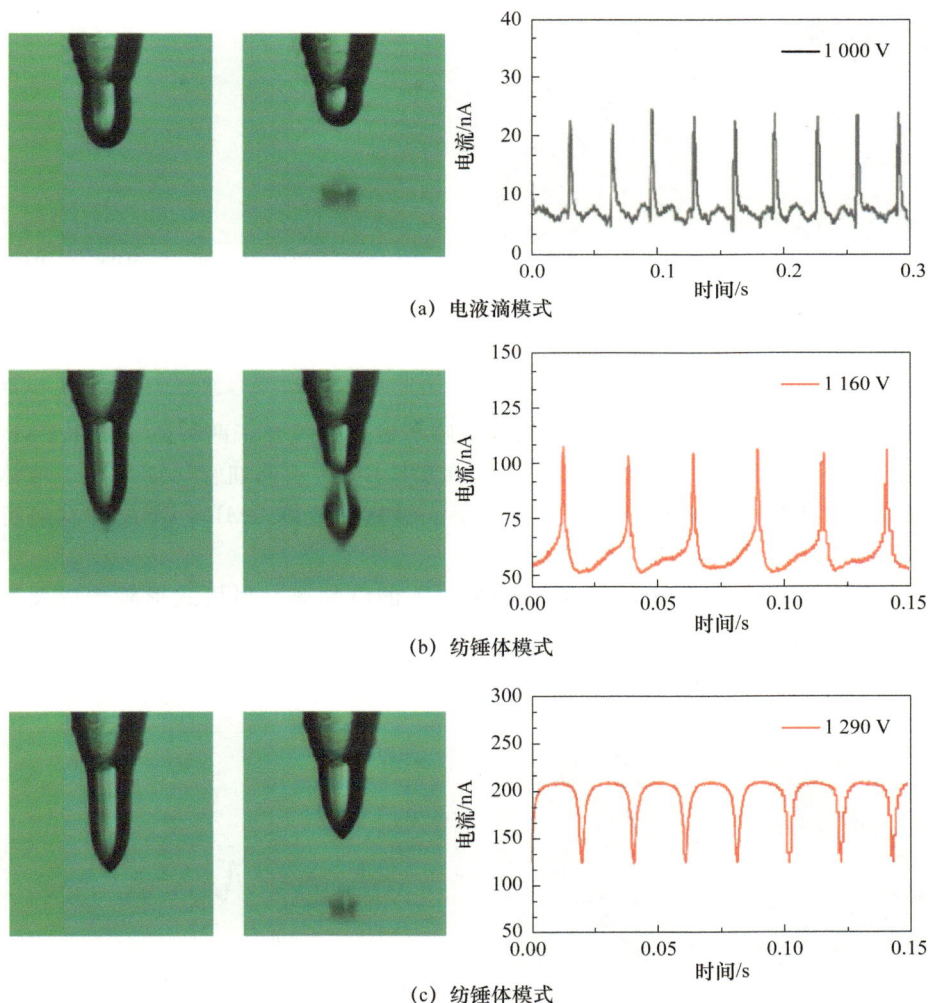

(a) 电液滴模式

(b) 纺锤体模式

(c) 纺锤体模式

图 6.20　离子液体 BMIM-PF$_6$在不同电压下不同发射模式的形貌图以及对应的电流波形

(d) 纺锤体模式

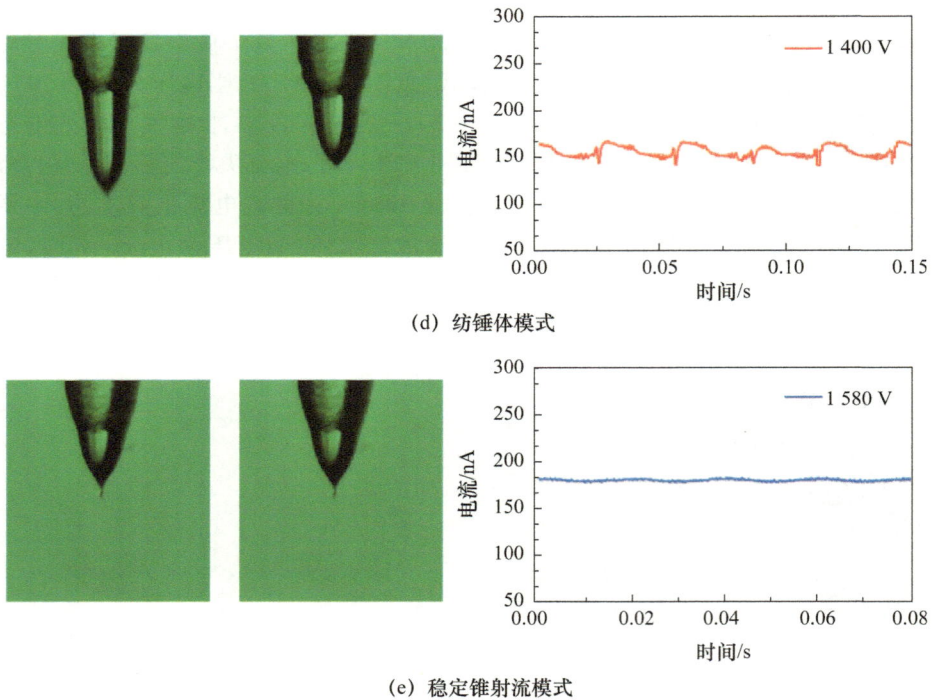

(e) 稳定锥射流模式

图 6.20　离子液体 BMIM-PF$_6$ 在不同电压下不同发射模式的形貌图以及对应的电流波形(续)

　　混合离子液体的电喷雾仿真结果显示,其电喷雾发射模式介于两种离子液体 EMIM-DCA 和 BMIM-PF$_6$ 之间,为离子-液滴混合发射。而在实验中,由于毛细管尺度与离子液体流量远大于仿真尺度,因此与仿真的比较分析主要在于证明离子液体 BMIM-DCA 的发射特性介于离子液体 EMIM-DCA 与 BMIM-PF$_6$ 之间。

　　图 6.21 是离子液体 BMIM-DCA 在不同电压下的电喷雾发射模式形貌图以及对应的电流波形图,同样的,选取了 1 150 V、1 170 V、1 400 V、2 300 V、2 500 V 五个典型发射模式对应的电压工况,实验中观察到电液滴、纺锤体和稳定锥射流 3 种模式。

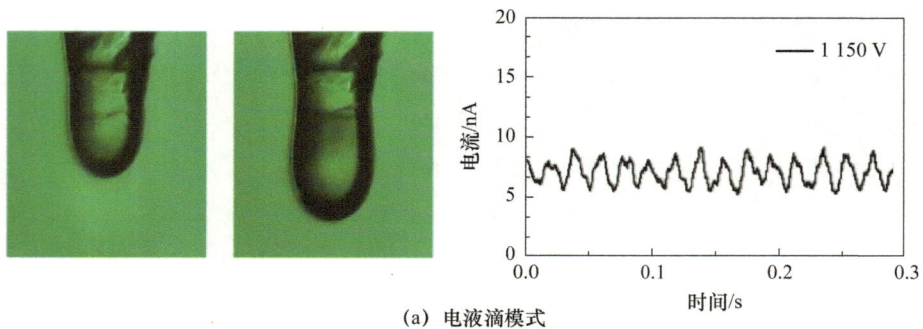

(a) 电液滴模式

图 6.21　离子液体 BMIM-DCA 在不同电压下不同发射模式的形貌图以及对应的电流波形

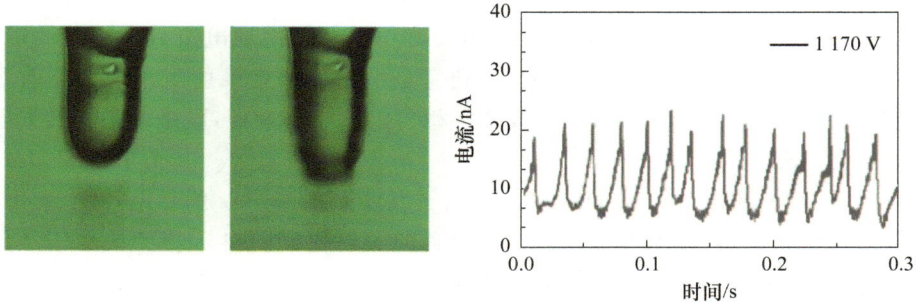

（b）纺锤体模式

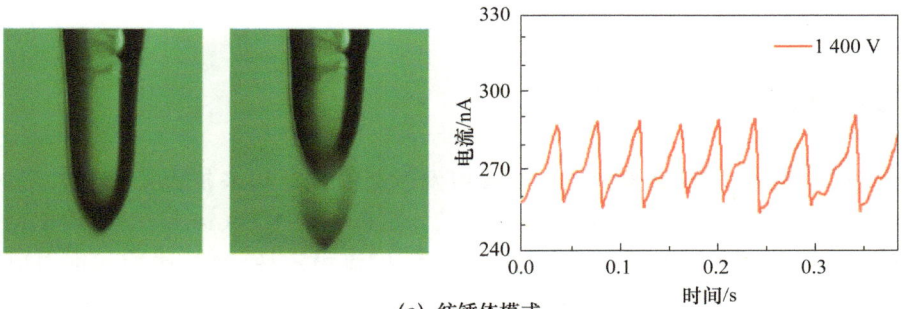

（c）纺锤体模式

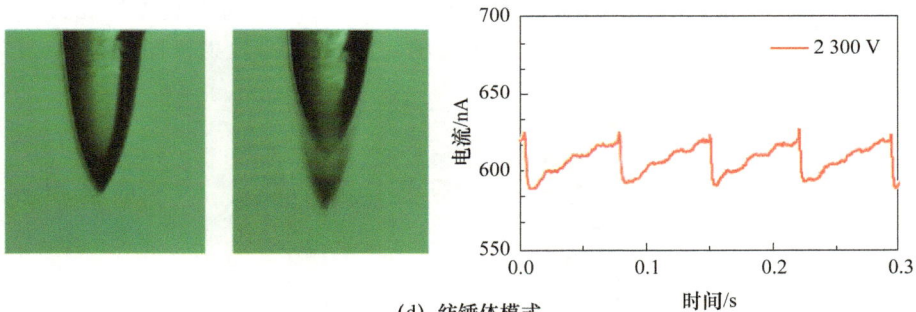

（d）纺锤体模式

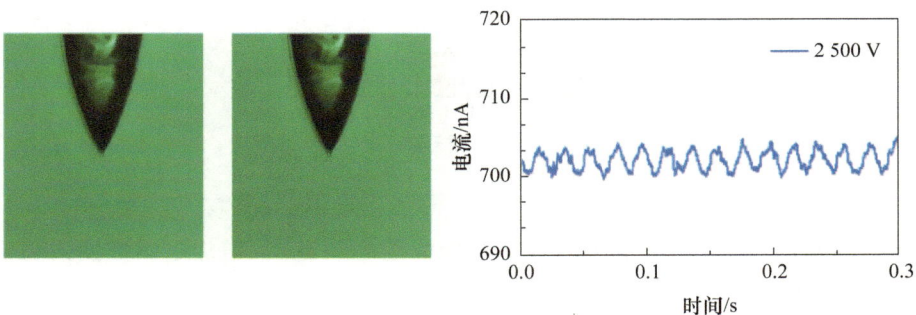

（e）稳定锥射流模式

图 6.21　离子液体 BMIM-DCA 在不同电压下不同发射模式的形貌图以及对应的电流波形（续）

随着电压的增大，3 种发射模式形态的演变及电流波形与 EMIM-DCA 和 BMIM-PF$_6$ 有相似之处，同时也有较为明显的差别，差别主要体现在纺锤体模式的电流波形变化上。当电压为 1 150 V 和 1 170 V 时对应液滴发射模式（见图 6.21（a）和图 6.21（b）），当电压为 1 400 V 和

2 300 V 时对应纺锤体发射模式(见图 6.21(c)和图 6.21(d)),当电压为 2 500 V 时达到稳定锥射流发射模式(见图 6.21(e))。BMIM-DCA 电喷雾纺锤体模式的电流只有一种波形,随着电压增大,峰值逐渐降低,周期越来越大,直至达到完全平滑的稳定锥射流模式。与前两种离子液体相比,电流波形的峰值没有经历从尖峰到平稳再到尖峰的过程,而是由最初的形态逐渐趋于平稳最终完全平滑。

综合来看,与离子液体 EMIM-DCA 相比,离子液体 BMIM-PF$_6$ 的导电性低、黏度高,电喷雾发射的稳定性更高,但射流更长、电流更小,两者的发射模式随电压的变化趋势一致。实验中,离子液体 BMIM-DCA 的射流长度和发射电流依然介于离子液体 EMIM-DCA 与 BMIM-PF$_6$ 之间,与仿真结果(见图 6.9 和图 6.10)一致,此外 BMIM-DCA 随电压增加的模式变化更为简单。

6.4.3　稳定电压范围比较

在实际工程应用中,电喷雾推力器主要采用发射极阵列结构来扩大推力。各发射极同步稳定发射对推力器的稳定性和寿命具有重要意义。在低抽取电压(16 V)下的模拟结果显示,离子液体 BMIM-PF$_6$ 很难形成明显的泰勒锥形态,射流稳定性较差,比冲和推力值较低,如图 6.22 所示。在相同的工作电压下,加入 50% 质量分数的 EMIM-DCA 后,稳定锥射流的启动电压降低,可形成稳定的泰勒锥,比冲和推力显著增加。因此,离子液体的混合可以拓宽单发射极离子液体电喷雾推力器稳定工作的电压范围,有利于所有发射极同时稳定工作,从而提高电喷雾推力器整体工作稳定性。

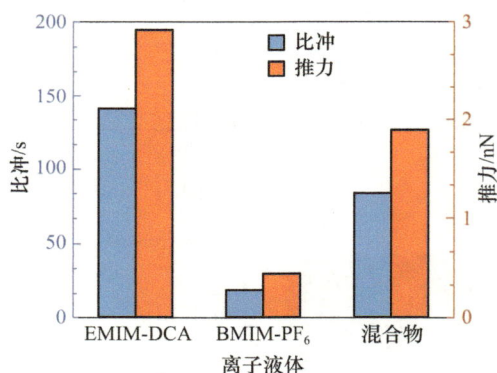

图 6.22　低抽取电压(16 V)下三种离子液体的比冲和推力比较

为了进一步验证离子液体的混合在扩大稳定发射电压范围、增加电喷雾发射稳定性方面的潜力,研究中使用半径为 0.1 mm 的不锈钢毛细管,采用离子液体 EMIM-DCA、BMIM-PF$_6$ 及其混合物 BMIM-DCA,在体积流量为 0.1~5 nL/s 范围内进行了电喷雾实验。图 6.23 所示为 3 种离子液体电喷雾稳定锥射流模式的电压范围区间对比,整体来看,随着流量的增大,稳定锥射流模式的起始电压增大。对于离子液体 EMIM-DCA,流量增大,稳定锥射流模式的电压区间逐渐减小,且流量大于 1 nL/s 后无法实现稳定发射。随着流量的增大,离子液体 BMIM-PF$_6$ 和 BMIM-DCA 的稳定锥射流模式的电压区间变化相似,流量超过 3 nL/s 时电压区间略有减小。除此之外,在各个流量下,离子液体 BMIM-DCA 的稳定锥射流电压区间都是最宽的。在 0.1~5 nL/s 的流量范围内,综合调节电压和流量,得到了各离子液体在稳定锥射流模式的电压范围:EMIM-DCA 为 1 950~3 100 V,区间宽度为 1 150 V;BMIM-PF$_6$ 为 1 300~2 250 V,区间宽度为 950 V;BMIM-DCA 为 1 700~3 400 V,区间宽度为 1 700 V。BMIM-DCA 的稳定工作电压区间在 3 种离子液体中最大,验证了混合离子液体可以拓宽电喷雾稳定工作范围,相比两种单一离子液体更具有优势。

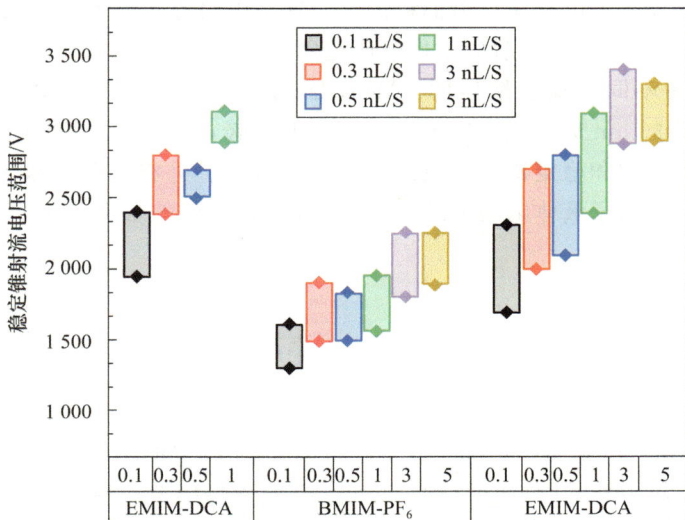

图 6.23　离子液体 EMIM-DCA、BMIM-PF$_6$ 和 BMIM-DCA
电喷雾稳定锥射流模式的电压范围区间对比

6.5　本章总结

本章通过 MD 方法模拟计算了离子液体 EMIM-DCA、BMIM-PF$_6$ 及其混合物的输运特性,模拟了三者电喷雾过程并与单一离子液体进行对比分析。从微纳尺度研究了电喷雾过程的发射机理和混合物特性对推进性能的影响,最后结合实验比较分析仿真结果。本章工作总的结论如下。

(1)通过输运性质计算值与实验值的一致性,证明了计算方法的准确性。混合物的密度、自扩散性、黏度和电导率计算相对准确。发现混合物的密度和电导率随混合比的不同几乎呈线性变化,黏度随 EMIM-DCA 比例的增加呈非线性下降,但误差在合理范围内。

(2)模拟了离子液体混合物 Mixture(EMIM-DCA 和 BMIM-PF$_6$ 按质量分数各 50% 混合)的电喷雾过程,获得了泰勒锥形成的微观现象和锥射流微观结构。结果表明,混合物形成稳定泰勒锥所需的时间介于 EMIM-DCA 和 BMIM-PF$_6$ 之间,并且初始电流的收集时间和发射电流的大小也在两者中间。此外,两种离子液体混合后,发射模式由纯 EMIM-DCA 的离子模式和纯 BMIM-PF$_6$ 的液滴模式转变为离子-液滴模式,即离子液体的性质对泰勒锥、发射电流和发射模式有直接影响。

（3）模拟了不同混合比的混合离子液体的电喷雾发射过程，并结合库仑势能和混合物的输运性质分析了发射模式。结果表明，库仑势能负值高的离子液体更容易发射液滴，黏度低的离子液体更容易释放离子，电导率高的离子液体更容易发射出离子。

（4）简单的质量比经验法低估了混合离子液体的电喷雾推进性能（比冲和推力）。即按照 50∶50（按质量计）混合离子液体的推力增量大于混合前离子液体推力差值的 50%。此外，低抽取电压下的模拟发现，在 BMIM-PF$_6$ 中加入 EMIM-DCA 后，稳定电喷雾发射的起始电压降低，离子液体的混合提高了电喷雾发射的稳定性。这与电喷雾实验大体一致，表明离子液体的混合有效地扩大了稳定电喷雾发射的工作电压范围。

（5）对 3 种性质不同的离子液体即 EMIM-DCA，BMIM-PF$_6$ 和二者混合物组分之一的 BMIM-DCA 进行了 30 μm 玻璃毛细管的电喷雾发射实验，获得了 3 种离子液体电喷雾发射的电液滴模式、纺锤体模式和稳定锥射流模式的特点和区别。并将实验结果与仿真结果比较分析，进一步确定了混合离子液体电喷雾仿真的结果，具有较好的参考价值，能够与实验结果相对应。

参考文献

[1] NABITY J，DAILY J. Effect of Ionic Liquid Composition on Colloid Thruster Emission and Thrust Performance[J]. Journal of Propulsion and Power，2017，34(1)：260-266.

[2] COOK R，NABITY J，DAILY J. Characterizing Propellants for Variable-thrust/specific Impulse Colloid Thrusters[J]. Journal of Propulsion and Power，2017，33(2)：1-7.

[3] NIEDERMEYER H，HALLETT J，VILLAR-GARCIA I，et al. Mixtures of Ionic Liquids[J]. Chemical Society Reviews，2012，41(23)：7780-7802.

[4] CHATEL G，PEREIRA J，DEBBETI V，et al. Mixing Ionic Liquids-"Simple Mixtures" or "Double Salts"? [J]. Green Chemistry，2014，16(4)：2051-2083.

[5] WAINWRIGHT M. Experimental Investigation of Ionic Liquid Mixtures for Electrospray Propulsion [D]. Missouri：University of Science and Technology，2020.

[6] MEHTA N，LEVIN D. Study of Ionic Liquid Mixture Droplet Evolution in an External Electric Field Using Molecular Dynamics[C] //31st International Symposium on Rarefied Gas Dynamics. UK：AIP Publishing，2019，2132：050001.

[7] WAINWRIGHT M，ROVEY J. Effect of Nonlinear Mixing on Electrospray Propulsion Predictions[J]. Journal of Propulsion and Power，2021，37(1)：167-170.

[8] DOHERTY B，ZHONG X，GATHIAKA S，et al. Revisiting OPLS Potential Model Parameters for Ionic Liquid Simulations[J]. Journal of Chemical Theory and Computation，2017，13(12)：6131-6145.

[9] ZHANG J，CAI G，LIU X，et al. Molecular Dynamics Simulation of Ionic Liquid Electrospray：Revealing the Effects of Interaction Potential Models[J]. Acta Astronautica，2021，179：581-593.

[10] BORNER A. Use of Advanced Particle Methods in Modeling Space Propulsion and Its Supersonic Expansions[D]. Philadelphia：The Pennsylvania State University，2014.

[11] FORSYTHE G，WASOW W，NACHBAR W. Finite - Difference Methods for Partial Differential Equations[J]. Physics Today，1961，14(4)：58-60.

[12] PRINCE B，ANNESLEY C，BEMISH R，et al. Solvated Ion Cluster Dissociation Rates for Ionic

Liquid Electrospray Propellants[C] //AIAA Propulsion and Energy 2019 Forum. USA：AIAA，2019：4170.

[13]　HUMBERT M，ZHANG Y，MAGINN E. PyLAT：Python LAMMPS Analysis Tools[J]. Journal of Chemical Information and Modeling，2019，59(4)：1301-1305.

[14]　TU K，ISHIZUKA R，MATUBAYASI N. Spatial-decomposition Analysis of Electrical Conductivity in Concentrated Electrolyte Solution[J]. Journal of Chemical Physics，2014，141：044126.

[15]　YOSHIDA Y，MUROI K，OTSUKA A，et al. 1-ethyl-3-methylimidazolium Based Ionic Liquids Containing Cyano Groups：Synthesis，Characterization，and Crystal Structure [J]. Inorganic Chemistry，2004，43(4)：1458-1462.

[16]　BEHRENS S，ESSIG S. A Facile Procedure for Magnetic Fluids Using Room Temperature Ionic Liquids[J]. Journal of Materials Chemistry，2012，22(9)：3811-3816.

[17]　MORROW T，MAGINN E. Molecular Dynamics Study of the Ionic Liquid 1-n-butyl-3-methylimidazolium Hexafluorophosphate[J]. The Journal of Physical Chemistry B，2002，106(49)：12807-12813.

[18]　FLETCHER S，SILLARS F，HUDSON N，et al. Physical Properties of Selected Ionic Liquids for Use as Electrolytes and Other Industrial Applications[J]. Journal of Chemical and Engineering Data，2010，55(2)：778-782.

[19]　OKOTURO O，VANDERNOOT T. Temperature Dependence of Viscosity for Room Temperature Ionic Liquids[J]. Journal of Electroanalytical Chemistry，2004，568：167-181.

[20]　BARISCI J，WALLACE G，MACFARLANE D，et al. Investigation of Ionic Liquids as Electrolytes for Carbon Nanotube Electrodes[J]. Electrochemistry Communications，2004，6(1)：22-27.

[21]　ZHANG Q，MA X，LIU S，et al. Hydrophobic 1-allyl-3-alkylimidazolium Dicyanamide Ionic Liquids with Low Densities[J]. Journal of Materials Chemistry，2011，21(19)：6864-6868.

[22]　PRINCE B，FRITZ B，CHIU Y. Ionic Liquids：Science and Applications [M]. USA：American Chemical Society，2012：27-49.

[23]　FERNANDEZ-NAVARRO J，GARCIA-ALVAREZ-COQUE M，RUIZ-ANGEL M. The Role of the Dual Nature of Ionic Liquids in the Reversed-Phase Liquid Chromatographic Separation of Basic Drugs [J]. Journal of Chromatography A，2011，1218(3)：398-407.

[24]　NIETO C，LANGA E，MORAIS A，et al. Studies on the Density，Heat Capacity，Surface Tension and Infinite Dilution Diffusion with the Ionic Liquids [C4mim][NTf2]，[C4mim][Dca]，[C2mim] [EtOSO3] and [Aliquat][Dca][J]. Fluid Phase Equilibria，2010，294(1-2)：157-179.

[25]　HANSMEIER A，RUIZ M，MEINDERSMA G，et al. Liquid-liquid Equilibria for the Three Ternary Systems（3-methyl-n-butylpyridinium Dicyanamide Plus Toluene Plus Heptane），（1-Butyl-3-Methylimidazolium Dicyanamide Plus Toluene Plus Heptane）and（1-Butyl-3-Methylimidazolium thi-Ocyanate Plus Toluene Plus Heptane）at T＝(313. 15 and 348. 15) K and P＝0. 1 MPa[J]. Journal of Chemical and Engineering，2010，55(2)：708-713.

[26]　ZECH O，STOPPA A，BUCHNER R，et al. The Conductivity of Imidazolium-Based Ionic Liquids from (248 to 468) K. B. Variation of the Anion[J]. Journal of Chemical and Engineering，2010，55 (5)：1774-1778.

[27]　HUDDLESTON J，VISSER A，REICHERT W，et al. Characterization and Comparison of Hydrophilic and Hydrophobic Room Temperature Ionic Liquids Incorporating the Imidazolium Cation[J]. Green Chemistry，2001，3(4)：156-164.

第7章

离子液体纳米液滴碰撞模拟

7.1 概　论

在电喷雾技术的各个应用领域中，纳米液滴与固体表面的碰撞是常见物理现象，如喷墨打印[1]、静电喷涂[2]和电喷雾推进[3]等。在电喷雾推进领域中，一个较为关键的问题即为推力器的寿命，随着电喷雾推力器地面试验和在轨应用的不断推进，研究人员发现了多种影响推力器寿命的重要因素，其中一个就是发射的离子或液滴对抽取极板和加速极板的碰撞[3-4]。在电喷雾推力器中，离子液体等导电液体被施加强电场后形成泰勒锥[5]，并在泰勒锥尖产生液滴或离子发射[6]。液滴和离子在发射后，在粒子间的静电排斥作用下不断发散，形成束流[7]，束流中偏轴角度较大的粒子，持续撞击抽取极板和加速极板，会造成离子液体在极板栅格附近不断聚集，进而在强电场的作用下，向栅格上游的发射极反向发射，离子液体持续的反向发射，被认为是电喷推力器失效的前兆[8]。此外，由格栅撞击生成的二次电子或离子同样会缩短推力器寿命[4]。

目前，已经有较多对电喷雾推力器寿命的研究。UCLA 等离子体与空间推进实验室综合开展了发射极实验、计算建模和分析寿命建模，分析了稳态和非稳态电喷雾行为对推力器寿命的影响。研究表明，高荷质比粒子倾向于具有较大的束流角，而低荷质比粒子则主要倾向于较小的束流角[3]。离轴发射和瞬态不稳定发射将显著增加束流对极板栅格的撞击[9]。所开发的寿命模型还被用于测试设计参数、操作条件和发射特性 3 个因素对推力器工作时极板栅格饱和时间的影响[4]。

对粒子与极板具体碰撞过程的研究是电喷雾寿命模型的研究基础。在实验方面，UCLA 利用半经验模拟技术对推进剂阳离子 1-乙基-3-甲基咪唑（$EMIM^+$）撞击电极引起的电子发射进行了研究，获得了二次电子产率与阳离子碰撞速度之间的解析关系[10]。电喷雾束流碰撞造成的二次粒子发射（SSE），除包括二次电子外，还包括了二次阴离子和二次阳离子，Uchizono 等人定量测量了电喷雾过程中的 SSE，结果表明，每个入射阳离子的二次粒子产率为 0.311，而入射阴离子的二次粒子产率为 0.290，分析表明，在评估电喷雾推力器中的 SSE 时，除考虑二次电子外，还必须考虑二次阴离子和阳离子两种物质[11]。Matthew 等人同样测量了由阳离子和阴离子轰击,而从靶体发射出的正电荷和负电荷的产率,实验数据表明,阳离子或阴离子轰击都会同时发射正电荷和负电荷,从表面溅射的二次离子在电喷雾羽流的二次电荷发射行为中起着至关重要的作用[12]。

仿真方面,由于电喷雾过程中碰撞粒子的尺度较小,多数相关研究都采用了分子动力学仿真方法。Bendimerad 等人研究了离子对抽取极板的碰撞,得到了撞击能量与离子解离之间的关系[13]。此外更多的研究则着眼于纳米液滴与壁面碰撞的研究,Fernan 等人对电喷雾中离子液体纳米液滴在高速下(千米每秒量级)对陶瓷壁面的冲击进行了分子动力学仿真研究,主要关注冲击导致的溅射、表面非晶化和凹坑形成,仿真结果与实验符合较好[14]。然而该研究的碰撞对象为陶瓷材料,不是电喷雾极板常用的金属材料,此外仿真也没有考虑外加电场作用和液滴带电的影响,该仿真将离子液体分子整体视为单个粒子,未考虑组成离子液体分子的各个原子,即未使用全原子模型,因此也无法单独考虑阴阳离子,上述条件都导致了该研究更适用于电喷涂等领域而非电喷雾推进领域。除对电喷雾工质液滴的碰撞研究外,也有较多关于液滴(主要是水滴)高速碰撞壁面或在电场下碰撞壁面的研究,这些研究对于电喷雾中液滴碰撞的研究同样具有参考价值。Pan 等人研究了不同液滴初始速度、电场强度和电场方向下液滴与固体表面的碰撞,分析了液滴的扩散和浸润特性,结果表明,液滴在电场作用下的碰撞会产生电拉伸效应,并且拉伸长度随电场强度的增大而增大,研究进一步提出了液滴碰撞时电场强度、最大扩散因子、液滴初始速度和拉伸长度之间的关系[15]。Li 等人基于分子动力学仿真研究了纳米液滴撞击表面的扩散与破碎,分析了液滴的不同破碎模式,并给出了判断液滴碰撞破碎的理论判据[16-17]。Wang 等人也对液滴的溅射现象开展了分子动力学仿真研究,观察到了内部破碎和快速飞溅两种飞溅模式,并阐述了不同于宏观尺度液滴碰撞的纳米液滴飞溅机理,纳米液滴的破裂主要受表面润湿性的影响[18]。

综上所述,目前对于电喷雾发射的离子液体纳米液滴与壁面碰撞的仿真研究较少,仅有的研究关注因素相对单一,并未涉及液滴带电、电场效应等在电喷雾推进格栅撞击中实际存在的情况。对于水滴碰撞的相关研究虽然考虑了电场的作用,但是碰撞速度相对电喷雾束流中液滴的速度较低,此外水分子与离子液体分子的性质也存在很大差异,导致对水滴在电场下碰撞的研究,不能反映电喷雾中格栅撞击的实际情况。总之,在液滴带电、电场作用和高速碰撞的背景下,电喷雾过程中离子液体液滴与壁面的碰撞特性与机理目前尚不清楚。为解决上述问题,本章基于分子动力学仿真方法,采用离子液体 EMIM-Im 的全原子模型,考虑外加电场和液滴带电的影响,对离子液体电喷雾过程中,纳米液滴与极板的碰撞进行了仿真研究。本章首先说明了仿真的方法、工况设置和模型验证,其次依次介绍并讨论了液滴在不同碰撞速度、不同电场强度和不同带电量下的碰撞仿真结果,最后总结了研究结论。

7.2　模型与模拟方法

7.2.1　仿真模型

本章同样使用分子动力学软件 LAMMPS[19]进行仿真计算,液滴碰撞仿真系统如图 7.1

所示,仿真的整体计算区域为 28.7 nm(x)×28.7 nm(y)×21.5 nm(z)的长方体区域,仿真区域三个方向的边界均采用周期性边界条件,区域底面为待液滴碰撞的极板,极板由 8 层共80 000 个铁原子构成,区域顶面为高 2 nm 的蒸发区域,飞溅到该处的阴阳离子将被整体删除,仿真区域中心为基于 PACKMOL 软件[20]和离子液体 EMIM-Im 全原子模型[21-22]构建的离子液体液滴,液滴由阴阳离子各 200 个组成(共 6 800 个原子),液滴的直径为 6 nm,初始状态下液滴中心距极板 6 nm,仿真的施加外加电场为匀强电场,电场方向垂直于极板向上。

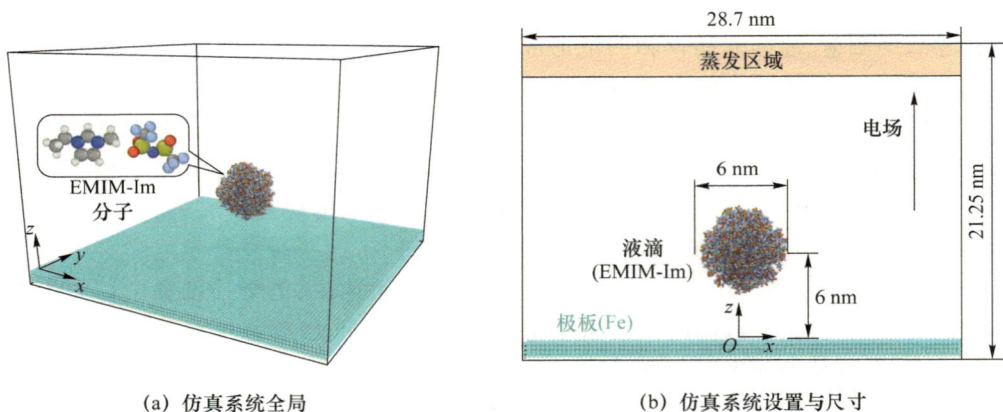

(a) 仿真系统全局　　　　　　　　　　　　(b) 仿真系统设置与尺寸

图 7.1　液滴碰撞仿真系统

离子液体 EMIM-Im 所使用的力场为 Sambasivarao 等人[21]和 Doherty 等人[22]开发的OPLS-AA 力场,基于该力场计算得到的离子液体物性参数与实验测量结果符合较好[21-22]。仿真中各原子(离子液体分子中的原子和组成极板的铁原子)之间的作用势(φ_{ij})通过Lennard-Jones 势计算得到,如式(7.1)所示。各原子之间的 Lennard-Jones 势通过 Lorentz-Berthelot 混合原则计算得到(式(7.2)、式(7.3))结果如下:

$$\varphi_{ij} = 4\varepsilon_{ij}\left[\left(\frac{\sigma_{ij}}{r_{ij}}\right)^{12} - \left(\frac{\sigma_{ij}}{r_{ij}}\right)^{6}\right] \tag{7.1}$$

$$\sigma_{ij} = \frac{1}{2}(\sigma_{ii} + \sigma_{jj}) \tag{7.2}$$

$$\varepsilon_{ij} = \sqrt{\varepsilon_{ii}\varepsilon_{jj}} \tag{7.3}$$

式中,ε_{ij} 和 σ_{ij} 分别为原子 i 和原子 j 之间的 Lennard-Jones 半径和势阱深度;r_{ij} 为原子 i 和原子 j 之间距离。组成离子液体的各种原子的 Lennard-Jones 势参数来自 OPLS-AA 力场[21-22],铁原子之间的 Lennard-Jones 势参数为 $\varepsilon_{FeFe} = 12.153$ kcal/mol,$\sigma_{FeFe} = 2.321$ Å[23],Lennard-Jones 作用的截止距离为 20 Å,库仑相互作用通过 PPPM 方法计算[24]。

在仿真过程中,首先以 1 fs 的时间步长在 298 K 的 NVT 系综下平衡 20 万步,使液滴和极板达到平衡态,然后转为 NVE 系综,并给液滴施加初始速度,同时在 Z 方向上施加电场,开始液滴的碰撞仿真,时间步长根据液滴的碰撞速度调整,液滴碰撞速度为 5 000 m/s 时,时间步长为 0.2 fs,以 3 000 m/s 速度碰撞时,时间步长为 0.5 fs,更低速度下的碰撞时间步长均为 1 fs。

在工况设置方面,需要确定液滴碰撞的大致的速度范围和带电量范围,已知液滴服从的能量守恒和瑞利极限[25]表达式如下:

$$\frac{1}{2}\left(\frac{4}{3}\pi r^3 \rho\right)v^2 = UQ \tag{7.4}$$

$$q_R = 8\pi \sqrt{\varepsilon_0 \gamma r^3} \tag{7.5}$$

式中，r、ρ、v、Q 和 γ 分别为液滴的半径、密度、碰撞速度、带电量和表面张力；U 和 ε_0 分别为发射极和抽取极板间的加速电压和真空介电常数。则可以推导得到液滴从发射极运动到极板时，由电场加速后的末速度（v）为

$$v = \sqrt{\frac{12U}{\rho}\sqrt{\frac{\varepsilon_0 \gamma}{r^3}}} \tag{7.6}$$

离子液体 EMIM-Im 的物性参数如表 7.1 所示。

表 7.1　离子液体 EMIM-Im 物性参数

离子液体	密度 ρ/ $(\mathrm{g \cdot cm^{-3}})$	表面张力 γ/ $(\mathrm{N \cdot m^{-1}})$	黏度 μ/ $(\mathrm{Pa \cdot s})$
EMIM-Im	1.520[26]	0.036 7[27]	0.028[28]

本章仿真的液滴半径为 3 nm，假设液滴加速电压为 1 000 V，代入上述条件到式（7.6）中则可计算得到，液滴的极限带电量约为 15 e，液滴的碰撞速度约为 5 000 m/s。

7.2.2　模型验证

在一些 MD 仿真计算中为了减少仿真计算量，会固定固体材料原子（本章中为铁原子）的位置，即不考虑固体原子所受的力[29]，为了确定在该仿真中固定极板原子是否合理，在无电场且液滴中性的情况下开展了 EMIM-Im 液滴在不同速度下的碰撞仿真，对比了忽略铁原子运动（固定全部极板铁原子）和考虑铁原子运动（只固定极板下方 4 层铁原子，极板上方 4 层铁原子正常计算）两种情况下，液滴在不同速度下的碰撞结果，碰撞的最高速度选取 1 000 V 加速电压下理论计算得到的 5 000 m/s，计算结果如图 7.2(a)、图 7.2(b)所示。

结果表明，在液滴低速碰撞情况下，是否考虑铁原子的运动对碰撞结果影响不显著，忽略铁原子运动可能使液滴碰撞后的铺展半径稍微增大。而在液滴高速碰撞进而破碎飞溅时，是否考虑铁原子的运动将显著影响液滴碰撞结果，忽略铁原子运动时，液滴碰撞时的动能无法传递给极板，导致碰撞后液滴分子的总动能显著大于考虑铁原子运动时的情况，进而液滴的飞溅量也较多。考虑铁原子运动的仿真结果与理论符合更好，这一点将在后续模型验证中具体说明。总之在进行液滴碰撞的仿真时，有必要考虑铁原子的受力及其运动。

由于电喷雾中液滴的运动速度较高，仿真中液滴与壁面碰撞后主要发生飞溅现象，因此基于飞溅流体力学进一步开展模型验证。实验研究表明，液滴碰撞飞溅的起始阈值可由无量纲数 $Kc = Oh \times Re^{1.25}$ 判断，当 $Kc > 50$ 时，液滴的碰撞开始出现飞溅现象[30-31]。其中奥内佐格数（Oh）的值为 $Oh = \mu / \sqrt{\rho \gamma D}$，其联系了液滴的黏性力、表面张力和惯性力；雷诺数（Re）的值为 $Re = \rho v D / \mu$，是液滴惯性力与黏性力的比值。代入表 7.1 中 EMIM-Im 的物性参数和液滴的直径 6 nm，计算得到理论上液滴飞溅的碰撞速度为 3 129 m/s。定义碰撞后液滴飞溅的质量 m_s 和液滴总质量 m_0 的比值为液滴的碰撞飞溅率，则仿真得到不同碰撞速度和壁面原子设置的情况下，液滴飞溅率随碰撞速度的变化，如图 7.3 所示。

(a) 忽略铁原子运动

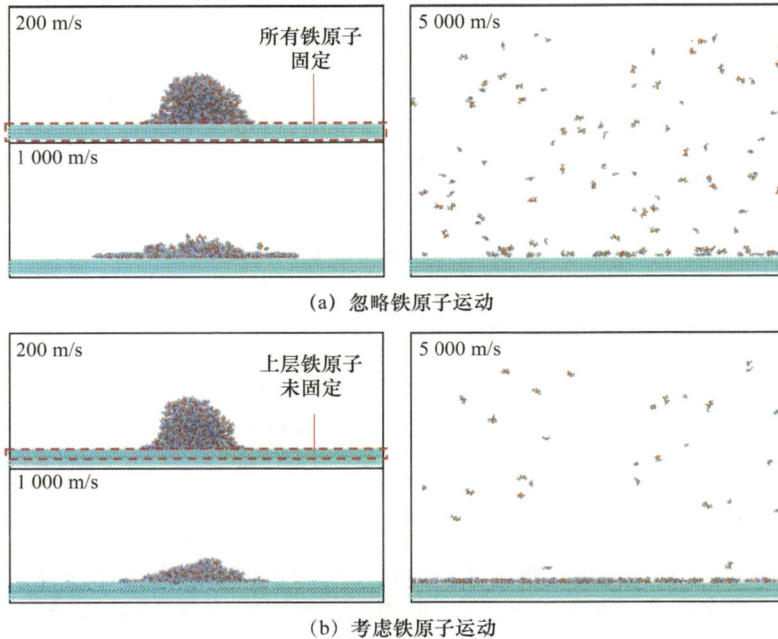

(b) 考虑铁原子运动

图 7.2 不同速度下液滴的碰撞结果

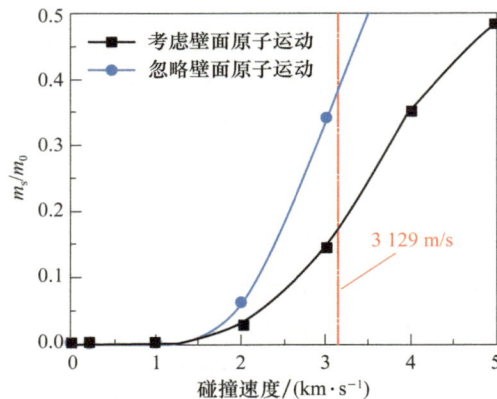

图 7.3 不同壁面原子设置时液滴在

不同速度下碰撞后的飞溅率(m_s/m_0)

可以看出,在考虑壁面原子运动时,在 2 000 m/s 时液滴的飞溅量较小($m_s/m_0=3\%$),而当液滴碰撞速度达到 3 000 m/s 时液滴开始出现明显的飞溅现象($m_s/m_0=15\%$),这与理论飞溅值 3 129 m/s 相符合。若认为当 m_s/m_0 达到 10% 时为液滴的飞溅阈值,则考虑壁面原子运动时,仿真得到的液滴飞溅阈值约为 2 700 m/s,而忽略壁面原子运动时,液滴飞溅阈值约为 2 200 m/s,这也进一步说明了碰撞仿真时,考虑铁原子的受力及其运动的必要性。仿真得到的飞溅阈值速度(2 700 m/s)与实验(3 129 m/s)不完全相同,这是因为实验可测量的液滴直径最小一般也只达到微米级[30,32],而纳米级液滴的碰撞目前难以通过实验进行研究,只能在微米级液滴碰撞试验得到的规律上进行外推,造成一定误差。此外纳米液滴与宏观液滴碰撞的破裂的不稳定性扰动源存在差异(宏观液滴的破裂主要是由固体表面的初始气孔引起的,而微观液滴的破裂则是由液滴铺展膜的振动引起的),也导致了宏观液滴与纳米液滴溅射阈值的差异[18]。因此认为该仿真得到的液滴飞溅阈值速度与理论速度间的误差,在可接受范围内,仿真结果具备可信性。

　　离子液体电喷雾过程中可能出现的液滴碰撞情况是复杂多样的,碰撞的液滴会有不同的速度和带电量,碰撞时极板表面的电场强度也不尽相同,直接对带电液滴在电场下的碰撞进行仿真,可能无法有效分析碰撞时各个变量的影响。因此,为了逐个分析这些因素对液滴碰撞沉积量(飞溅量)的影响,分别对中性液滴在不同速度下、中性液滴在电场下和带电液滴在电场下的碰撞进行仿真,以依次得到速度、电场方向和强度、液滴带电量对液滴碰撞与沉积的影响。

7.3　中性液滴无电场下的碰撞

　　在无外加电场的情况下,对中性液滴在不同速度下的碰撞进行仿真,并统计沉积在壁面表面的离子数(与极板表面距离小于 5 nm),得到了碰撞时的阴阳离子沉积质量与总质量比值(m_d/m_0)和电荷沉积量随时间的变化情况,如图 7.4 所示。

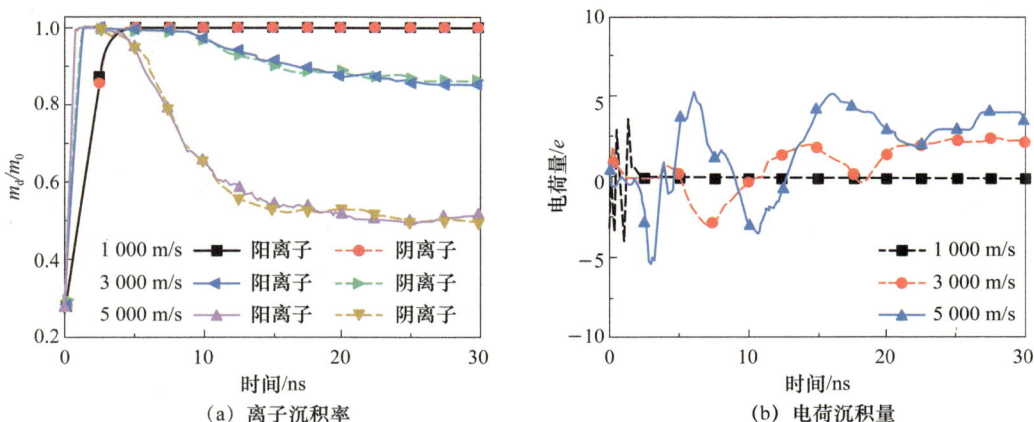

图 7.4　中性液滴在不同速度下碰撞的离子和电荷沉积特性

　　如图 7.4(a)所示,各曲线的起始段为一段陡峭的上升段,这代表着液滴飞向壁面的过程,上升段曲线的斜率就代表了碰撞速度的高低,上升段的终点可认为是碰撞发生的时刻。在碰撞发生后,结合图 7.2 可以看出,在碰撞速度小于飞溅阈值时(1 000 m/s),液滴未发生破碎并完全沉积在壁面上,相应的壁面上沉积的电荷量也为零。当碰撞速度进一步增加后(3 000 m/s),液滴开始出现飞溅,且飞溅量随着速度的增加而增加(从图 7.3 中也可以看出),当液滴速度达到 5 000 m/s的理论计算速度(1 000 V 加速电压下)时,m_d/m_0达到了 0.5,意味着几乎有一半的阴阳离子都飞溅出壁面。在无电场作用的情况下,液滴破碎飞溅时,阴阳离子的沉积量几乎相同,但它们的沉积特性依然存在细微差距,从图 7.4(b)可以看出,碰撞发生时壁面上的电荷沉积量上下波动,而最终在系统趋于稳定后,极板上沉积的阳离子略多于阴离子,导致液滴中性碰撞时,极板依然存在少量的正电荷累积。

以 5 000 m/s 为例,分析液滴在高速碰撞时阴阳离子沉积特性的差异,液滴以 5 000 m/s 碰撞时的情况如图 7.5 所示。可以看出液滴在与壁面碰撞后先平行于极板在 XY 平面铺展,随后开始在垂直于壁面的 Z 方向扩散,这也就是为什么图 7.4(a)中,液滴的沉积量在碰撞发生一段时间后才开始下降。由于液滴碰撞的速度极高,液滴在碰撞后完全破碎,飞溅的粒子主要为阴阳离子单体,并伴随有少量的 EMIM-Im 分子,在一些工况中还有个别铁原子被轰击出极板。考虑到碰撞后,空间中的主要粒子为阴阳离子单体,且液滴在碰撞后的沉积主要与粒子在 Z 方向的运动有关,因此推测可能是由于阴阳离子群在 Z 方向运动特性的差异,导致了阴阳离子在沉积量方面的差异。为了证实这个观点,导出阳(阴)离子群质心 $z_c(z_a)$ 相对液滴总质心 z_d 的变化,如图 7.6 所示,图中的两条曲线分别为 $z_c - z_d$ 和 $z_a - z_d$,曲线大于 0 时代表离子群相对液滴整体更远离极板,而曲线小于 0 时代表离子群相对液滴整体更接近极板。

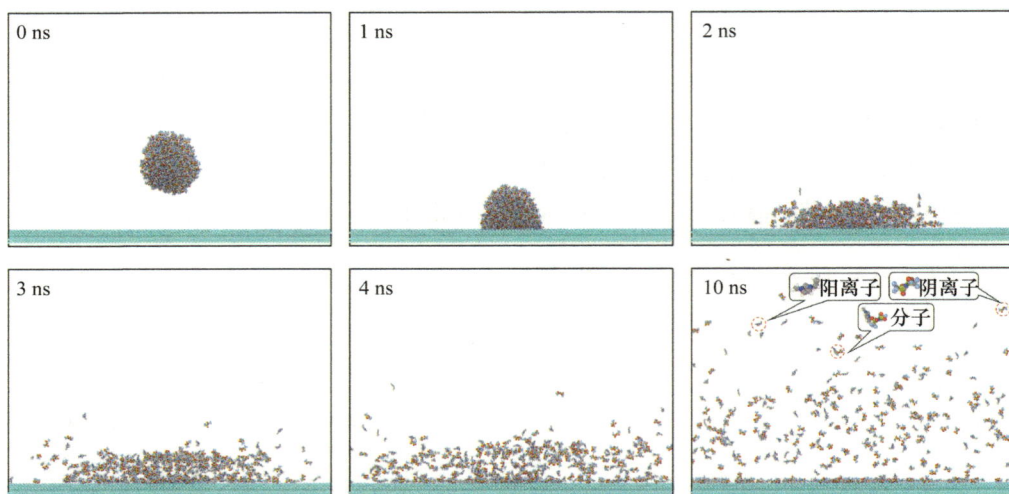

图 7.5 中性液滴 5 000 m/s 下的碰撞情况

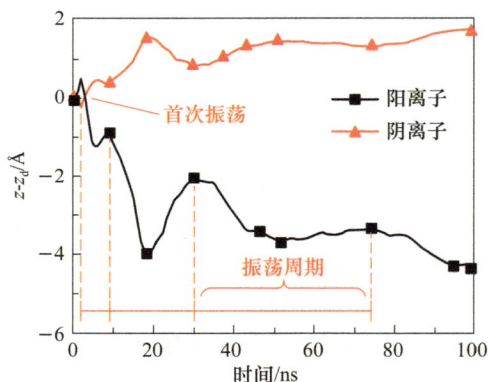

图 7.6 Z 方向上阴阳离子群质心
相对于液滴总质心的位置变化情况

如图 7.6 所示,阴阳离子群的相对质心变化不是单调的,而是在不断地上下波动,这是由于阴阳离子之间的库仑力和惯性共同作用导致的,阴阳离子的质心在不断远离时,由于库仑力相互吸引减速而又相互靠近,在靠近至重合时又由于惯性作用再次分离,依此循环。按照上述理论,图 7.6 中的两条曲线应该随着波动而反复交汇,然而两条曲线在第一次交汇后,并没有再次交汇,这是由于碰撞后大量离子沉积在极板上,而极板上的阳离子偏多,导致阳离子群质心总体更低。上述阴阳离子的相互作用与等离子体的振荡行为类似,等离子体振荡的频率(ω_{pi})公式为

$$\omega_{pi} = \sqrt{\frac{e^2 n_0}{\varepsilon_0 m_i}} \tag{7.7}$$

式中,e 和 ε_0 分别为元电荷和真空介电常数;n_0 和 m_i 分别为离子的数密度和质量。可以看到振荡频率与离子数密度正相关,由于液滴碰撞后离子在不断地沉积或者飞溅出计算域(在蒸发区域中被删除),因此空间中阴阳离子的数密度在不断地降低,相应的质心的振荡频率也在降低,从图 7.6 曲线中也可以看出,曲线每次上下波动所需的时间在不断变长,即振荡周期不断变长。此外,阴阳离子质量之间的差异导致了两离子振幅之间的差异,阴离子相对分子质量为280,阳离子相对分子质量为 111,因此阴离子曲线的振荡幅度更小,而阳离子振荡幅度更大。

从上面的分析可以知道,液滴在破碎飞溅后,阴阳离子群由于其质心空间位置的差距而导致了振荡现象,如图 7.4(a)所示,液滴碰撞的沉积量在 20 ns 就初步达到的稳定,影响液滴沉积量的主要是碰撞前 20 ns 的行为。因此下面将重点对阴阳离子在碰撞前期的运动进行分析。可以看到,虽然阳离子群的质心在碰撞后的大部分时间都低于阴离子,但是在碰撞刚开始时,即阴阳离子质心刚开始分离时,是阳离子整体质心更高,飞溅更多,为分析该现象的发生原因,计算得到阳离子和阴离子与极板铁原子间的作用力随距离变化如图 7.7 所示,其中 Y 轴的负值代表原子间的排斥力。可以看出相同距离下阳离子与铁原子之间的排斥力更大,由动量定理 $F\Delta t = m\Delta v$ 可以知道,阴阳离子与铁原子相同接触时间的情况下,阳离子受到的冲量更大,且阳离子的质量显著低于阴离子,所以碰撞后的同一时刻下阳离子的速度改变量更大,即阳离子在碰撞后将更早飞溅。

然而如果只考虑壁面与离子的相互作用,那么阴阳离子也只是飞溅的时间快慢存在差异,不会导致阴阳离子的沉积量差异,这里就需要用到前文提到的阴阳离子间相互作用。由于碰撞后阳离子更早飞溅,导致空间中的阳离子群整体质心高于阴离子,而受到阴离子向下的拉力,同理阴离子也受到阳离子向上的拉力,这导致阳离子的动量传递给了阴离子,阳离子群的整体动量下降,而阴离子群的整体动量上升,导致了飞溅的阴离子更多,而沉积的阳离子更多。虽然,后续由于振荡,空间中阴离子的质心也会高于阳离子,导致阴离子群的动量被传递给阳离子群,但此时大部分的离子已经沉积在表面,阴阳离子的后续的动量交换量也就小于首次动量交换。

综上所述,在 EMIM-Im 离子液体纳米液滴低速碰撞时,液滴完全沉积在极板上,而当液滴高速碰撞时,液滴破碎并飞溅,沉积量随着碰撞速度的增加而减小。此外在液滴高速碰撞时,液滴分子解离为阴阳离子,阴阳离子通过振荡不断交换动量,其中首次振荡由于阴阳离子尚未大量沉积或飞溅而影响最大,因此首次振荡的动量交换情况影响了阴阳离子的最终沉积量。由于阳离子与极板原子的作用力更大,导致阳离子总体率先飞溅,阳离子群受到阴离子群向下的拉力,进而阳离子群的动量传递给阴离子群,最终导致阳离子沉积量略大于阴离子,极板上沉积正电荷。

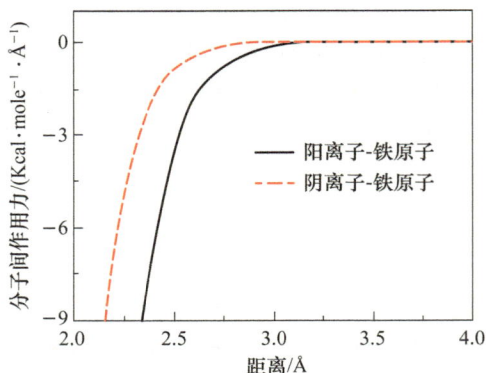

图 7.7　阴阳离子与铁原子之间的
作用力随距离的变化（负值代表排斥力）

7.4　中性液滴在电场下的碰撞

在中性液滴以 5 000 m/s 速度碰撞的基础上，在仿真过程中施加垂直于壁面的匀强电场，得到不同电场强度和方向下液滴碰撞的离子沉积率结果如图 7.8 所示，电荷量沉积量结果如图 7.9 所示，电场方向向上为正。

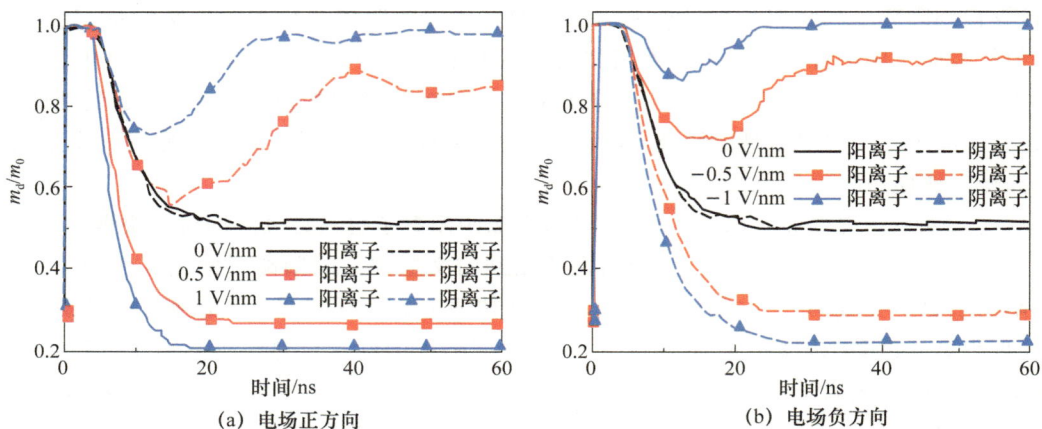

(a) 电场正方向　　　　　　　　　　(b) 电场负方向

图 7.8　不同电场强度和极性下液滴碰撞后的离子沉积率

如图 7.8(a)、图 7.9(a) 所示，由于液滴在高速碰撞后解离为阴阳离子，因此在正方向电场的作用下，液滴破碎后的阴阳离子被电场分离，即电场促进了阳离子的飞溅和阴离子的沉积。显然电场强度越大，壁面上沉积的阴离子越多，阳离子越少，当电场强度增大到 1 V/nm 时，几乎所有阴离子都沉积在了极板上，而约 80% 的阳离子飞溅出壁面，导致壁面上沉积的负电荷大大增加。电场方向为负方向时同理，此时电场促进了阴离子的飞溅和阳离子的沉积。然而，对比不同电场强度下的离子沉积率可以看出，阴阳离子在电场作用下并没有无止境地不断沉积或飞溅，而是在到达一定电荷沉积量后趋于平衡，这是由于电荷的沉积产生了与外加电场相抗衡的反向电场，当电荷沉积到一定量以后，极板表面沉积电荷产生的反向电场强度，等于或大于外加电场强度,也就阻止了同种电荷的进一步沉积。因此,外加电场强度越大,抗衡外加电场所需的沉积电荷也越多。此外,对比图 7.8(a) 和图 7.8(b) 各曲线下降段的斜率可以看出,阳离子由于其荷质比更大,其受电场的影响更显著,在电场方向为正时,其飞溅效率高于负方向电场作用下的阴离子,在电场方向为负时,其沉积效率也高于正电场作用下的阴离子。

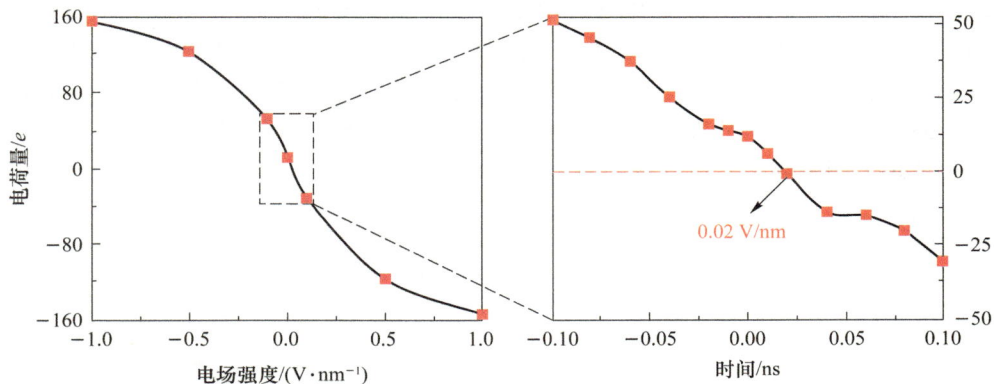

图 7.9　不同电场强度和极性下液滴碰撞后的电荷沉积量

电场的施加也会改变液滴碰撞的总沉积量,定义液滴碰撞的沉积率为沉积的总质量与液滴的总质量之比,则在无电场作用时,液滴以 5 000 m/s 速度碰撞的沉积率为 0.506,当施加 -0.5 V/nm 和 -1 V/nm 电场时,液滴的沉积率下降到 0.470 和 0.445,这是由于负方向电场使得更多更重的阴离子飞溅,取而代之的是更多更轻的阳离子沉积,相较于无电场时,壁面上沉积的粒子中阳离子取代了阴离子,导致沉积的总质量下降,且外加的电场强度越高,液滴沉积的质量越小,如果电场强度足够使所有阳离子沉积而阴离子飞溅,则沉积率下降到极限值 0.284。与之相反,当施加 0.5 V/nm 和 1 V/nm 电场时,液滴的沉积率上升到 0.686 和 0.764,正方向的电场强度越高,沉积率越高,原因同理。

如图 7.9 所示,当电场强度较小时($\leqslant$ 0.02 V/nm),电场作用对液滴的沉积影响较小,液滴的碰撞情况与无电场下的碰撞类似,此时无论电场方向如何,液滴在碰撞后都会沉积正电荷,碰撞的电荷沉积主要受离子振荡控制。当电场增大到 0.02 V/nm 以上时,电场的影响变得显著并开始超过离子振荡的影响。此时,正方向电场作用下的碰撞开始出现负电荷沉积。当电场强度达到 0.1 V/nm 时,正电场下沉积的负电荷量为 $-31e$,小于同等强度的负方向电场情况下正电荷 $51e$ 的沉积量。说明此时液滴碰撞依然有倾向于沉积正电荷的趋势,碰撞的电荷沉积要受离子振荡和外加电场的共同控制。电场强度进一步提高到 0.5 V/nm 时,两种极性电场的电荷沉积量分别为 $-118 e$ 和 $123 e$;当电场强度为 1 V/nm 时,两种极性电场的电荷沉积量分别为 $-155 e$ 和 $155 e$。随着电场强度的提高,两种不同电场方向下的沉积电荷量差距越来越小,碰撞的电荷沉积被外加电场主导,即极板上沉积的电荷量,在其产生的反向电场与外加电场强度相匹配时达到平衡。例如,当外加电场为正方向时,如果壁面上沉积的负电荷较少,不足以产生足够的反向电场抵消外加电场,那么就会有更多的阴离子在电场影响下沉积,同理当壁面的负电荷过多,则会有更多阳离子沉积到壁面上,减少壁面沉积的负电荷量。直到壁面上的负电荷产生的电场强度与外加电场相当,即为该外加电场强度下对应的电荷沉积量。

为了更直观地观察离子振荡和外加电场对液滴碰撞的影响,以 0.5 V/nm 外加电场为例,提取阴阳离子群质心相对液滴总质心变化,如图 7.10 所示,可以看出在电场的作用下,阴阳离子群在液滴碰撞破碎后被分离,然而即使存在外加电场,阴阳离子间的振荡作用依然存在,放大液滴在 1 ns 发生碰撞后的时刻可以看到,虽然在 −0.5 V/nm 外加电场下阳离子群受到向下的力而质心低于阴离子群,但是在碰撞刚刚发生的短暂时间内,7.3 节阐释的规律依然存在,阳离子群更快发生飞溅,质心高于阴离子群而产生振荡,随后电场作用开始变得显著,阴阳离子群质心完全分离。同理在 0.5 V/nm 外加电场下,虽然阴阳离子群质心位置未发生交汇,但是两质心在首次分离后,分离速度首先在 2 ns 左右降低至零,再在外加电场作用下开始加速分离,也体现了阴阳离子群电荷分离后,库仑恢复力的作用。

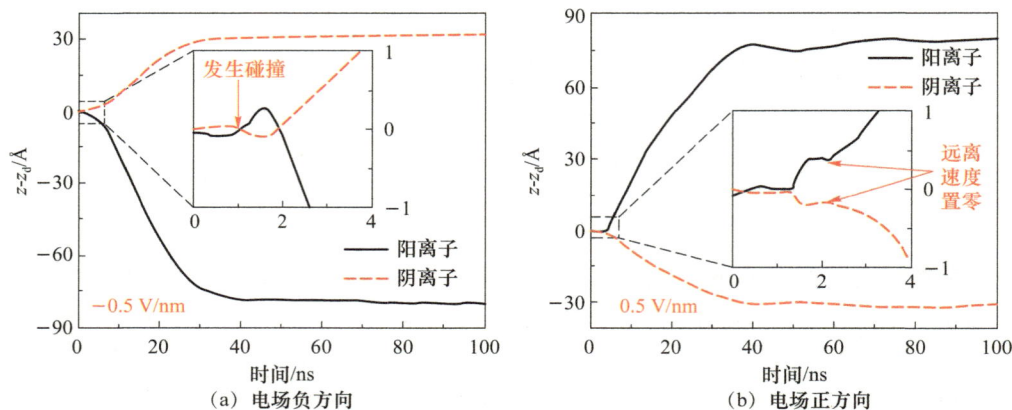

图 7.10　0.5 V/nm 电场下阴阳离子群质心相对于液滴总质心的位置变化情况

综上所述,随着电场强度由 0 V/nm 提高到 1 V/nm,液滴的碰撞特性经历了离子振荡主导、离子振荡和外加电场共同影响、外加电场主导 3 种模式。离子振荡模式下倾向于沉积正电荷,而外加电场模式下正负电荷沉积量相当。因此低电场强度下,正方向电场下的负电荷沉积量小于负方向电场下的正电荷沉积量,而随着电场强度增大,两者差距不断缩小,直至相等。

7.5　带电液滴在电场下的碰撞

在 7.4 节液滴在外加电场下,高速度碰撞的仿真基础上,将中性液滴替换为带电液滴,为此需要确定液滴的瑞利极限。首先需要构建不同带电量的初始液滴,通过等量增减液滴中的阴阳离子,在保证液滴离子总数不变的情况下,调控液滴的带电量,在液滴初始化完成后,开始液滴在 NVT 系综下的平衡。然而,当采用和中性液滴一样的 298 K 下恒温热浴方法时,带电液滴在带电量较低时,就会发生崩解,与理论计算得到的液滴极限带电量 ±15 e 不符。分析原因为液滴在以 298 K 进行初始化时,各离子被赋予了较高的初始随机速度,导致在刚开始 NVT 计算时,液滴处于较为不稳定的状态,离子容易从液滴表面直接逃逸,此时液滴的崩解是由于仿真的设置造成的,不能反映液滴的实际电荷承载量。为此,在 NVT 过程中,设置液滴不是直接在 298 K 开始恒温,而是从较低温度(10 K)开始缓慢升温至 298 K 后,保持在

298 K 开始恒温热浴。这样有效降低了分子的初始能量,减弱了液滴初始仿真计算的不稳定性,虽然增加了升温过程,但是同样仿真步数下的恒温平衡结果反而优于直接从 298 K 开始恒温。此外,为了进一步防止带电液滴在初始仿真计算时的不稳定导致液滴崩解,初始计算时还在液滴外围施加了 Lennard-Jones 作用势的球形虚拟墙,在液滴基本稳定后撤销虚拟墙,如此时液滴依然崩解,则可认为液滴所带电荷超过了承载极限。基于上述缓步升温和虚拟墙约束的 NVT 仿真后,得到液滴的瑞利极限电荷为 $\pm 16\,e$,如图 7.11 所示(液滴带电量超过 16 e 时崩解),基本符合理论计算的结果。

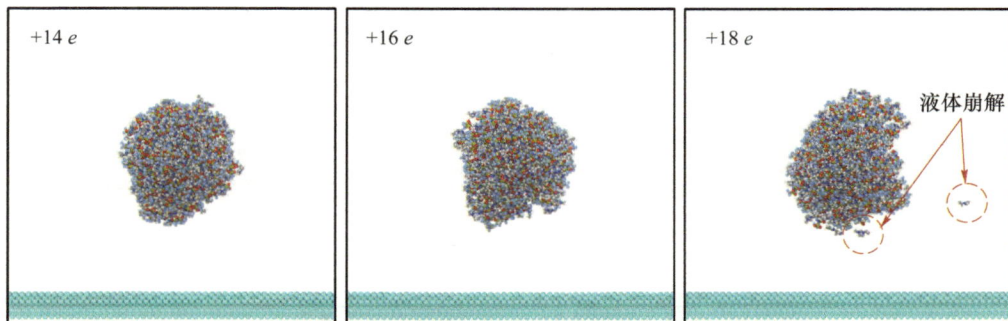

图 7.11　液滴不同带电量下的 NVT 计算结果

在液滴带电量由 $-16\,e$ 到 $16\,e$ 的情况下开展碰撞仿真,液滴的碰撞速度依然为理论计算得到的 5 000 m/s。需要说明的是,当液滴带电时,液滴的电荷正负与外加电场的方向是绑定的,当电场方向为正方向时,电喷雾发射极发射负电荷,此时只可能有带负电荷的液滴与极板碰撞,同理电场负方向时,也只会有带正电荷液滴碰撞极板。计算得到电场强度为 0.01 V/nm 时,不同电场方向下,壁面沉积的电荷量情况如图 7.12 所示,可以看出在液滴带电情况下,依然是阳离子更容易沉积。0.01 V/nm 的电场强度相对较低,电场几乎对碰撞没有影响,该情况下即使液滴带负电荷,碰撞后壁面沉积的净电荷依然为正,液滴带的负电荷越多,碰撞后壁面上沉积的正电荷越少,只有在液滴带 $-16\,e$ 电荷的情况下,壁面才开始沉积负电荷,基本可以认为碰撞后沉积的电荷量,是在液滴带电量的基础上增加了一定的正电荷。计算得到液滴带负电时,沉积的电荷相较于液滴带电量,平均增加约 12 个正电荷。然而当初始情况下,液滴本身带正电荷时,统计得到沉积的电荷相较于液滴带电量,平均只增加约 4 个正电荷。由 7.4 节可以知道,当极板上沉积了一定量的电荷时,产生的电场会阻止同种电荷继续沉积,因此可以推测,当带正电液滴碰撞时,极板上沉积的正电荷过多,阻止了更多正电荷的进一步沉积,导致正电荷的沉积量相较于液滴本身所带的正电荷量没有太大的增长。

当电场强度增大到 0.5 V/nm 时,以 7.4 节的推断,此时碰撞受到离子振荡和外加电场的共同影响,提取阴阳离子的沉积率(m_d/m_0)随时间的变化如图 7.13 所示。可以看出随着液滴带电量的增长,离子的沉积率不是线性变化的,而是在某些值附近出现极值,且阴离子和阳离子的沉积率随液滴带电量增加的发展趋势相同。7.4 节中已经提到,电场强度较大时,电荷的沉积受电场强度控制,因此,当壁面上沉积了更多的阳离子时,相应地也会沉积更多的阴离子,以保证壁面上的净电荷量变化相对较小,因此相同电场强度下离子的阴离子和阳离子的沉积量基本正相关。此外,如图 7.13(a)所示,当电场方向为负时,阴离子沉积量在不同液滴带电量时变化较剧烈,同理,如图 7.13(b)所示,电场正方向时,阳离子沉积率变化较剧烈,说明液滴的带电量对飞溅离子的影响更显著。为了进一步探究碰撞后,沉积率极值出现的原因,导出阴阳离子群质心相对总质心的变化趋势如图 7.14 所示。

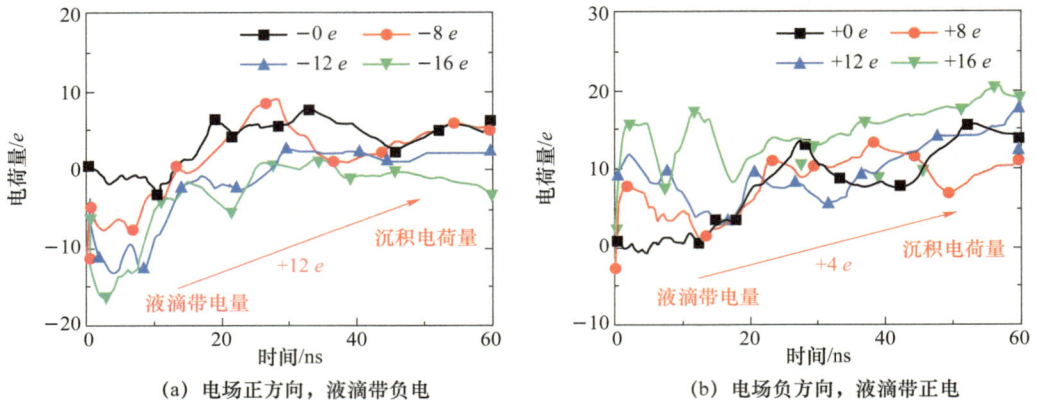

(a) 电场正方向,液滴带负电　　　　　　(b) 电场负方向,液滴带正电

图 7.12　0.01 V/nm 电场强度下,不同带电量下液滴碰撞的电荷沉积量

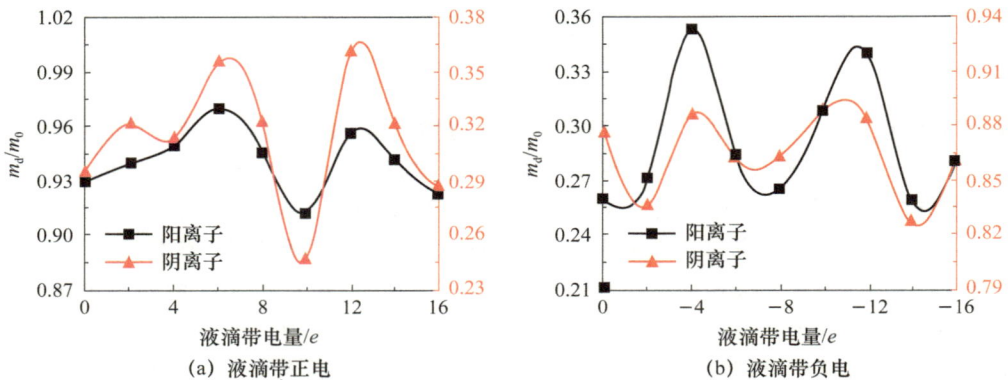

(a) 液滴带正电　　　　　　(b) 液滴带负电

图 7.13　0.5 V/nm 电场强度下,不同带电量下液滴碰撞的阴阳离子沉积率随时间的变化情况

如图 7.14 所示,当液滴带电量为 $+12e$ 时,阴阳离子在 1 ns 碰撞后的首次作用时间(即振荡的第一个周期)明显较短,阴阳离子质心的交汇时刻先于其他工况,这表明阴阳离子在此时通过振荡交换的动量更少,进而阴离子在此过程中获得的动量更少而产生了更少的飞溅,即更多的沉积。理论上说阳离子在此过程中损失的动量更少,应该相应会有更少的沉积,但是在碰撞初始的阴阳离子振荡过后,电场对碰撞的影响开始显著,此时由于阴离子沉积更多,阳离子沉积更少,导致壁面沉积的电荷量与外加电场不匹配,需要通过减少壁面阴离子沉积,或者增加壁面阳离子沉积的方式,增加壁面的正电荷沉积,而电场强度不足以使得已沉积的离子发射,只能通过影响空间中逃逸的离子,控制极板上沉积的电荷量,因此更多的阴离子沉积也使得更多空间中的阳离子在电场作用下沉积。这也就是为什么在图 7.13 中阴离子的沉积量变化更大,因为是阴离子更多的沉积,导致了相应的更多的阳离子沉积。同理,当电场方向相反时,在液滴带电量为 $-4e$ 和 $-12e$ 的情况下,阴阳离子首次作用时间更长,导致了阳离子损失了更多的动量而沉积量更多,进而阴离子在极板更多正电荷吸引的情况下,沉积量也相应地增大,导致液滴在此时沉积量提高。上述理论解释了特定液滴带电量下,碰撞沉积量存在极值的

原因——该带电量下碰撞后,阴阳离子振荡周期存在差异,而关于为什么液滴在特定带电量下的振荡周期出现了差异,则可能是由于不同带电量,改变了液滴破碎后空间中的阴阳离子的数密度,进而影响了阴阳离子间振荡的模态。

(a) 液滴带正电

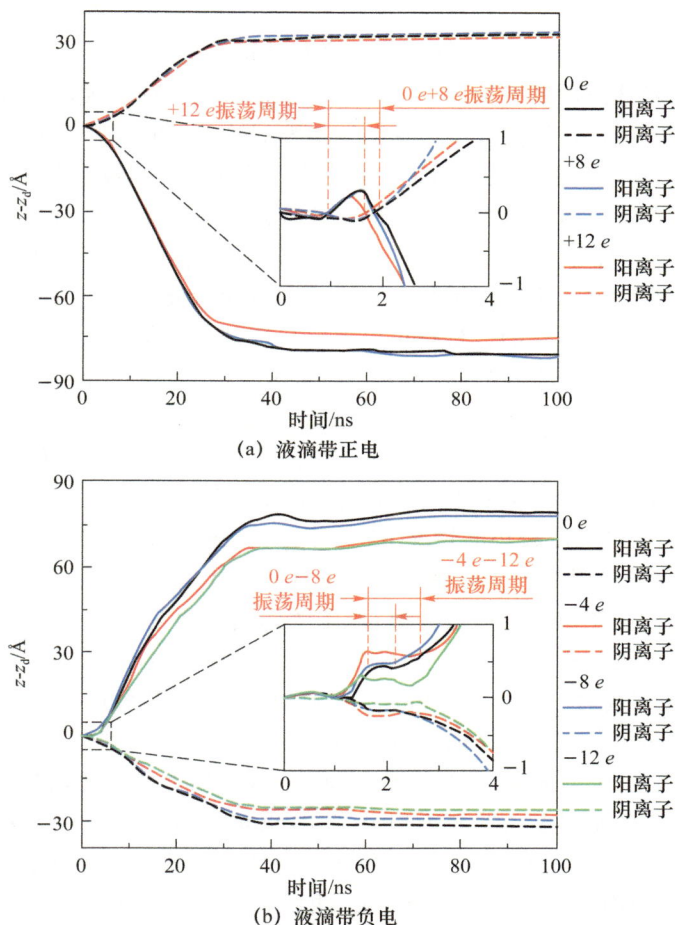

(b) 液滴带负电

图 7.14　0.5 V/nm 电场下,不同带电量液滴碰撞的
阴阳离子群质心相对于液滴总质心的位置变化情况

综上所述,带电液滴碰撞与中性液滴一样,受离子振荡和外加电场的共同影响。当电场强度较低时(0.01 V/nm),带电液滴的碰撞主要由阴阳离子振荡主导,导致壁面上阳离子更容易沉积,负电荷液滴碰撞时,极板上沉积的电荷量相较于液滴本身带电量平均增加$+12\ e$,正电荷液滴碰撞时,平均增加$+4\ e$。这意味着即使带负电荷的液滴发生碰撞,极板上沉积的净电荷可能依然为正,只有在液滴所带负电荷接近瑞利极限($-16\ e$)时,极板上沉积的净电荷才为负。当电场强度较高时(0.5 V/nm),阴阳离子的沉积与飞溅,和中性液滴一样,主要受外加电场影响,但是随着液滴带电量由 $0\ e$ 不断提高,液滴的沉积量在电场所决定的沉积量附近存在小范围的波动,在特定的液滴带电量下($-4\ e$、$+6\ e$、$\pm12\ e$)碰撞后,沉积量存在极值,这是由于碰撞后,阴阳离子振荡周期差异,导致的动量交换量的差异造成的。

7.6 本章总结

为了探究离子液滴电喷雾中发射的纳米液滴与抽取极板或加速极板的碰撞情况,首次开展了电场下,带电纳米液滴碰撞极板的分子动力学模拟研究。首先确定了碰撞仿真时,考虑壁面原子运动的必要性,理论计算了液滴碰撞的速度与带电量,并且基于飞溅流体力学理论,对碰撞仿真的飞溅阈值速度开展了模型验证,也开展了对液滴瑞利极限的验证,完成了 EMIM-Im 离子液体液滴撞击铁板的仿真模型的构建。此后分别从中性液滴无电场下碰撞、中性液滴电场下碰撞和带电液滴电场下碰撞 3 个角度,依此分析了电喷雾过程中,纳米液滴的碰撞特性。为便于统计和叙述,本章主要从沉积的离子量和电荷量分析液滴的碰撞特性(碰撞的沉积与飞溅是一体两面,对沉积特性的分析也可以揭示碰撞的飞溅特性),仿真结果如下。

(1)在液滴直径为 6 nm 的情况下,当液滴碰撞速度小于飞溅阈值速度 2 700 m/s 时,液滴几乎完全沉积在极板上(沉积率大于 90%);当液滴以高于飞溅阈值的速度碰撞时,液滴破碎并飞溅,沉积量随着碰撞速度的增加而减小;当液滴以 5 000 m/s 的速度碰撞时,液滴飞溅率达到约 0.5,且液滴破碎后飞溅的粒子主要为阴阳离子单体。

(2)在无电场或电场强度较小的情况下(<0.02 V/nm),液滴高速(5 000 m/s)碰撞后,阴阳离子的沉积量主要受阴阳离子的振荡影响。振荡的产生原因为阳离子与极板排斥力更大,导致其率先飞溅,进而阴阳离子群质心分离;振荡的作用结果为阳离子群损失动量、阴离子群获得动量,使得阳离子沉积量高于阴离子,即使碰撞的液滴为中性,壁面上依然沉积正电荷。

(3)当电场强度较高时(>0.02 V/nm),液滴碰撞开始受到振荡和电场共同影响,电场方向为正时,阴离子大量沉积,阳离子大量飞溅,直到极板上沉积的负电荷产生的反向电场与外加电场相当。因此电场强度越高,沉积的电荷量越多,电场方向为负时同理。由于振荡的影响,负电场下的正电荷沉积量,高于正电场下的负电荷沉积量。电场强度进一步提高(1 V/nm),液滴碰撞完全由电场主导,此时不同电场方向下,正负电荷的沉积量相等。

(4)带电液滴的碰撞情况与中性液滴类似,也受到振荡和外加电场的共同影响,电场强度较低时(0.01 V/nm),由于阳离子更容易沉积,使得极板上的电荷沉积量表现为,在液滴带电量的基础上增加一定正电荷,液滴带负电时,沉积的电荷相较于液滴带电量,平均增加约 12 个正电荷,而液滴带正电时,平均增加 4 个正电荷。电场强度较高时(0.5 V/nm),阴阳离子的沉积率在液滴带 $+6\,e$、$+12\,e$、$-4\,e$ 和 $-12\,e$ 时出现峰值,原因为此时碰撞后,阴阳离子振荡的周期发生明显变化,导致正电场下阳离子飞溅量减少(负电场下阴离子飞溅量减少)。液滴带电量影响振荡周期的具体机理还有待揭示。

本章的仿真揭示了不同工况下,离子液体纳米液滴与金属电极壁面的碰撞机理,有助于宏观仿真中,液滴与壁面碰撞模型的开发,也可用于电喷雾推力器的寿命模型或揭示预测电喷雾束流与极板的作用现象。此外,对纳米液滴碰撞机理的研究也可用于喷墨打印和静电喷涂等电喷雾应用的其他领域。本章研究的后续工作可着眼于对飞溅离子能量等特性的分析,或者进一步考虑液滴带角度碰撞的情况。

参考文献

[1] GALLIKER P, SCHNEIDER J, EGHLIDI H, et al. Direct Printing of Nanostructures by Electrostatic Autofocussing of Ink Nanodroplets[J]. Nature Communications, 2012, 3(1): 890.

[2] TEARE D O H, SPANOS C G, RIDLEY P, et al. Pulsed Plasma Deposition of Super-Hydrophobic Nanospheres[J]. Chemistry of Materials, 2002, 14(11): 4566-4571.

[3] WIRZ R E. Electrospray Thruster Performance and Lifetime Investigation for the LISA Mission[C] // AIAA Propulsion and Energy 2019 Forum. USA: AIAA, 2019: 3816.

[4] THUPPUL A, WRIGHT P L, COLLINS A L, et al. Lifetime Considerations for Electrospray Thrusters[J]. Aerospace, 2020, 7(8): 108.

[5] TAYLOR G. Disintegration of Water Drops in an Electric Field[J]. Proceedings of the Royal Society of London Series A: Mathematical, Physical and Engineering Sciences, 1964, 280(1382): 383-397.

[6] ROMERO-SANZ I, BOCANEGRA R, FERNANDEZ DE LA MORA J, et al. Source of Heavy Molecular Ions Based on Taylor Cones of Ionic Liquids Operating in the Pure Ion Evaporation Regime [J]. Journal of Applied Physics, 2003, 94(5): 3599-3605.

[7] DAVIS M J, COLLINS A L, WIRZ R E. Electrospray Plume Evolution Via Discrete Simulations[C] //Proceedings of the 36th International Electric Propulsion Conference. AT: ERPS, 2019: 590.

[8] ZIEMER J K, MARRESE-READING C, ARESTIE S M, et al. Incorporating Lessons Learned into LISA Colloid Microthruster Technology Development[C] //AIAA Propulsion and Energy 2019 Forum. USA: AIAA, 2019: 3814.

[9] COLLINS A L, THUPPUL A, WRIGHT P L, et al. Assessment of Grid Impingement for Electrospray Thruster Lifetime [C] //Proceedings of the 36th International Electric Propulsion Conference. AT: ERPS, 2019: 213.

[10] MAGNUSSON J M, COLLINS A L, WIRZ R E. PolyatomicI on-Induced Electron Emission (IIEE) in Electrospray Thrusters[J]. Aerospace, 2020, 7(11): 153.

[11] UCHIZONO N M, COLLINS A L, MARRESE-READING C, et al. The Role of Secondary Species Emission in Vacuum Facility Effects for Electrospray Thrusters[J]. Journal of Applied Physics, 2021, 130(14): 143301.

[12] KLOSTERMAN M R, ROVEY J L, LEVIN D A. Ion-induced Charge Emission from Unpolished Surfaces Bombarded by an [Emim][BF4] Electrospray Plume[J]. Journal of Applied Physics, 2022, 131(24): 243302.

[13] BENDIMERAD R, PETRO E. Molecular Dynamics Studies of Ionic Liquid-Surface Interactions for Electrospray Thrusters[J]. Journal of Electric Propulsion, 2022, 1(1): 27.

[14] SAIZ F, GAMERO-CASTAÑO M. Molecular Dynamics of Nanodroplet Impact: The Effect of the Projectile's Molecular Mass on Sputtering[J]. American Institute of Physics Advances, 2016, 6 (6): 065319.

[15] PAN L, CHEN Y, LI Z, et al. Dynamical Behaviors of Nanodroplets Impinging on Solid Surfaces in the Presence of Electric Fields[J]. Nanoscale, 2023, 15(13): 6215-6224.

[16] LI B, LI X, CHEN M. Spreading and Breakup of Nanodroplet Impinging on Surface[J]. Physics of Fluids, 2017, 29(1): 012003.

[17] LI X, ZHANG X, CHEN M. Estimation of Viscous Dissipation in Nanodroplet Impact and Spreading [J]. Physics of Fluids, 2015, 27(5): 052007.

[18] WANG Y, WANG Y, WANG X, et al. Splash of Impacting Nanodroplets on Solid Surfaces [J]. Physical Review Fluids, 2021, 6(9): 094201.

[19] PLIMPTON S. Fast Parallel Algorithms for Short-Range Molecular Dynamics [J]. Journal of Computational Physics, 1995, 117(1): 1-19.

[20] MARTINEZ L, ANDRADE R, BIRGIN E G, et al. Packmol: A Package for Building Initial Configurations for Molecular Dynamics Simulations[J]. Journal of Computational Chemistry, 2009, 30 (13): 2157-2164.

[21] SAMBASIVARAO S V, ACEVEDO O. Development of OPLS-AA Force Field Parameters for 68 Unique Ionic Liquids[J]. Journal of Chemical Theory and Computation, 2009, 5(4): 1038-1050.

[22] DOHERTY B, ZHONG X, GATHIAKA S, et al. Revisiting OPLS Force Field Parameters for Ionic Liquid Simulations[J]. Journal of Chemical Theory and Computation, 2017, 13(12): 6131-6145.

[23] HALICIOĞLU T, POUND G M. Calculation of Potential Energy Parameters Form Crystalline State Properties[J]. Physica Status Solidi (A), 1975, 30(2): 619-623.

[24] DARDEN T, YORK D, PEDERSEN L. Particle Mesh Ewald: An N·log(N) Method for Ewald Sums in Large Systems[J]. The Journal of Chemical Physics, 1993, 98(12): 10089-10092.

[25] RAYLEIGH L. On the Equilibrium of Liquid Conducting Masses Charged with Electricity[J]. The London, Edinburgh, and Dublin Philosophical Magazine and Journal of Science, 1882, 14 (87): 184-186.

[26] FRÖBA A P, KREMER H, LEIPERTZ A. Density, Refractive Index, Interfacial Tension, and Viscosity of Ionic Liquids [EMIM][EtSO$_4$], [EMIM][NTf$_2$], [EMIM][N(CN)$_2$], and [OMA] [NTf$_2$] in Dependence on Temperature at Atmospheric Pressure[J]. The Journal of Physical Chemistry B, 2008, 112(39): 12420-12430.

[27] GEPPERT-RYBCZYŇSKA M, LEHMANN J K, HEINTZ A. Surface Tensions and the Gibbs Excess Surface Concentration of Binary Mixtures of the Ionic Liquid 1-ethyl-3-methylimidazolium bis [(trifluoromethyl) sulfonyl] Imide with Tetrahydrofuran and Acetonitrile[J]. Journal of Chemical and Engineering Data, 2011, 56(4): 1443-1448.

[28] MCEWEN A B, NGO H L, LECOMPTE K, et al. Electrochemical Properties of Imidazolium Salt Electrolytes for Electrochemical Capacitor Applications[J]. Journal of the Electrochemical Society, 1999, 146(5): 1687.

[29] DONG D, VATAMANU J P, WEI X, et al. The 1-ethyl-3-methylimidazolium bis (trifluoro-methylsulfonyl)-imide Ionic Liquid Nanodroplets on Solid Surfaces and in Electric Field: A Molecular Dynamics Simulation Study [J]. The Journal of Chemical Physics, 2018, 148(19): 193833.

[30] MOUDO C H R, SOMMERFELD M, TROPEA C. Droplet-wall Collisions: Experimental Studies of the Deformation and Breakup Process[J]. International Journal of Multiphase Flow, 1995, 21(2): 151-173.

[31] ZHOU W, LONEY D, DEGERTEKIN F L, et al. What Controls Dynamics of Droplet Shape Evolution upon Impingement on a Solid Surface[J]. American Institute of Chemical Engineers Journal, 2013, 59(8): 3071-3082.

[32] VISSER C W, FROMMHOLD P E, WILDEMAN S, et al. Dynamics of High-Speed Micro-Drop Impact: Numerical Simulations and Experiments at Frame-To-Frame Times below 100 ns[J]. Soft Matter, 2015, 11(9): 1708-1722.